普通高等教育"十三五"规划教材

嵌入式 Linux 系统开发入门

方 元 编著

电子工业出版社
Publishing House of Electronics Industry
北京·BEIJING

内 容 简 介

本书基于嵌入式 Linux 系统，介绍其软件开发方法，重点介绍多任务、网络和设备驱动的编程。本书分为两个部分。第 1 部分是基础篇（第 1～8 章），内容包括 Linux 系统的基本使用方法、Linux 系统的主要开发工具、文件读写、多任务机制、网络套接字编程、模块与设备驱动、嵌入式 Linux 系统开发、GUI 程序设计初步。第 2 部分是实验篇（第 9～21 章），内容包括实验系统介绍、嵌入式系统开发实验、引导加载器、内核配置和编译、根文件系统的构建、图形用户接口、音频接口程序设计、嵌入式系统中的 I/O 接口驱动、触摸屏移植、Qt/Embedded 移植、MPlayer 移植、GTK+移植、实时操作系统 RTEMS。

本书可作为电子信息、通信、自动化等专业相关课程的教材，也可供相关领域的工程技术人员学习、参考。

未经许可，不得以任何方式复制或抄袭本书之部分或全部内容。
版权所有，侵权必究。

图书在版编目（CIP）数据

嵌入式 Linux 系统开发入门 / 方元编著. — 北京：电子工业出版社，2018.5
ISBN 978-7-121-33534-1

I. ①嵌… II. ①方… III. ①Linux 操作系统－高等学校－教材 IV. ①TP316.85

中国版本图书馆 CIP 数据核字（2018）第 013650 号

策划编辑：王晓庆
责任编辑：郝黎明　　　特约编辑：张燕虹
印　　刷：北京七彩京通数码快印有限公司
装　　订：北京七彩京通数码快印有限公司
出版发行：电子工业出版社
　　　　　北京市海淀区万寿路 173 信箱　　邮编：100036
开　　本：787×1092　1/16　印张：16.25　字数：416 千字
版　　次：2018 年 5 月第 1 版
印　　次：2022 年 7 月第 7 次印刷
定　　价：48.00 元

凡所购买电子工业出版社图书有缺损问题，请向购买书店调换。若书店售缺，请与本社发行部联系，联系及邮购电话：(010)88254888，88258888。
质量投诉请发邮件至 zlts@phei.com.cn，盗版侵权举报请发邮件至 dbqq@phei.com.cn。
本书咨询联系方式：(010)88254113，wangxq@phei.com.cn。

前　言

嵌入式系统几乎是伴随着微处理器同时发展的。根据"维基百科"介绍，诞生于 20 世纪 60 年代的阿波罗制导计算机被认为是最早的嵌入式系统之一。自进入 21 世纪以来，"嵌入式"在计算机领域已成为持续热门的话题。与通用计算机类似，嵌入式系统由软件和硬件组成。随着嵌入式处理器性能的不断提高，许多应用系统的实时性已经不成问题，越来越多的嵌入式系统开始直接使用通用计算机系统的软件。

例如，英国的树莓派基金会采用博通 SoC 处理器，开发出一系列的树莓派产品。Pi Zero 是主频为 700MHz 的 MHz ARM1176jzf-s 核，价格定位在 5 美元；而在 2017 年年初发布的 Pi 3 B+ 版本，更是具有 4 核 64 位 CORTEX-A53（ARMv8 指令集）的处理器，主频高达 1.2GHz，与普通的笔记本电脑的性能相差无几，价格也不过三十几美元。它们都具有高性能的 VC-4 的图像处理单元（Graphics Processing Unit，GPU），可以流畅地运行一些图形桌面系统，播放高清视频。

在这样的背景下，采用通用计算机系统软件开发嵌入式系统，不仅大大缩短了开发周期、提高了开发效率，系统的可靠性也得到了提升。

在众多的软件中，以 Linux 为核心的操作系统以及大量的开源软件成为许多嵌入式系统的首选。Linux 世界提供大量的自由软件，为开发人员提供了广泛的选择空间，同时也能得到许多无私的帮助。

本书基于嵌入式 Linux 系统，介绍其软件开发方法，重点介绍多任务、网络和设备驱动的编程。

本书分为基础篇和实验篇两个部分。

第 1 部分　基础篇

第 1 章介绍 Linux 系统的基本使用方法，重点介绍与嵌入式系统开发相关的命令。

第 2 章介绍 Linux 系统的主要开发工具，包括编译工具、GNU Make 和版本控制系统的使用。

本章最后一节介绍了交叉编译工具的制作过程，供有兴趣的读者参考。

第 3 章介绍文件读写，重点介绍面向文件描述符的基本系统功能调用，它们是下面几章的基础。

第 4 章介绍多任务机制，重点介绍在 Linux 系统中实现多任务的两种主要形式（进程和多线程），以及在多任务程序设计中的一些基础问题。

第 5 章介绍网络套接字编程，重点介绍以套接字为基础的网络通信程序的基本编程方法。

第 6 章介绍模块与设备驱动，以个人计算机系统上的一个简单设备为模型，比较系统地介绍了 Linux 系统中字符设备驱动程序的开发方法。虽然研究对象是通用计算机系统中的一个设备，但其研究方法同样适用于嵌入式 Linux 中的设备。

第 7 章介绍嵌入式 Linux 系统的软件结构，概括地讨论了嵌入式系统的 BootLoader、内核布局、文件系统和图形接口几个方面的问题。

第 8 章简要介绍基于 GTK+库的图形接口应用编程基础，通过介绍一些常用组件的功能和界面设计方法，帮助读者了解 Linux 系统中图形界面的编程风格。在移植了图形库的嵌入式 Linux 系统中，可以比较方便地开发图形化应用程序。

第 2 部分 实验篇

实验篇以美国德州仪器公司的卡片式计算机 Beagle Bone 为实验对象，在此基础上进行嵌入式 Linux 开发，按照从底层基本系统建立到上层应用软件的移植和编写的顺序加以组织。

第 9 章是实验系统基本介绍。

第 10 章介绍嵌入式系统开发实验环境搭建。

第 11 章介绍 BootLoader 的编译和启动设备的制作。

第 12 章、第 13 章分别完成 Linux 内核的编译和根文件系统的制作。至此，一个完全由源码打造的基本 Linux 系统已经建立，它是后续实验的基础。

第 14 章、第 15 章学习嵌入式 Linux 环境下的程序开发方法，其中包括图形界面程序设计和音频接口程序设计。在实验过程中应建立软件层次的概念。

第 16 章学习 Linux 系统中简单设备驱动程序的编写。

第 17~20 章安排了一些软件移植实验，从简单的触摸屏库到较为复杂的 GTK+图形库。通过以上逐层递进的实验，可以掌握在嵌入式平台上实现一种应用系统的方法。

鉴于实时操作系统在嵌入式应用中的地位，第 21 章介绍一款实时操作系统 RTEMS 在嵌入式平台上移植的过程。

实验篇的前 3 章为建立嵌入式 Linux 实验环境做初步准备。后续内容均可在此基础上以具体的应用形式实现，例如多进程的数据采集与回放、多线程的图形应用等。

本书假定读者系统地学习过 C 语言，并对 Linux 操作系统有初步的认识。针对当前嵌入式系统的应用特点，本书重点选取了多任务程序设计、网络通信、设备驱动等几个开发方面进行介绍。书中没有使用过多的 C 语言编程技巧，而着重于功能的实现。本书强调各种工具的使用。一些工具并不仅限于软件开发，在其他场合也能起到极大的帮助作用。例如版本控制系统，在撰写文稿、项目协作等工作中都是非常方便的工具。希望这些工具的介绍能对读者有所帮助。

本书内容作为"嵌入式系统及实验"课程的教材，已在南京大学电子信息类本科教学中实践多年。就笔者的经验来说，基础部分和实验部分每周各用 3 个课时是一个可行的方案。本书为任课教师免费提供配套电子课件、习题参考答案、程序代码等教学资源，请登录华信教育资源网（http://www.hxedu.com.cn）注册下载，也可联系编辑（wangxq@phei.com.cn，010-88254113）索取。

限于笔者的知识水平和认知能力，书中肯定存在不少错误及不当之处，恳请同行专家及读者批评指正。

编 著 者

目 录

第1部分 基 础 篇

第1章 Linux 系统的基本使用方法 ········ 2
- 1.1 Linux 系统的使用环境 ················ 2
  - 1.1.1 Linux 系统的目录结构 ········ 3
  - 1.1.2 Linux 系统的用户 ·············· 3
- 1.2 命令行工作方式 ························ 4
  - 1.2.1 终端 ································ 4
  - 1.2.2 目录操作 ························· 5
  - 1.2.3 文件操作 ························· 6
  - 1.2.4 浏览文件 ························· 7
  - 1.2.5 打包、压缩和解压 ············ 8
  - 1.2.6 进程控制 ························· 8
  - 1.2.7 管道与重定向 ··················· 9
  - 1.2.8 shell 脚本程序 ················ 10
- 1.3 规则表达式 ···························· 11
- 1.4 与开发相关的常用命令 ············ 12
  - 1.4.1 文件比较 ······················· 12
  - 1.4.2 文本搜索 ······················· 13
  - 1.4.3 流编辑 ·························· 13
- 1.5 文本编辑工具 ························ 14
  - 1.5.1 vim 工作模式 ················· 14
  - 1.5.2 vim 常用编辑命令 ··········· 15
  - 1.5.3 vim 高级操作 ················· 17
- 本章练习 ······································ 17
- 本章参考资源 ································ 18

第2章 Linux 系统的主要开发工具 ········ 19
- 2.1 gcc 工具链 ···························· 19
  - 2.1.1 gcc 编译器 ····················· 19
  - 2.1.2 汇编器和链接器 ············· 20
- 2.2 代码分析与转换工具 ················ 20
  - 2.2.1 函数地址解析 addr2line ···· 21
  - 2.2.2 符号列表 nm ·················· 21
  - 2.2.3 目标文件转储 objdump ···· 22
  - 2.2.4 代码剖析 gprof ··············· 22
  - 2.2.5 ELF 符号解析 readelf ······ 24
  - 2.2.6 代码瘦身 strip ················ 24
- 2.3 GNU Make ···························· 25
  - 2.3.1 源代码的组织 ················· 25
  - 2.3.2 第一个 Makefile ············· 27
  - 2.3.3 GNU Make 基本规则 ······ 27
  - 2.3.4 完善 Makefile ················ 28
  - 2.3.5 GNU Make 的依赖 ········· 30
- 2.4 开源软件的移植 ······················ 32
  - 2.4.1 工具准备 ······················· 32
  - 2.4.2 源代码的组织结构 ·········· 32
  - 2.4.3 配置编译环境 ················· 33
  - 2.4.4 编译和安装 ···················· 34
- 2.5 调试工具 ······························· 34
  - 2.5.1 gdb 使用示例 ················· 35
  - 2.5.2 远程调试 ······················· 36
- 2.6 版本控制系统 ························ 37
  - 2.6.1 集中式版本控制系统 svn ··· 38
  - 2.6.2 追溯历史、分支与合并 ···· 39
  - 2.6.3 分布式版本控制系统 git ··· 40
  - 2.6.4 git 基本操作 ··················· 40
  - 2.6.5 git 分支与合并 ··············· 43
- 2.7 合理地组织程序 ······················ 44
  - 2.7.1 头文件的要求 ················· 44
  - 2.7.2 C 语言源文件 ················· 45
  - 2.7.3 库的产生和作用 ············· 45
  - 2.7.4 项目的目录组织结构 ······· 47
- 2.8 交叉编译工具链的制作 ············ 47
- 本章练习 ······································ 52
- 本章参考资源 ································ 52

第 3 章　文件读写 ………………… 53
3.1　文件系统的概念 ……………… 53
3.2　文件与目录 …………………… 54
3.2.1　Linux 系统中的虚拟文件系统 …………………………… 54
3.2.2　Linux 系统的文件类型 …… 54
3.2.3　改变文件属性 …………… 56
3.3　文件描述符 …………………… 57
3.3.1　标准 I/O 设备 …………… 57
3.3.2　有关文件操作的系统功能调用 ……………………… 58
3.3.3　文件描述符复制 ………… 59
3.3.4　文件描述符操作 ………… 59
3.3.5　文件共享与读写冲突 …… 60
3.4　标准 I/O 库的文件操作 ………… 61
3.4.1　打开文件 ………………… 61
3.4.2　文件流读写 ……………… 62
3.4.3　文件流定位 ……………… 63
3.4.4　格式化 I/O 文件操作函数 … 64
本章练习 …………………………… 64
本章参考资源 ……………………… 65

第 4 章　多任务机制 ……………… 66
4.1　理解进程的概念 ………………… 66
4.1.1　什么是进程 ……………… 66
4.1.2　进程的状态 ……………… 66
4.1.3　进程的创建和结束 ……… 67
4.1.4　创建进程的例子 ………… 68
4.2　进程间的数据交换 ……………… 69
4.2.1　管道 ……………………… 69
4.2.2　共享内存 ………………… 71
4.2.3　消息队列 ………………… 73
4.3　守护进程 ………………………… 75
4.4　线程——轻量级进程 …………… 77
4.5　线程的竞争与同步 ……………… 78
4.5.1　互斥锁 …………………… 78
4.5.2　信号和信号量 …………… 79
4.5.3　进程与线程的对比 ……… 81
本章练习 …………………………… 81
本章参考资源 ……………………… 82

第 5 章　网络套接字编程 ………… 83
5.1　套接字 API …………………… 83
5.1.1　两种类型的套接口 ……… 83
5.1.2　网络协议分层 …………… 84
5.1.3　关闭套接口 ……………… 84
5.2　TCP 网络程序分析 ……………… 85
5.2.1　网络地址 ………………… 86
5.2.2　端口 ……………………… 86
5.3　TCP 服务器程序设计 …………… 88
5.4　简单的数据流对话 ……………… 90
5.5　多任务数据流对话 ……………… 95
5.6　基于数据报的对话程序 ………… 97
本章练习 …………………………… 100
本章参考资源 ……………………… 100

第 6 章　模块与设备驱动 ………… 101
6.1　设备驱动程序简介 ……………… 101
6.1.1　内核功能划分 …………… 101
6.1.2　设备驱动程序的作用 …… 102
6.1.3　设备和模块分类 ………… 102
6.2　构建和运行模块 ………………… 103
6.2.1　第一个示例模块 ………… 103
6.2.2　模块的编译 ……………… 104
6.2.3　模块的运行 ……………… 105
6.2.4　内核模块与应用程序 …… 105
6.3　模块的结构 ……………………… 106
6.3.1　模块的初始化和清除函数 … 107
6.3.2　内核符号表 ……………… 108
6.3.3　模块的卸载 ……………… 108
6.3.4　资源使用 ………………… 109
6.4　字符设备驱动程序 ……………… 112
6.4.1　timer 的设计 ……………… 112
6.4.2　文件操作 ………………… 115
6.4.3　打开设备 ………………… 117
6.4.4　I/O 控制 ………………… 124
6.4.5　阻塞型 I/O ……………… 130
6.5　设备驱动程序的使用 …………… 133
6.5.1　驱动程序与应用程序 …… 133
6.5.2　内核源码中的模块结构 … 134
6.5.3　将模块加入内核 ………… 135

6.6 调试技术 …………………………………… 135
  6.6.1 输出调试 ………………………… 136
  6.6.2 查询调试 ………………………… 139
  6.6.3 监视调试 ………………………… 142
  6.6.4 故障调试 ………………………… 142
  6.6.5 使用 gdb 调试工具 ……………… 143
  6.6.6 使用内核调试工具 ……………… 144
6.7 硬件管理与中断处理 ………………………… 145
  6.7.1 I/O 寄存器和常规内存 ………… 145
  6.7.2 中断 ……………………………… 150
6.8 内核的定时 …………………………………… 152
  6.8.1 时间间隔 ………………………… 152
  6.8.2 获取当前时间 …………………… 154
  6.8.3 延迟执行 ………………………… 156
  6.8.4 定时器 …………………………… 157
本章练习 …………………………………………… 161
本章参考资源 ……………………………………… 161

第 7 章 嵌入式 Linux 系统开发 ………………… 162
7.1 引导装载程序 ………………………………… 162
7.2 内核设置 ……………………………………… 163
  7.2.1 内核布局 ………………………… 164
  7.2.2 内核链接和装入 ………………… 164
  7.2.3 参数传递和内核引导 …………… 165
7.3 设备驱动程序 ………………………………… 166
  7.3.1 帧缓冲区驱动程序 ……………… 167
  7.3.2 输入设备驱动程序 ……………… 167
  7.3.3 MTD 驱动程序 ………………… 167
  7.3.4 MTD 驱动程序设置 …………… 168
7.4 嵌入式设备的文件系统 ……………………… 169
  7.4.1 扩展文件系统 …………………… 169
  7.4.2 日志闪存文件系统的第 2 版
    （JFFS2） ………………………… 170
  7.4.3 tmpfs …………………………… 171
7.5 图形用户界面（GUI） ……………………… 172
  7.5.1 XFree86 4.X（带帧缓冲区支持
    的 X11R6） ……………………… 172
  7.5.2 Microwindows ………………… 173
  7.5.3 Microwindows 上的 FLTK
    API ………………………………… 173
  7.5.4 Qt/Embedded …………………… 174
7.6 帧缓冲 ………………………………………… 174

第 8 章 GUI 程序设计初步 ……………………… 177
8.1 基本组件介绍 ………………………………… 177
  8.1.1 一个简单的图形接口程序 ……… 177
  8.1.2 按钮类组件 ……………………… 180
  8.1.3 数据类组件 ……………………… 183
  8.1.4 菜单栏与工具栏 ………………… 184
8.2 画图区 ………………………………………… 185
8.3 界面布局方法 ………………………………… 186
  8.3.1 盒子 ……………………………… 187
  8.3.2 表格 ……………………………… 188
  8.3.3 对位 ……………………………… 188
  8.3.4 便签 ……………………………… 188
  8.3.5 对话框 …………………………… 188
8.4 GTK+界面设计工具 ………………………… 189
本章练习 …………………………………………… 191
本章参考资源 ……………………………………… 191

第 2 部分 实 验 篇

第 9 章 实验系统介绍 …………………………… 194
9.1 实验系统性能概括 …………………………… 194
9.2 软件 …………………………………………… 195
  9.2.1 交叉编译工具链 ………………… 195
  9.2.2 工具链安装 ……………………… 195
  9.2.3 嵌入式操作系统软件 …………… 195
9.3 实验系统搭建 ………………………………… 196

第 10 章 嵌入式系统开发实验 …………………… 197
10.1 实验目的 …………………………………… 197
10.2 嵌入式系统开发过程 ……………………… 197
  10.2.1 串口设置（使用 minicom） 198
  10.2.2 TFTP（简单文件传输
     协议） ………………………… 199
  10.2.3 NFS 服务器架设 ……………… 200

| | | 10.2.4 | 编译应用程序 | 200 |
| 10.3 | 实验报告要求 | | | 201 |

第 11 章　引导加载器 ... 202
- 11.1　实验目的 ... 202
- 11.2　BootLoader ... 202
  - 11.2.1　BootLoader 的作用 ... 202
  - 11.2.2　BootLoader 程序结构框架 ·· 202
- 11.3　实验内容 ... 203
  - 11.3.1　获取 U-Boot ... 203
  - 11.3.2　配置 BootLoader 选项 ... 203
  - 11.3.3　制作 TF 卡 ... 204
- 11.4　实验报告要求 ... 204

第 12 章　内核配置和编译 ... 205
- 12.1　实验目的 ... 205
- 12.2　相关知识 ... 205
  - 12.2.1　内核源代码目录结构 ... 205
  - 12.2.2　内核配置的基本结构 ... 205
  - 12.2.3　编译规则 Makefile ... 205
- 12.3　编译内核 ... 206
  - 12.3.1　Makefile 的选项参数 ... 206
  - 12.3.2　内核配置项介绍 ... 207
- 12.4　实验内容 ... 208
- 12.5　实验报告要求 ... 208

第 13 章　根文件系统的构建 ... 209
- 13.1　实验目的 ... 209
- 13.2　Linux 文件系统的类型 ... 209
  - 13.2.1　EXT 文件系统 ... 209
  - 13.2.2　NFS 文件系统 ... 210
  - 13.2.3　JFFS2 文件系统 ... 210
  - 13.2.4　YAFFS2 ... 211
  - 13.2.5　RAM Disk ... 211
- 13.3　文件系统的制作 ... 212
  - 13.3.1　BusyBox 介绍 ... 212
  - 13.3.2　BusyBox 的编译 ... 212
  - 13.3.3　配置文件系统 ... 212
  - 13.3.4　制作 ramdisk 文件镜像 ... 214
  - 13.3.5　制作 init_ramfs ... 215
- 13.4　实验内容 ... 216
- 13.5　实验报告要求 ... 216

第 14 章　图形用户接口 ... 217
- 14.1　实验目的 ... 217
- 14.2　原理概述 ... 217
  - 14.2.1　帧缓冲设备 ... 217
  - 14.2.2　帧缓冲与色彩 ... 218
  - 14.2.3　LCD 控制器 ... 218
  - 14.2.4　帧缓冲设备操作 ... 218
- 14.3　实验内容 ... 220
  - 14.3.1　实现基本画图功能 ... 220
  - 14.3.2　合理的软件结构 ... 220
- 14.4　实验报告要求 ... 220

第 15 章　音频接口程序设计 ... 221
- 15.1　实验目的 ... 221
- 15.2　接口介绍 ... 221
- 15.3　应用软件设计 ... 221
  - 15.3.1　OSS ... 221
  - 15.3.2　ALSA ... 222
- 15.4　实验内容 ... 223
- 15.5　实验报告要求 ... 223

第 16 章　嵌入式系统中的 I/O 接口驱动 ... 224
- 16.1　实验目的 ... 224
- 16.2　接口电路介绍 ... 224
- 16.3　I/O 端口地址映射 ... 224
- 16.4　LED 控制 ... 225
- 16.5　实验内容 ... 225
- 16.6　实验报告要求 ... 226

第 17 章　触摸屏移植 ... 227
- 17.1　实验目的 ... 227
- 17.2　Linux 系统的触摸屏支持 ... 227
  - 17.2.1　触摸屏的基本原理 ... 227
  - 17.2.2　内核配置 ... 227
  - 17.2.3　触摸屏库 tslib ... 227
  - 17.2.4　触摸屏库的安装和测试 ... 228
- 17.3　实验内容 ... 229
- 17.4　实验报告要求 ... 229

第 18 章　Qt/Embedded 移植 ... 230
- 18.1　实验目的 ... 230

18.2 Qt/Embedded 介绍 ·················230
    18.2.1 Qt/Embedded 软件包结构···230
    18.2.2 编译环境设置···············230
    18.2.3 编译过程·····················231
    18.2.4 Qt/Embedded 的安装········232
    18.2.5 Qt-4.8 版本编译···········233
18.3 实验要求·····························234
18.4 实验报告要求·····················235

第 19 章 MPlayer 移植·················236
19.1 实验目的·····························236
19.2 软件介绍·····························236
19.3 编译准备·····························236
19.4 编译·····································236
19.5 扩展功能·····························237
19.6 实验报告要求·····················237

第 20 章 GTK+移植······················238
20.1 实验目的·····························238

20.2 GTK+的背景·······················238
20.3 GTK+库的依赖关系············238
20.4 编译过程·····························240
    20.4.1 编译准备·····················240
    20.4.2 一般方法·····················240
    20.4.3 环境变量·····················241
    20.4.4 一些特殊的设置···········242
    20.4.5 编译技巧·····················243
20.5 测试·····································244
20.6 实验要求·····························244
20.7 实验报告要求·····················244

第 21 章 实时操作系统 RTEMS···········245
21.1 实验目的·····························245
21.2 实时操作系统 RTEMS 简介···245
21.3 编译 RTEMS·······················246
21.4 启用 RTEMS 终端···············247
21.5 实验报告要求·····················247

第1部分 基础篇

第1章　Linux 系统的基本使用方法
第2章　Linux 系统的主要开发工具
第3章　文件读写
第4章　多任务机制
第5章　网络套接字编程
第6章　模块与设备驱动
第7章　嵌入式 Linux 系统开发
第8章　GUI 程序设计初步

第 1 章　Linux 系统的基本使用方法

早期由于处理器硬件性能和资源的限制，嵌入式系统通过专用实时操作系统和精心设计的应用软件保证其性能。随着硬件性能的不断提高，很多民用产品的实时性已经不是问题，而更多关注的是产品的功能和扩展性。由于桌面系统有丰富的软件支持和便捷的开发手段，越来越多的应用开始将桌面系统移植到嵌入式产品中。

本章介绍 Linux 系统的基本使用方法。重点介绍与嵌入式开发关系比较密切的功能。

嵌入式系统发展的历史几乎和微处理器历史一样长。近十几年来，随着处理器性能的不断提高和计算机应用领域的不断扩展，嵌入式成为一个持续热门的词汇。所谓嵌入式系统，是一种由机械和电子系统构成的专用计算机系统，它的研究对象包括嵌入式硬件和软件。目前，98%的微处理器产品是嵌入式系统的组成部分。软件研究对象包括嵌入式操作系统和应用软件。

作为通用计算机操作系统的 Linux 系统，在嵌入式领域中表现同样出色。以手机市场为例，以 Linux 为内核的 Android 系统曾经与 Windows 和 iOS 成三足鼎立，如今在移动终端上则主要由 Android 和 iOS 统治。（据 https://www.netmarketshare.com 统计，2017 年 7 月，使用 Android 系统的手机/平板市场份额占 60%以上。）在大型计算机系统中，Linux 更是出类拔萃。据 www.top500.org 的数据显示，在全世界性能最高的超级计算机 500 强中，Linux 系统自 1998 年 6 月开始进榜（此前一直是 UNIX 的天下）以来，占比持续上升，至 2015 年 6 月，使用 Linux 各种发行版的超级计算机达到 489 台。在最近几次的更新榜单中，使用非 Linux 系统的超级计算机仅占个位数。

在通用计算机系统中，Linux 系统和 UNIX 系统非常相似，而与 Windows 系列操作系统的特征则相差比较大。Linux 除了作为嵌入式系统的运行环境以外，也是理想的嵌入式开发环境。熟练掌握 Linux 系统是嵌入式 Linux 开发的基础。

1.1　Linux 系统的使用环境

软件是计算机系统的重要组成部分。软件包括程序、数据、文档，它们存储在计算机的存储设备上，存储设备通过文件系统组织。这种文件系统又称为"分区"，在 Windows 操作系统中，访问分区通过盘符"C:"、"D:"这样的符号。每个分区又有一些目录，Windows 称之为"文件夹"（Folders）。目录之下可以有文件和子目录，目录和目录之间用反斜线"\"分隔。

Linux 系统没有盘符的概念。操作系统内核启动的最后阶段，会挂载一个分区作为它的根文件系统，它可以是一个磁盘分区，也可以是一块内存，这块内存被组织成某种分区的格式。根文件系统中有操作系统赖以正常运行的基本程序。其他分区可以在系统启动后，根据需要，通过"mount"命令挂载到指定目录上。一经挂载，访问这个分区的方式和访问目录的形式是完全一样的。Linux 系统中用斜线"/"分隔目录层次。顶层的目录被称为"根目录"。Linux 不使用反斜线分割目录。反斜线在命令行中的功能是转义符,这与它在许多编程语言及命令中的功能是一致的。

1.1.1 Linux 系统的目录结构

Linux 系统的目录结构遵循文件系统结构层次标准 FHS(Filesystem Hierarchy Standard)。该标准普遍被类 UNIX 系统采用,它定义了目录结构和内容。图 1.1 是 Linux 系统的主要目录。

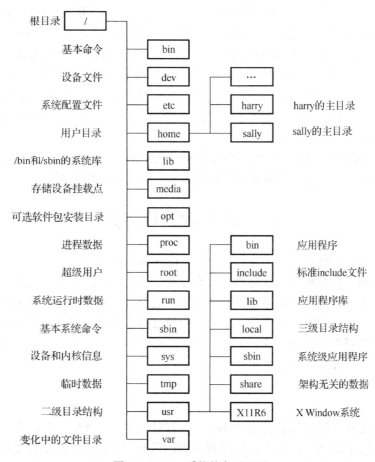

图 1.1 Linux 系统的主要目录

Linux 依据不同程序在系统中的地位,采用一级目录结构、二级目录结构(/usr)、三级目录结构(/usr/local)管理。不同程序在系统中的地位不同,对系统的影响不同,限制着用户的使用权限。供普通用户使用的命令放在/bin(binary)和/usr/bin 目录里;供超级用户使用的命令放在各级结构的 sbin(system binary)目录里,普通用户要么无权使用这些命令,要么命令的功能会受到一定限制。

1.1.2 Linux 系统的用户

UNIX 类的操作系统对用户有比较严格的管理策略。超级用户(super user,用户名为"root",用户 ID 为 0)可以运行系统中的所有程序,支配系统的所有资源。拥有这个权限的通常是系统的管理员。管理员可以为其他使用者创建账户，这些账户通常拥有普通用户的权限。普通用户可以正常使用计算机，但不能对计算机的设置进行改变。根据使用者在系统中的关系，管理员还可以对他们进行分组。在以组为单位的项目开发中，这种分组关系既满足了资源共享要求，同时也隔离了与其他项目之间的交叉。

有些 Linux 的发行版还有为临时使用计算机的人创建"访客用户"的做法。访客用户只有有限的计算机支配资源，其数据也不会长期保存。

供个人使用的计算机中，尽管用户可以以超级用户身份登录使用，但出于安全性方面的考虑，仍然建议用户日常操作以普通用户的身份完成。超级用户的误操作会给系统造成较大的损害，此外超级用户的使用环境会给恶意软件带来方便。很少听说 Linux 操作系统有病毒泛滥，对用户权限的限制可能是一个重要的原因。如果发现有这样的软件，非超级用户无法正常使用（通常这是一个可能改变系统设置的软件）。这时可以通过临时切换身份（使用"sudo"命令）的方式运行这个软件。如果这个问题频繁出现，要么是用户权限设置有问题，要么是软件本身的设计问题。前者应由管理员调整用户权限，后者的问题可以向软件开发者反映。

作为嵌入式系统的开发对象，使用 root 身份是正常的。因为系统运行伊始仅有这个权限，甚至还没建立用户。但作为开发环境使用的计算机，以上原则仍然有效。

1.2 命令行工作方式

在 Linux 上进行软硬件开发，命令行接口（Command-Line Interface，CLI）是主要的工作方式。虽然 Linux 也有集成开发环境，但命令行能调动的资源更多，命令行操作方式更加灵活。在网络环境下，使用图形界面可能会对服务器和客户端都有较高的要求，而命令行方式则基本上不受限制。开发嵌入式 Linux，初期的目标系统肯定不具备图形工作环境，甚至终生都不会为它移植图形界面，这时在它上面的操作只能通过命令行方式完成。命令行方式的唯一缺点是需要记住很多命令的用法。

1.2.1 终端

提供命令行工作环境的设备称为"shell"（有时也称为"终端"）。目前使用最多的是 bash（Bourne-Again SHell）。shell 可以运行系统的所有程序，包括图形界面程序。多数情况下，在终端上运行程序等效于在图形界面下用鼠标单击程序的图标。而在使用字符界面程序时，可以看到程序正常的运行过程，比如用 C 语言函数"printf( )"在标准设备上输出的信息，这在图形方式下有时是做不到的。此外，如果是可以带参数执行的命令，对于在图形操作方式下单击鼠标如何输入参数，目前也没有通用的解决方案。

在 shell 中执行命令或程序，就是直接在提示符下用键盘输入程序的名字，以回车确认。一般格式如下：

    $ command [options] parameters

"command"是程序名，[1]绝大多数这样的程序在"/bin"、"/sbin"、"/usr/bin"、

---

[1] "$"表示普通用户使用 shell 的提示符，无须用键盘输入。超级用户的提示符是"#"，区别于普通用户，起到一定的警示作用。本书将以这两个符号区分命令的权限。

"/usr/sbin"目录中以可执行文件的形式存在。Linux 系统中一个重要的环境变量"PATH"包含了这些目录的列表。如果想执行的程序不在这个目录列表中,则必须明确指明这个程序所在目录。例如:

```
$ ./hello
```

表示执行当前目录下一个名为"hello"的程序。"./"表示当前目录。

命令可以带有一些选项,选项前面通常会使用"-"或"--"以便和命令的参数相区别,有的命令选项甚至不使用"-"。具体使用哪一种方式,取决于该程序作者的风格。

Linux 系统中,命令中的选项、参数,包括命令本身,都严格区分字母大小写,除非程序内部对字母大小写有专门的合并处理。[①]

1.2.2 目录操作

shell 中访问目录的命令主要有转移目录、创建和删除目录等操作。
- 列目录、文件清单"ls"。该命令不带选项时仅列出文件名。用"ls -l"可以看到列出某个目录下的文件较完整的属性:

```
$ ls -l
drwxr-xr-x 19 harry harry  4096    6月 14 12:47 docs
drwxr-xr-x 23 harry harry  4096    10月 20 2016 programs
drwx------  3 harry harry  4096    6月 21 14:28 videos
-rw-rw-r--  1 harry harry  1830    11月 30 2016 problem1_3.m
```

上面列出的文件清单中,每一行描述了一个文件的主要特性。其中,第一个字段是文件的访问权限属性,它显示了该文件的性质和读写权限。第一个字母"d"表示它是一个目录文件(Directory),普通文件则用"-"表示。后面紧跟的 9 个字母中,每三个为一组,依次表示文件拥有者、文件属组以及其他人对该文件的访问权限。访问权限的三个字母 r、w、x 分别表示读(Read)、写(Write)和运行(eXecute)许可。Linux 系统的文件可执行属性就体现在"x"标志位上,而与其名称及后缀无关。目录的"x"标识表示该目录可以访问。对应位置的"-"表示其权限的缺失。属性字段后面的数字表示该文件的链接数。接下来的两个名字分别表示文件拥有者和属组。上面的清单显示出,docs 和 programs 目录允许所有人访问,但只有 harry 本人有修改权限,而 videos 只有 harry 本人有访问权限。文件 problem1_3.m 不是一个可执行文件,允许 harry 及 harry 组员读写,其他人只能读不能修改。
- 转移目录"cd",这是一条 shell 的内部命令。从当前的工作目录转移到另一个目录的命令格式是[②]

```
$ cd pathname
```

表示路径的方式有两种:从根目录开始,将各级目录名按顺序用斜线分隔,这种形式称为"绝对路径";以当前目录为起点,向上或向下达到目标目录的形式称为"相对路径"。

[①] 归根到底,这种大小写敏感的特性不是由操作系统决定的,而是由文件系统决定的。如果使用了文件名不区分字母大小写的文件系统(如 FATFS),命令行操作会在一定程度上失去大小写的区别意义。
[②] 目录(directory)有时又被称为"路径"(path)。

图 1.2 中，假设用户"harry"想从当前目录"docs"转移到"videos"目录下工作，他可以采用绝对路径操作方式"cd /home/harry/videos"，也可以采用相对路径操作方式"cd ../videos"。"../"表示上一级目录。采用后一种方式时，转移目录的操作方式与当前位置有关。

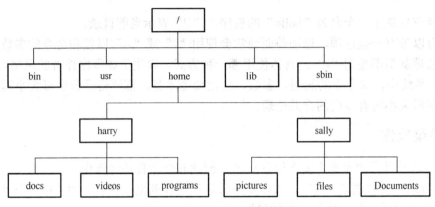

图 1.2 相对路径和绝对路径

"cd"命令不带参数时，将回到用户的主目录（环境变量 HOME 指向的目录）。
"cd -"表示回到上一次所在的工作目录。

- 创建目录 mkdir。用户 harry 想在 programs 下面创建一个新目录"proj1"，再在"proj1"下面创建一个子目录"new"。他可以先用"mkdir"创建"proj1"，再转移到这个目录下创建"new"；也可以：mkdir -p proj1/new 一次完成。选项"-p"表示：如果所创建目录的上层目录（父目录）还不存在，就同时创建。
- 删除一个空目录，使用"rmdir pathname"。非空目录不能使用 rmdir 删除。
- pwd 可以打印当前的绝对路径名。此命令在一般的操作过程中作用不大，因为通常 shell 的提示符中已经显示了路径名。它主要用在软件开发过程中不便于人工干预的场合。

1.2.3 文件操作

文件操作包括文件复制、改名、移动、删除等。对文件的操作命令，多数也可以对目录操作。

- 修改属性 chmod。拥有文件操作权限的用户可以根据需要修改文件的权限属性。例如，harry 将自己辖下的 videos 目录开放给其他用户，可以使用命令"chmod 777 videos"。其中的数字是八进制，与属性字段除第一位以外的每一位相对应。
- 文件复制 cp。"cp oldfile newfile"，将 oldfile 复制一份到 newfile。如果最后一个参数是目录，则表示把前面几个复制到该目录下。当复制的源包含目录时，需要使用选项"-r"。
- 删除文件 rm。被删除的文件无法通过正常操作恢复。这与在桌面环境中将文件移除至垃圾桶的行为不同。删除目录同样也需要选项"-r"。
- 文件改名 mv。"mv oldfile newfile"，旧文件名被新文件名替代。如果需要一次性给多个文件改名，Linux 没有原生的批量重命名命令，此项功能可以通过一些命令的组合实现。1.4.3 节提供了一种方案。

当最后一个参数是目录时,mv 操作的结果是将前面所列的文件和目录移至该目录下。
- 链接命令 ln。链接的结果有点像文件复制,但本质上是不一样的。链接的文件和原始文件只有名字的差别,数据在存储设备上只存储了一份。带有选项"-s"创建的链接又称为软链接或符号链接,它比较像 Windows 系统的"快捷方式",链接文件依赖于原始文件的存在。当原始文件被移动或删除后,软链接文件就成为"死链"。

  硬链接则是所有链接文件都指向相同的数据区,每个链接文件的地位是平等的,不存在依赖关系。只有当最后一个链接被删除后,存储空间才被真正释放。硬链接只能是同一个分区里的文件(不包括目录),软链接则无此限制。

  链接功能由文件系统支持,只有支持 inode 型或 vnode 型结构的文件系统才能创建链接。(inode 普遍见于 Linux 系统的文件系统,vnode 主要见于 BSD 系统。)

  链接在 Linux 系统中使用非常普遍。动态链接库通过链接的形式允许多个版本共存。Linux 有一个基本软件包 BusyBox,里面包含了上百个 Linux 的基本操作命令,这些命令都指向同一个文件 busybox。如果要升级 BusyBox,只需要更换这一个文件就可以了。

- 查找文件 find。find 查找文件方式很灵活,通过不同选项,可以根据文件名、文件大小、文件最后修改时间等多种属性查找。对于找到的文件,还可以使用命令直接对这些文件进行操作。例如,查找当前目录下(包括子目录)超过 10KB 的文件并复制到 harry 的 videos 目录:

```
$ find . -size +10K -exec cp {} /home/harry/videos \;
```

解释:选项"-size"告诉 find 按文件大小查找,"-exec"告诉 find 找到的文件后执行后面的命令,"{}"匹配找到的每一个文件;命令行中的分号";"是 shell 中顺序执行一系列命令的分割符,为避免被 shell 误解为是"find"命令的分隔符,这里用"\"转义。

对文件和目录的操作可以使用通配符。通配符是用于代替某一个或一串具体字符的特殊字符。常用的通配符有"*"、"?"和"[...]"。例如,图 1.2 中,harry 要把当前目录(假设是 videos)里所有".c"和".h"结尾的文件复制到 programs 目录中,他可以这样操作:

```
$ cp *.c *.h ../videos/
```

这里的"*"用于替代任意字符串,它省去了对逐个文件操作的烦琐过程。通配符"?"用于替代任意单个字符;"[...]"中的符号相当于一个清单,例如"[Cc]"表示"C"或"c","[a-z]"表示所有小写字母。

1.2.4 浏览文件

除了利用编辑器观察文件内容以外,还可以用一些轻量级工具直接在终端上查看文件内容:
- more。此命令将长文件分屏显示,每满一屏暂停一下,等待用户敲键以后再继续上滚一屏。
- head/tail。用于浏览文件头部或尾部。选项"-n"用于指定行数。默认的是 10 行;也可以用"-c"选项指定以字节为单位。tail 还有一个有用的选项"-f"(follow 的意思),当浏览一个不断变化着的文件(例如某个软件的日志文件)时,可以跟踪显示这个文件。
- cat。此命令可以将文件和标准输入设备合并,送到标准输出设备上。

1.2.5 打包、压缩和解压

打包工具可以将多个文件组装成单个文件，便于携带和传输。多数打包工具同时具备数据压缩功能。Linux 系统最常用的打包压缩命令是 tar，它会根据选项自动调用压缩/解压程序。常见的压缩格式后缀是 gz、bz2 和 xz，它们各自表示采用不同的压缩算法。不同的压缩算法影响到数据压缩率、压缩时间和解压时间。一般而言，xz 格式的压缩率最高，而 gz 格式的压缩、解压时间最短，但压缩率最低。

将一个.tar.gz、.tar.bz2 或.tar.xz 文件解压的命令可以统一使用"-xf"选项，例如（tar 命令的选项前面的"-"可以去掉）：

```
$ tar xf hello-2.10.tar.gz
```

打包压缩时，通过选项"-z"、"-j"、"-J"指定压缩格式，分别对应使用 gzip、bzip2 和 xz 进行压缩，例如：

```
$ tar Jcf hello-2.10.tar.xz hello-2.10/
```

1.2.6 进程控制

当程序在终端运行时，操作人员可以通过终端与程序交互：通过键盘输入，程序把输出打印在终端上。交互过程中，以下是一些特殊的操作：

- 按 Ctrl+C 组合键[①]表示提前结束程序。
- 按 Ctrl+Z 组合键时暂停程序，此时用户获得终端控制权。如果需要继续运行程序，可以在此终端输入命令"fg"或者"bg"，前者表示前台方式（foreground），后者表示后台方式（background）。
- 如果程序向终端打印的内容太快、太多，可以通过按 Ctrl+S 组合键暂停终端显示。暂停状态下，按任意键继续。

有些程序运行时不需要通过终端和操作人员交互（特别是图形界面程序），这时可以在程序启动时直接使用后台方式。在命令行最后加一个字符"&"就表示以后台方式运行。后台运行的程序一般不再占用终端，终端可以继续其他操作。

系统命令"ps"可以显示系统中所有进程的状态（使用选项"-ax"）。进程状态列表中的第一列数字表示进程标识符（进程号）。通过"kill"命令向进程发送信号可以改变进程的运行状态。命令格式是：

```
$ kill -<signal> processID
```

该命令的本义是向进程发送信号，而不是英文单词的原义。命令格式中，"signal"是一个整数，对应表 1.1 中的不同含义。默认方式下，kill 向进程发送 SIGTERM 信号，该信号通常导致进程的结束。（该命令因此得名。）有时候，进程会忽略这个信号，因此，为了确保让该进程结束，可以使用命令"kill -9 processID"。SIGKILL 是不可阻塞的。另一个发送信号的命令是"killall"，它以进程名为操作参数而不是进程 ID。

[①] 表示在按下 Ctrl 键的同时按下 C 键。

表 1.1 Linux 系统中一些常用的信号描述

信 号 名	signal 值	说　　明
SIGHUP	1	挂起
SIGINT	2	中断
SIGQUIT	3	进程退出
SIGABRT	6	异常中止
SIGKILL	9	杀死进程（不可阻塞）
SIGUSR1	10	用户定义的信号 1
SIGSEGV	11	段错误（存储器访问非法）
SIGUSR2	12	用户定义的信号 2
SIGPIPE	13	管道错误
SIGALRM	14	闹钟
SIGTERM	15	进程中止
SIGCHLD	17	子进程状态改变
SIGCONT	18	进程继续
SIGSTOP	19	进程停止（不可阻塞）

1.2.7　管道与重定向

　　管道是进程间通信的一种方式。Linux 每个进程运行时，默认打开了三个设备：标准输入设备、标准输出设备和标准错误输出设备。通常，标准输入设备是键盘，后两个是用于字符显示的终端。在命令行中使用管道，可以理解为将前一个程序的输出送到另一个程序作为输入。输入和输出必须是标准设备。

　　管道的操作符是"|"。例如，要浏览某个文件的第 200～225 行，可以将 head 和 tail 两个命令通过管道连接起来：

```
$ head -n 225 file|tail -n 26
```

tail 将最后结果仍显示在终端上。

　　对于原本在终端上输出的内容，如果想将它送到其他地方（如保存到文件），或者原来从键盘上输入的内容用文件代替，可以通过重定向功能实现。

　　重定向操作符是">"和"<"，分别表示输出重定向和输入重定向。上面的命令改成

```
$ head -n 225 file|tail -n 26> newfile
```

则将打印在屏幕上的内容保存到 newfile 文件里。如果文件已经存在，则被覆盖。">>"也是输出重定向，不同的是，它在重定向输出的文件后面追加而不是覆盖。

　　Linux 的基本命令大都包含在 BusyBox 软件包中（桌面系统不一定直接使用 BusyBox，但功能一样）。这些命令短小精悍、功能专一。由于选项太多，给使用者造成一定的困难。为此，系统默认方式下安装了一份详细的帮助手册，通过命令"man"可以查看命令的详细用法（"man"是英语"手册页"的前三个字母）。手册按以下方式分类：

　　（1）可执行程序或 shell 命令。
　　（2）系统调用（内核提供的函数）。
　　（3）库调用（程序库中的函数）。
　　（4）特殊文件（通常位于/dev 目录）。

（5）文件格式和规范，如/etc/passwd。
（6）游戏。
（7）杂项（包括宏包和规范，如 man(7)，groff(7)）。
（8）系统管理命令（通常只针对 root 用户）。

手册中不仅包括命令，还包括系统调用函数和库函数，给编程带来了很大方便。例如，"man 3 printf"可以打印函数 printf( )的格式化帮助文档。如果"man"命令中不提供分类号，则按顺序打印第一个找到的函数或命令帮助文档。

1.2.8 shell 脚本程序

设想这样一个情景：管理员拿到一份名单，要求根据名单为每个人创建一个新账户。新用户名单 userlist.txt 如表 1.2 所示。

表 1.2 新用户名单 userlist.txt

harry	Harry Potter
ron	Ron Weasley
hermione	Hermione Granger
charity	Charity Burbage
armando	Armando Dippet
albus	Albus Dumbledore

创建账户需要用"useradd"命令为系统添加一个用户名，用"passwd"为其设置初始口令，在该用户的主目录下建立初始化工作环境的脚本文件。这是一项烦琐枯燥的工作。幸好，shell 除了提供一个操作环境外，它也是一种脚本程序的运行环境。根据名单要求，可以编写这样一个脚本（如清单 1.1 所示）。

清单 1.1 批量创建账户的脚本 account.sh

```
1   #! /bin/bash
2
3   while read line; do
4       name =` echo $line | sed -e "s/ .* $ // " `
5       useradd -m $name
6       echo -e $name "\n" $name | passwd $name
7       cp -f /etc/profile /home/$name/.profile
8       chown $name.$name /home/$name/.profile
9   done
```

文件的头两个字节"#!"是脚本文件的标识。如果文件具有可执行属性，直接运行这个程序会调用这个标识符后面的命令对该脚本加以解释。也可以直接指定命令运行该脚本（如"bash account.sh"），此时，标识符不起作用。

用上面的脚本创建批量用户就变成了

```
# bash account.sh <userlist.txt
```

程序循环地从标准输入设备上读取一行（第 3 行。"read"是 shell 命令，从标准输入设备读取字符串赋值给变量"line"，此处标准输入重定向自文件 userlist.txt），将读到的一行文字从空格开始直至行尾的字符去除，得到账户的用户名（第 4 行），使用命令"useradd"（需要超级用户权限）创建账户。再为其创建初始口令（第6行），初始口令与用户名相同，设置口令时需要输入两次。最后，将系统的环境配置文件复制给该用户并改变其权限属性。

除了 shell 脚本以外，Linux 还有 Perl、Python 等其他多种语言的脚本程序。脚本程序简化了编程的手续，减少了重复性操作，大大提高了工作效率。

1.3 规则表达式

当我们在编辑一个文件时，想把文件中的一串字符用另一串字符替代，绝大多数的编辑器都可以打开一个对话框，只要在对话框中填写替换的字符串就行了。但如果想替换的不是一个明确的字符串，而是具有某一类特征的字符串，如"找出含有 4 个字母的单词，其中间两个字母相同"，或者"将所有句号后面的多余的空格删除，只保留一个空格"这样的要求，用常规的编辑手段就会很辛苦了。

规则表达式（Regular Expression，又称正则表达式，缩写为"RegExp"或"RegEx"）是用一组特定的字符集描述文本特征的数学语言。搜索引擎使用规则表达式进行关键字查找和过滤；使用规则表达式的文本编辑器和文字处理软件，可以使搜索、替换和匹配的工作更为准确高效。一些编程语言通过内建或动态库的方式支持规则表达式。

规则表达式中，除了直接匹配的字母、数字和下画线以外，定义了下面的匹配规则：

\d 匹配任意一个数字，\D 匹配非数字字符。

\w 匹配任意一个字母、数字或下画线，等效于[A-Za-z0-9_]，\W 匹配字母、数字和下画线以外的字符。

\s 匹配空白字符，包括空格、制表符、回车换行，\S 表示匹配除这些字符以外的字符。

\b 匹配单词边界，\B 匹配非边界。

exp1|exp2 匹配表达式 exp1 或 exp2。

^该符号本身表示匹配字符串起始位置。如果在[...]中，表示匹配除[ ]中所列字符以外的字符。

$匹配字符串结尾。

.匹配除换行符以外的任意一个字符。

[...]匹配[ ]中的任意一个字符。如果字符的 ASCII 码处于连续范围，可以用"-"连接，如[A-Za-z]，表示所有大小写字母。

*重复前面的表达式任意次（包括 0 次）。

+重复前面的表达式 1 次以上。如[0-9]+表示由任意个（至少是 1 个）数字组成的数字串。

?重复前面表达式 0 次或 1 次。

{m, n}重复前面的表达式 $m\sim n$ 次。

(...) 匹配括号内的表达式，并将其作为一个群组。其后可用\n 形式替代，其中 n 是一个数字，用于指代该群组出现在表达式中的顺序编号。编号从 1 开始。

用于规则表达式功能的特殊字符，如"?"、"."、"["、"+"等，如需要表示其本身，应使用转义符"\"。例如要匹配"www.example.com"，准确的写法是"www\.example\.com"，否则可能匹配到"wwwwexample/com"。

表示反斜线本身也需转义，即"\\"匹配一个反斜线。

本节开头所提到的两个例子，分别可以用"\b[A-Za-z]([A-Za-z])\1[A-Za-z]\b"和"\. +"进行匹配。在一些软件中实际使用规则表达式时，对一些符号可能要做转义处理。

1.4 与开发相关的常用命令

1.4.1 文件比较

软件开发经常会涉及代码修改和版本升级。对于修改前后的代码有哪些差别，两个相似的文件中有哪些不同，程序"diff"可以帮助找到答案。"diff"并非只是逐字逐句地对比。有些场合下，文字差异可能没有实质意义。例如对于多数程序设计语言来说，一个空格和连续多个空格或者制表符没有差别；对于有些语言，字母大小写也不加区分。此时，可以利用"diff"的不同选项将这些差异排除，开发人员可以更集中精力关注主要问题。

以一个标准的"Hello, world"程序编写过程为例，清单1.2是第一版hello.c。

清单 1.2 第一版 hello.c

```
1    #include <stdio.h>
2
3
4    int main(int    argc, char ** argv)
5    {
6        printf(" hello, world \n");
7        return 0;
8    }
```

开发人员随后发现，打印的字符串首字母应该大写。于是，将 hello.c 复制一份到 hello.c.orig 作为备份，重新修改原文档为如清单1.3所示的第二版 hello.c。

清单 1.3 第二版 hello.c

```
1    #include <stdio.h>
2
3    int main(int argc, char ** argv)
4    {
5        printf("Hello,world!\n");
6        return 0;
7    }
```

为了找出这两个版本的不同，运行"diff -wB hello.c.orig hello.c"，程序打印如下信息：

```
6c5
<     printf("hello, world \n");
---
>     printf("Hello, world!\n");
```

选项"-w"忽略空格，"-B"忽略空行。根据这个显示结果，我们就可以知道新的文件在原来的文件基础上做了哪些修改。比较的结果不仅可供阅读分析，还可以直接用于软件打补丁。为此，需要先将比较的结果作为文件保存：

```
$ diff -wB hello.c.orig hello.c> hello.patch
```

再使用补丁命令"patch"（正如它的名字）将补丁文件作用在原文件上。该命令的输入通常以文件重定向方式处理：

```
$ patch hello.c.orig <hello.patch
```

经此操作后的"hello.c.orig"就与目前新版的一致了。

diff 和 patch 经常配合使用。"diff"不仅可以比较单个文件，如果使用选项"-r"，还可以对两个相似的目录结构进行对比，但通常不用于二进制文件的比较，仅限于文本文件（包括编码的文本文件）。虽然选项"-a"可以将二进制文件以文本文件的方式进行对比，但限于目前的技术手段，如果对一个非文本文件进行修改（打补丁），只能是全文替换。

压缩的 Linux 内核源码超过 100MB，但每一次升级更新，与之前相比，改动的内容要远少于 100MB。开发人员如果已经有了当前版本的源码，下次升级时下载补丁比下载一个完整的源码会省很多时间。一些版本控制系统（见 2.6 节）正是采用这样的思路。数据库备份也经常采用这种方法。

1.4.2 文本搜索

"grep"是一个基于规则表达式的文本搜索工具，可以用于查找文件中的关键字，默认的方式是将含有关键字的行打印出来。下面的例子可查找当前各级子目录中含有"CFLAGS"开头行的所有 Makefile 文件：

```
$ grep -n --color=auto "^CFLAGS" `find . -name "Makefile"`
```

bash 环境中反引号（"`"）的功能是，将其中的命令的执行结果作为字符串输出。"--color"是一个有用的选项，它将符合规则的信息用特殊的颜色显示出来（需要终端支持）。如果只想找到包含关键字的文件，而不关心关键字在文件中的位置，可以使用选项"-l"。

grep 曾经有几个变体"egrep"、"fgrep"、"rgrep"，目前 Linux 系统已不再使用，仅出于兼容性目的，作为 grep 的符号链接而保留，具体功能通过 grep 的选项实现。

1.4.3 流编辑

流编辑工具"sed"不同于普通文本编辑器。在编辑文件时，它不需要直接介入编辑过程，而是通过一些命令对文件进行修改；它还有一个文本编辑器无法替代的功能是，它可以修改 shell 的变量（见清单 1.1 中对变量 line 的处理语句）。

下面的命令在当前目录下所有 .c 文件第一行前面插入一行注释信息"/* This is a demo project */"：

```
$ sed -i "1i\/\* This is a demo project \*\/" *.c
```

想想看，如果这个目录下面有若干个子目录，有 100 个各式各样的文件，用普通的文本编辑器干这件事会多么麻烦。

再举一例，将所有后缀为".jpeg"的文件重命名为".jpg"：

```
$ for f in `ls *.jpeg`; do mv $f `echo $f|sed "s/\.jpeg/.jpg/"`; done
```

解释如下：将"ls"命令的输出字符串逐一赋值给变量"f"；使用命令"sed"将变量"f"中的字符串".jpeg"修改为".jpg"，作为"mv"命令的第二个参数；如此循环。

默认方式下，"sed"将修改的结果打印在终端。选项"-i"表示直接在文件里修改。对文件的操作命令包含在引号中。常用的文件编辑命令有以下几种。

$n$iexp：在第 n 行前插入表达式 exp。

$n$aexp：在第 n 行后插入表达式 exp。

m, ncexp：将第 $m\sim n$ 行用表达式 exp 替换。

m, nd：删除第 $m\sim n$ 行。

s/exp1/exp2/：将第一个表达式 exp1 替换成 exp2。这里，用于分割两个表达式的符号"/"称为定界符。如要全部替换，在最后一个定界符后面增加一个字母"g"。"s"前面可以用 m, n（m, n 是数字）限定行号作用范围。

sed 使用的定界符很灵活，紧跟在 s 命令后面的符号都被认为是定界符，可以根据个人习惯、风格使用"："、"|"、"#"等，但在同一命令中应保持前后一致。定界符用于表示字符本身时，需要转义。命令行中的引号作为字符本身使用时也要转义。

sed 的功能不限于编辑文件，例如"sed -n "200,225p" file"可打印"file"文件的第 200～225 行，它可以代替前面的例子中用管道串联的 tail 和 head 的功能。

1.5 文本编辑工具

软件开发离不开文本编辑工具。良好的文本编辑器有助于提高编程效率，减少错误。Linux 有两款非常著名的文本编辑器（vim 和 emacs），它们都有丰富的扩展特性，支持个性化配置，各自拥有众多的用户。这里主要介绍 vim 的特点及使用。

vim（Vi IMproved）在 UNIX 的全屏编辑器 vi 基础上发展而来。vim 的作者 Bram Moolenaar 最早在 Amiga 系统上开发了这款编辑器。从 4.0 版本开始，vim 增加了图形界面支持。图形界面版本具备命令行版本的全部功能，只是由于一些按键操作用于菜单选择，在使用图形界面版本时可能要适当调整一些键盘映射。

1.5.1 vim 工作模式

用 vim 编辑文件，只要在命令行输入"vim 文件名"，即可进入 vim 环境，开始对指定文件的编辑工作。用"gvim"或者"vim -g"则可打开图形界面窗口。vim 有以下三种工作模式。

1．全屏控制模式

以默认方式运行 vim，最先进入的就是这种模式。这种模式下可以对整个文档进行操作，包括查找、替换、删除、粘贴，控制编辑界面、编辑方式等。当输入插入、修改、替换等按键命令时则进入全屏编辑模式；输入"："则进入底行命令模式。

2．全屏编辑模式

在这种工作模式下，用键盘输入的字符成为文本内容的一部分，直至按 Esc 键，退出全屏编辑模式，回到全屏控制模式。

3．底行命令模式

在全屏控制模式下输入"："，光标落到底行，并出现提示符"："。在此提示符下可以输入面向整个文档的操作命令。底行命令结束后，如果不是退出 vim，则自动回到全屏控制模式[①]。

全屏控制模式下输入"/"或"?"也会将光标定位到底行，此时将进入字符串搜索模式。"/"表示前向搜索，"?"表示反向搜索。

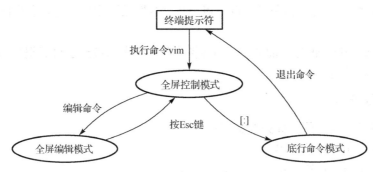

图 1.3 vim 工作模式

1.5.2 vim 常用编辑命令

vim 随带一份详细的联机帮助手册。底行命令输入 "help" 即可进入帮助首页。这里仅介绍一些常用的操作命令，以便能在较短的时间内上手。

在全屏控制模式下，控制命令一般由一两个按键操作完成。如果在前面加上数字，则表示该命令的重复次数。这些键盘操作通常没有回显，要做到心中有数。

1. 光标定位操作

vim 保留了 vi 的操作习惯，全屏控制模式下使用 k、j、h、l 控制光标的上下左右移动，完整版的 vim 也支持方向键。除此以外，可以根据需要利用下面的操作快速定位光标位置：

| 光标移动到当前行行首。
^ 光标移动到当前行行首第一个非空字符上。
$ 光标移动到当前行行尾。
% 将光标移动到配对的项目上，可用于括号"{ }、[ ]和( )"的配对检查，也可以用于 C 语言的注释"/* ... */"和"#if/#ifdef ... #else ...#endif"的配对。
(退回句子首部。
) 前移到句子尾部。
{ 光标移动至本段段首。
} 光标移动至本段段尾。
[光标前移至节分界处。
] 光标回退至前一节分界处。
− 退到上一行第一个非空格字符处。
/pattern 向前搜索 pattern，光标定位到 pattern 位置。pattern 是一个规则表达式。
?pattern 类似"/pattern"，但方向是向回搜索。
n 重复上一次匹配模式搜索。

[①] 底行命令 :a、:i 也可以进入全屏编辑方式，目前较少使用。

N　重复上一次匹配模式搜索，但方向与上次相反。
w　光标前进至下一个字首。
b　光标回退至上一个字首。
e　光标移到下一个字末。
ma　用字母"a"标记当前位置，以后可以用"`a"迅速回位光标。多个位置可以用不同字母标记。
`a　"`"（制表符Tab键上面的键）后跟字母表示将光标移至字母标记处。连续两个"`"将光标移至其移动前的位置。

2．文件修改操作

以下操作用于修改当前光标处的文字：
D　删除本行光标后的内容。
J　删除行尾的换行符，将两行连接成一行。
Y　当前行存入缓冲区，以后可以用"p"或"P"取出。
P　将上次删除的文本（缓冲区内容）插在当前光标前面。
p　将上次删除的文本（缓冲区内容）插在当前光标后面。
u　取消上一次的修改操作。
x　删除当前光标位置的一个字符。
X　删除当前光标前的一个字符。
dw　删除一个字。
dd　删除一行。
ZZ　保存文件，退出 vim。

3．进入编辑方式的操作

以下是进入编辑方式的常用操作：
a　在当前光标位置后开始插入文本。
A　在当前行尾开始插入文本。
C　删除从光标处开始到行尾的文本，并进入编辑模式。
i　在当前光标位置前开始插入文本。
I　在当前行首非空字符前开始插入文本。
o　在当前行上方新开一行，进入编辑模式。
O　在当前行下方新开一行，进入编辑模式。
s　删除光标位置的字符，并进入编辑模式。
S　删除光标所在行，并进入编辑模式。

4．底行命令

:w file　将当前编辑的文本写入指定文件。如不指定文件名，则以正在编辑的文件名存盘。
:m, nw file　将正在编辑文件的第 $m\sim n$ 行写入文件。
:q　退出 vim。文件修改后未保存时，为防止数据丢失，vim 不允许简单地退出。":q!"表示强制退出。
:x　保存文件并退出 vim。

:e file   编辑另一个文件"file"。

:ar   当同时打开多个文件时,"ar"显示文件列表。

:n   切换到文件列表的下一个文件编辑界面。

:N   切换到文件列表的上一个文件编辑界面。

:rew   切换到文件列表的第一个文件编辑界面。

:la   切换到文件列表的最后一个文件编辑界面。

:r file   将文件"file"插入到当前光标位置,与当前文件合并。

:! command   运行程序"command"后再回到 vim。

:s/exp1/exp2/g   将光标所在行所有 exp1 替换为 exp2。exp1、exp2 均为规则表达式。去掉最后一个字母"g"表示只替换第一个。命令前面可以用"m, n"指定行号范围,"1,$"或"%"表示整篇文档。

:d   删除光标所在行。前面可以用数字或数字范围表示删除的行号。

:g/exp/d   删除带有表达式 exp 的行。

:$m, nm j$ 将第 $m \sim n$ 行移到第 j 行之后。

:n   光标定位到第 n 行。数字前面加"+"或"-"表示光标相对移动 n 行。

1.5.3   vim 高级操作

vim 启动时会读入用户主目录下的".vimrc",进行初始化设置。个性化配置通常也写在这个文件里。vim 还提供了丰富的插件,针对不同的编程语言、不同的使用场合做了专门的设置,大大提高了文件编辑效率。例如不同语言的关键字语法高亮、回车后的自动缩进、括号匹配、关键字自动补全,这些功能不仅简化了操作,同时也减少了程序的语法错误。

vim 从 3.0 版本开始支持多窗口操作。在全屏控制模式下输入 Ctrl+W s[①]或者 Ctrl+Wv,可以将编辑窗口水平或者垂直分隔。获取联机帮助时可以在底行输入":help CTRL-W"这一字符串。这里"CTRL"是 C、T、R、L 四个字母(不区分大小写),不是 Ctrl 键。

在每个窗口中可编辑不同文件,也可以编辑同一文件的不同位置,方便参照对比。Ctrl+W w 用于光标在多窗口之间轮流切换,也可以用 Ctrl+W 配合方向键切换窗口。Ctrl+W<、Ctrl+W> 用于水平调整窗口大小,Ctrl+W+、Ctrl+W-用于垂直方向调整窗口大小。多窗口操作时,":q"、":x"命令对单个窗口有效。

全屏控制模式下输入"qa",vim 以标记"a"记录之后的操作,直至下一次在全屏控制模式中输入"q"。此间记录的操作可以用"a"提取。此功能可简化重复的操作。

全屏控制模式下输入 Ctrl+V 进入列块可视模式,辅以方向控制键选择一个文本块。这种模式打破了行的界限,可以以文本块为单位进行编辑处理。

本 章 练 习

1. 观察一下你的 shell 工作环境,其中的环境变量 PATH 包含哪些目录?如果想在环境变量中增加一个目录/usr/local/bin,应该怎样操作?

[①] 此处的操作是:在按下 Ctrl 键的同时按下 W 键,然后释放,再按下 S 键。

2．如果你有 root 权限，试创建一个拥有普通用户权限的账户，并将其主目录设置为他人不可访问（使用另一个普通用户验证你的结果）。

3．使用"ls -l"命令列出的文件清单中包含一个时间信息，这是与文件相关的什么时间？

4．学习使用 man 了解 wget 和 curl 命令的用法，并使用其中的一个命令下载 GNU hello（https://ftp.gnu.org/gnu/hello/hello-2.10.tar.gz）。

5．将下载后的 GNU hello 解压，将其中所有.c 文件和.h 文件行首插入一行 C 语言格式的注释，注释内容是文件名。可以考虑用脚本实现此功能。

本章参考资源

1．有关 Linux 的基本操作命令，参考随机帮助文档。

2．Linux 文件目录结构标准 FHS，参考网络资源 https://wiki.linuxfoundation.org/lsb/fhs-30。

3．关于规则表达式，参考《核心 PYTHON 应用编程（第 3 版）》（Core PYTHON Applications Programming, Third Edition）第一章，其作者是 Wesley J. Chun，由 Prentice Hall 出版社于 2012 年出版。

4．vim 编辑器参考自带帮助手册。

第 2 章 Linux 系统的主要开发工具

本章围绕嵌入式软件开发问题介绍 Linux 系统的主要开发工具。

2.1 gcc 工具链

编译工具链是用于将高级语言源码（有时也包括汇编语言源码）构建成二进制文件的一组程序集合。在 Linux 系统开发和面向 Linux 系统的嵌入式应用开发中，gcc 是编译器的不二之选。早期的 gcc 是 GNU C Compiler 的缩写。目前，gcc 支持数十种不同的处理器架构，涵盖 C、C++、Java、FORTRAN 等多种编程语言，它现在的正式名称是 GNU Compiler Collection。

针对 Linux 系统的编译工具链主要由以下 4 个部分构成：
（1）gcc，包括 C 和 C++编译器、链接器等。
（2）binutils，二进制工具，包括归档、目标程序复制和转换、代码分析调试等工具。
（3）glibc（GNU C Library，有时又称为 libc6），C 语言库。
（4）C 语言应用程序的头文件及与内核相关的头文件；前者来自 glibc，后者来自内核源码。

Linux 系统中，几乎所有的应用程序和库都会最终链接到 glibc 库，因此它通常也被包含在编译工具链中。非 Linux 内核的操作系统（如 RTEMS）或者非 Linux 的发行版（如 Android 系统），工具链不包括 glibc。早期一些基于 Linux 2.4 版本之前衍生的 μCLinux 使用 μClibc 代替 glibc。

2.1.1 gcc 编译器

在 gcc 工具链中，最核心、最常用的命令是"gcc"。它既可以作为编译器，也可以作为链接器——取决于命令中的不同选项（准确地说，它会根据选项自动调用链接器。GNU 的连接器是 ld）。下面列出了常用的 gcc 选项。

选项	解释
-c	只编译并生成目标文件，默认生成以".o"为后缀的文件
-o file	生成指定的输出文件 file
-DMACRO	以字符串"1"定义 MACRO 宏
-DMACRO=DEFN	以字符串"DEFN"定义 MACRO 宏
-UMACRO	取消对 MACRO 宏的定义
-E	只运行 C 预编译器
-S	只产生汇编语言.s 文件
-g	生成调试信息，该信息为 GNU 调试器提供源码级别的调试功能
-pg	程序运行时产生"gprof"程序所需的代码分析信息
-I dir	指定额外的头文件搜索路径 dir
-L dir	指定额外的函数库搜索路径 dir

-l foo	链接时搜索指定的函数库 libfoo.so 或 libfoo.a
-O level	优化选项。level 从 0 到 3，数字越大，优化程度越高
-Os	针对代码规模（size）优化
-shared	生成共享目标文件。通常用在建立共享库时
-static	使用静态链接，禁止共享连接
-W	生成警告信息，-Wall 表示生成所有警告
-w	不生成任何警告信息
-Wl,option	将 option 传递给链接器，作为连接器的选项

以 1.4.1 节的 hello.c 程序为例，使用 gcc 编译的命令是：

```
$ gcc -o hello hello.c -O2 -g
```

此命令包含了编译和链接的完整过程，生成带有源码级调试信息的可执行文件"hello"，优化级别为 2 级。

有时候，因为某些原因，单独的源程序不能生成可执行程序（或是因为暂时缺少主函数，或是本就准备生成库文件），此时需要"-c"选项告诉 gcc 只执行编译过程。这在稍大规模的软件开发中是常用的手段。

对于开发中用到的头文件（.h 文件），gcc 默认在"/usr/include"目录中搜索。如果需要增加额外的搜索路径，须通过"-I"选项指定。链接时，gcc 默认只链接 libc，默认的库文件搜索目录是"/lib"和"/usr/lib"[①]。调用其他库函数（如数学函数 sin(x)，或者线程函数 pthread_create( )等），需要通过选项"-l"指定库文件（"-lm"或"-lpthread"）。如果需要增加额外的库搜索路径，须通过"-L"选项指定路径，同时再通过"-l"选项指定库名。在同一个 gcc 命令下，这些附加目录或文件可以指定多个。注意，用"-l"指定的是库名而不是库文件全名。Linux 系统中，库文件的命名规则是以"lib"为前缀，以".so"（共享库，又称动态库）或".a"（静态库）为后缀。所谓"库名"是指夹在前后缀之间的字符串。

2.1.2 汇编器和链接器

gcc 是编译器的前端命令，它最终会通过调用后台的汇编器 as 和链接器 ld 完成编译工作。这两个命令属于软件包 binutils。as 将汇编语言源代码编译成二进制机器码，链接器将包含机器可执行代码的文件与系统所需的库组合，生成在操作系统环境中可独立运行的程序。如果直接用汇编语言开发软件，可以直接使用这两个命令进行编译。但因为命令的选项比较复杂，多数开发人员仍喜欢用 gcc 编译。

2.2 代码分析与转换工具

代码分析与转换工具仍然由"binutils"提供。它们的分析对象主要是二进制的可执行代码。开发人员可以借助这些工具建立起与源代码的关系，分析软件性能、诊断错误、提高软件的效率。

---

① 在 64 位系统的 PC 上还包括"/usr/lib/x86_64-linux-gnu"。

2.2.1 函数地址解析 addr2line

addr2line 将程序的地址转换成源程序的文件名和行号,可用于源码级的跟踪调试。常见的用法是:

```
$ addr2line 0x004003e0 -e hello -f
```

选项"-e"用于指定可执行文件名,"-f"表示输出函数名,地址"0x004003e0"是通过"nm"或者"objdump"等命令获得的函数、变量、代码地址,这些地址是代码分析中需要关心的。该命令会输出"0x004003e0"地址对应的源程序的文件名、行号。

2.2.2 符号列表 nm

nm 命令打印出目标文件(通常是二进制文件,包括库、可执行文件和".o"文件等)中的符号列表,包括符号地址、类型和名称。例如,对某个可执行文件"hello"执行命令"nm hello",可以打印出下面的信息:

```
0000000000601040 B _bss_start
0000000000601040 b completed.7568
0000000000601030 D __data_start
0000000000601030 W data_start
00000000004004a0 t deregister_tm_clones
0000000000400520 t __do_global_dtors_aux
0000000000600e18 t __do_global_dtors_aux_fini_array_entry
0000000000601038 D __dso_handle
0000000000600e28 d _DYNAMIC
0000000000601040 D _edata
0000000000601048 B _end
00000000004005e4 T _fini
0000000000400540 t frame_dummy
0000000000600e10 t __frame_dummy_init_array_entry
0000000000400728 r __FRAME_END__
0000000000601000 d _GLOBAL_OFFSET_TABLE_
                 w __gmon_start__
00000000004003e0 T _init
0000000000600e18 t __init_array_end
0000000000600e10 t __init_array_start
00000000004005f0 R _IO_stdin_used
                 w _ITM_deregisterTMCloneTable
                 w _ITM_registerTMCloneTable
0000000000600e20 d __JCR_END__
0000000000600e20 d __JCR_LIST__
                 w _Jv_RegisterClasses
00000000004005e0 T __libc_csu_fini
0000000000400570 T __libc_csu_init
                 U __libc_start_main@@GLIBC_2.2.5
0000000000400440 T main/tmp/ss/hello.c:2
                 U puts@@GLIBC_2.2.5
```

```
00000000004004e0 t register_tm_clones
0000000000400470 T _start
0000000000601040 D __TMC_END__
```

类型用单个字母表示。小写字母通常表示局部地址。在有全局（外部）地址空间时，大写字母表示外部地址。nm 显示的类型符号含义见表 2.1。

表 2.1 nm 显示的类型符号含义

符 号	含 义
A	符号的值是绝对的，在链接中不能改变
B	符号位于未初始化的数据段（BSS）
C	公用符号
D	符号位于已初始化的数据段
G	符号位于已初始化的数据段，用于小型化目标对象。小型化目标对象可以提高访问效率
I	表示对另一个符号的间接引用
N	表示这是一个调试（debugging）符号
R	符号位于只读数据区
S	符号位于非初始化数据区，用于小型化目标对象
T	符号位于代码区 text section
U	该符号在当前文件中未定义。例如当前程序调用了动态链接库中的函数
W	未被特别标记的弱符号

2.2.3 目标文件转储 objdump

此命令主要用于目标文件反汇编。常用选项如下：
- -f   打印文件头信息。
- -d   反汇编指令部分。
- -D   反汇编所有内容。
- -h   打印段头部信息。
- -x   打印全部头信息。
- -S   同时打印反汇编代码和源代码（需要在编译时加选项"-g"）。

objdump 可以提供 addr2line 需要的地址。

2.2.4 代码剖析 gprof

gcc 编译时如果有选项"-pg"，则程序运行会生成一个剖析文件"gmon.out"。该文件包含了程序运行过程中的代码统计信息，例如，调用了哪些函数，调用了多少次，每次花费多少时间等。gprof 将这些信息以可读的方式显示出来。这些分析结果可以帮助开发人员有针对性地改善代码的性能。

清单 2.1 展示了 gprof 的用法。

清单 2.1 prime.c

```
1    #include <stdio.h>
2    #include <stdlib.h>
3    #include <sys/time.h>
4
```

```
5     int prime(int x)
6     {
7         int i, j;
8
9         for(i = 2; i < x; i ++){
10            if(x % i == 0)
11                return 0;    /* x is not a prime */
12        }
13        return 1;   /* x is a prime */
14    }
15
16    int main(int argc, char * argv [])
17    {
18        struct timeval t_begin, t_end;
19        int val, maxv;
20        int res;
21
22        gettimeofday(& t_begin, NULL);
23
24        maxv = atoi(argv [1]);
25        for(val = 2; val < maxv; val ++){
26            res = prime(val);
27            if(res)
28                printf("%d is a prime.\n", val);
29            else
30                printf("%d is not a prime.\n", val);
31        }
32        gettimeofday(& t_end, NULL);
33        printf(" total time : % ld(us)\n",
34            (t_end.tv_sec - t_begin.tv_sec)*1000000
35            + (t_end.tv_usec - t_begin.tv_usec));
36        return 0;
37    }
```

程序用下面的命令编译,并运行一次:

```
$ gcc -o prime prime.c -pg
$ ./prime 100000
```

使用命令"gprof -b prime"可以看到下面的清单:

```
Flat profile:

Each sample counts as 0.01 seconds.
 %      cumulative   self              self     total
time    seconds      secon       ca     us/     us/call
101.03  1.67         1.67        99     16.     16.67

Call graph
```

```
granularity: each sample hit covers 2 byte(s) for 0.60% of 1.67 seconds
index % time         s         child            called            name
                     1         0.00             99998/999         main [2]
[1] 100.0            1         0.00             99998             prime [1]
-----------------------------------------------------------------
<spontaneous>
[2]                  100.0     0.00             1.67              main [2]
                     1.67      0.00             99998/99998       prime [1]
-----------------------------------------------------------------
```

可以看出，在这个程序的运行中，函数 prime( ) 被调用了 99998 次，每次平均时间为 16.67μs，总时间为 1.67s。这些信息提示开发人员，如果需要缩短程序运行时间，应从 prime( ) 函数入手。

gmon.out 文件是程序 prime 执行时生成的，而生成 gmon.out 文件的功能是编译器根据 "-pg" 选项加在 prime 程序中的，因此它只能剖析参与了编译过程的函数，libc 原有的函数像 gettimeofday，不在被剖析之内，因为该函数只是在运行时链接到动态链接库 libc.so 的，并没有参与编译。有些发行版可以用 "-lp_c" 选项将标准 libc 库用带有剖析功能的 libc_p.a 替换，gprof 也可以展示 libc 中函数的性能。不过，开发 libc 是更资深的软件开发人员的工作。普通应用软件开发人员即使看到了问题所在，通常也不会去直接修改 libc 的源代码。

2.2.5 ELF 符号解析 readelf

readelf 可以显示 ELF（Executable Linkable Format）格式的目标文件的信息。目前在类 UNIX 操作系统中，ELF 是可执行程序、共享库、目标代码等的通用标准文件格式。ELF 文件由 ELF 头和数据组成。readelf 通过设置不同的选项来显示 ELF 文件的结构和内容。符号解析 readelf 常用选项见表 2.2。

表 2.2 符号解析 readelf 常用选项

选项	功能
-h	提取 ELF 文件头信息。文件头包含体系架构和操作系统平台
-s	打印符号表
-S	查看节头信息
-t	查看节的细节
-d	显示链接的动态库

2.2.6 代码瘦身 strip

strip 用于抽去目标文件中的符号，这些符号可能是在编译时用 "-g" 选项产生的行号信息，也可能是编译过程中保留的一些符号，这些符号允许调试工具分析代码。但作为正式发布的软件，这些符号只是白白地占用空间。strip 可以根据需要将这些符号去除，给软件"瘦身"。

以清单 2.1 为例，用 gcc 的 "-g" 选项编译出的代码约为 10KB。用命令 "strip --only-keep-debug prime" 处理后，代码缩减为 7KB 左右，仍可以用 gdb 调试器进行 C 语言级的调试，但已不能再用 objdump 反汇编代码。如果进一步用 "strip prime"，将会去掉代码中的所有符号，可执行文件进一步缩小到只有 2KB 左右，同时也失去了所有的调试信息。

2.3　GNU Make

对于一个稍有规模的程序来说，整个项目会由数个源程序文件组成。编译这个项目需要在键盘上输入几次编译命令。在项目开发阶段，频繁地修改文件、频繁地编译，这种反复的机械式操作是常态。从技术上说，写一个脚本可以简化操作过程，一些图形化开发环境也可以通过单击一次鼠标代替烦琐的键盘动作，但编译的时间无法节省。尤其是一个大项目，例如，Linux 内核由上万个源代码文件组成，即使每个文件编译只需用 0.1s，内核完整地编译一遍也需要二三十分钟。但如果在随后的测试中发现了其中的一个错误，而修正这个错误可能只改动了这几万个文件中的一个，再次编译时，我们肯定不想再花二三十分钟的时间。理论上只需要把这个修改过的文件重新编译，再将它和其他编译过的文件进行链接，就可以重新生成新的内核。

GNU Make 就是基于这样的思想进行软件开发的：当用户改变了源文件并想重新构建程序或者其他的输出文件时，GNU Make 的命令"make"会检查文件的时间戳，根据文件生成时间先后关系，按一定的规则生成更新后的文件，而不会浪费时间重新构建不需要更新的文件。

2.3.1　源代码的组织

合理地组织项目中的源程序，不仅是 GNU Make 的需要，也是标准化软件开发的要求。除了有利于缩短编译时间以外，它至少还有以下好处：
- 便于管理和维护。可以很方便地找到实现某项功能的代码位置，修改代码时目标也明确。
- 便于模块化。模块化功能便于多个项目公用，同时也有助于减少代码的错误。如果模块化的功能具有更普遍的应用价值，也可以很方便地独立成库。
- 有利于控制目标代码规模。将多个目标文件链接成动态库或者可执行文件时，GNU 的链接器可以整体地排除不需要的目标文件，但不会部分地排除目标文件内的代码。因此，合理模块化的项目，最后的代码通常会比单独文件生成的代码少。
- 有利于合作开发。以目前的计算机技术水平，数人同时编辑一个文件的难度较大，而各自编写不同的功能、最后统一链接却不是问题。

虽然，看上去模块化后的代码被零零碎碎地散布到多个文件中，各个文件还需要头文件，函数或变量可能还要加上"extern"声明，似乎编程工作烦琐了很多，但只要经过合理地规划，再利用编辑工具提供的功能，它所带来的负面影响远不足以抵消积极因素。

仍以清单 2.1 中的代码为例，我们将其中的 prime( )函数独立出来，再增加一个结构上需要的头文件，成为下面的三个独立文件（如清单 2.2~2.4 所示）。（就本例而言，是否有必要将源文件分解有待商榷。）

清单 2.2　main.c

```
1    #include <stdio.h>
2    #include <stdlib.h>
3    #include <sys/time.h>
4
5    #include "prime.h"
6
```

```
7    int main(int argc, char * argv [])
8    {
9        struct timeval t_begin, t_end;
10       int val, maxv;
11       int res;
12
13       maxv = atoi(argv [1]);   /* get max number from command */
14       gettimeofday(& t_begin, NULL);
15
16       for(val = 2; val < maxv; val ++){
17           res = prime(val);
18           if(res)
19               printf("%d is a prime \n", val);
20           else
21               printf("%d is not a prime \n", val);
22       }
23       gettimeofday(& t_end, NULL);
24       printf(" total time : % ld(us)\n",
25              (t_end.tv_sec - t_begin.tv_sec)*1000000
26              + (t_end.tv_usec - t_begin.tv_usec));
27       return 0;
28   }
```

清单 2.3　prime.c

```
1    int prime(int x)
2    {
3        int i;
4
5        for(i = 2; i < x; i ++){
6            if(x % i == 0)
7                return 0;    /* x is not a prime */
8        }
9        return 1;    /* x is a prime */
10   }
```

清单 2.4　prime.h

```
1    #ifndef __PRIME_H__
2    #define __PRIME_H__
3
4    int prime(int);
5
6    #endif            //__PRIME_H__
```

编译这个项目可以通过以下步骤：

```
$ gcc -c prime.c -O2 -g
$ gcc -c main.c -O2 -g
$ gcc -o prime main.o prime.o
```

前两行是"编译但不链接"命令，分别生成"prime.o"和"main.o"（优化选项和调试选项不是必需的），第三条命令将".o"文件链接成可执行程序，以文件名"prime"作为输出。当然，我们也可以用下面的命令一次性地完成编译和链接工作：

```
$ gcc -o prime prime.c main.c -O2 -g
```

但不能发挥 GNU Make 的优势，这里不采用；或者将上述三行写进一个脚本文件，需要的时候一次性执行（参考 1.2.8 节）。同样，也不能发挥 GNU Make 的优势。

2.3.2 第一个 Makefile

如果出于某种原因，我们修改了其中一个文件，比如 prime.c。为了正确生成新版本的 prime，我们需要做的是：

```
$ gcc -c prime.c -O2 -g
$ gcc -o prime main.o prime.o
```

其中，对 main.c 的编译工作不用重复，因为从 main.c 和 main.o 的文件最后写入时间可以知道，main.o 晚于 main.c，即使重新编译，新生成的文件内容与原来的也是完全一样的。

我们将反映以上编译过程的思想写成一个文件"Makefile"（如清单 2.5 所示）：

清单 2.5　Makefile

```
1   prime : prime.o main.o
2           gcc -o prime prime.o main.o
3
4   prime.o: prime.c
5           gcc -c prime.c -O2 -g
6
7   main.o: main.c prime.h
8           gcc -c main.c -O2 -g
9
10  clean :
11          rm -f main.o prime.o prime
```

以后只需要在终端上执行 make，GNU Make 就会根据这个"Makefile"制定的规则进行编译，并最终生成"prime"这个文件。

应特别注意，在 Makefile 文件中，每个动作（或称为"命令"，在本例中是 gcc 和 rm）的前面是一个制表符，不能用 8 个空格代替！

2.3.3 GNU Make 基本规则

GNU Make 根据指定的一个脚本文件，有计划、有目的地生成目标文件。如果在输入"make"命令时不指定这个文件，GNU Make 按顺序寻找"GNUmakefile"、"makefile"和"Makefile"，并把第一个找到的作为脚本。Linux 系统习惯使用"Makefile"这个名字，因为 Linux 系统中的多数文件通常都用小写字母命名，打印文件列表时，首字母大写的文件名在众多文件中比较醒目。如果不使用默认的文件名，make 可以通过选项"-f"指定一个脚本文件。

Makefile 中的每一项规则由目标、依赖文件和动作三部分组成。目标和依赖文件之间用冒号":"分开，多个依赖文件之间用空格分隔。目标通常是一个文件名，也可以不是文件而是纯粹的一个字符串标号，如上面的例子"clean"，这样的目标被称为"伪目标"（关于伪目标的问题稍后讨论）。紧接着目标行下面的命令被称为"动作"。Makefile 语法要求动作前面必须是制表符。

命令"make"执行时可以带一个参数作为希望实现的目标，比如"make prime.o"。如果不带参数，GNU Make 将完成 Makefile 中的第一个目标。出于简化操作的目的，通常会将编译的最终结果作为第一个目标，从而将实现它的依赖的目标挤到后面。这样导致的结果就好像在"make"执行时是逆着 Makefile 文件的书写顺序进行的。这只是表象，不是 GNU Make 有意设计的。

根据这个 Makefile 执行的"make"命令，GNU Make 的工作过程如下：
（1）以生成"prime"文件为最终目标。
（2）如果"prime"比"prime.o"和"main.o"新，并且"prime.o"比"prime.c"新，"main.o"比"main.c"和"prime.h"新，目标完成。
（3）如果"prime"比"prime.o"或者"main.o"旧，而"prime.o"和"main.o"都比它们的依赖文件新，就执行"prime:"标号下面的动作，任务完成。
（4）按同样的原则，检查"prime.o"和"prime.c"的时间戳，并在不满足生成时间先后顺序关系的时候执行各自规则中的动作。
（5）如有更多层的依赖关系，照此方法逐层递归。

GNU Make 还有以下几个重要的选项：
- make -j*n*，表示多线程并行，数字 *n* 表示并行的数目。在 Makefile 中的命令如果没有先后依赖关系，这个选项可以加快项目的编译速度，特别是在多核处理器上尤其明显。
- make -C dir，表示先进入"dir"目录，再执行 make 命令。它实际上就是执行"dir"目录里的 Makefile 规则。在一个有相当规模的软件开发中，项目的各个模块除了用不同文件实现以外，还会组织在不同的目录中，每个目录用各自的 Makefile 制定编译规则。
- make -f file，指定非默认的文件名作为 GNU Make 的脚本。

2.3.4 完善 Makefile

上面的 Makefile 只是机械地重复了键盘命令。对每个".o"文件都要手工建立一个规则，在文件数量庞大时不仅是一项繁重的工作，也容易出错；并且在软件开发阶段，文件列表处于不断的变化中，为此还不得不反复修改 Makefile。幸运的是，GNU Make 有一套完善的机制帮我们简化 Makefile 的书写。
- 定义变量。定义一个字符串变量，用来代替一段文本串。之后，可以通过引用这个变量来实现对文本串的使用。例如在一个 Makefile 中，可以这样定义变量：

```
CC = gcc
CFLAGS = -O2 -g
```

引用方法是在变量前面加"$"。如果变量名由多个字母组成，需要用括号"( )"或"{}"把变量名括起来，否则会以第一个字母作为变量名。变量的定义，一方面避免重复，另一方面也便于替换，例如在 ARM 平台上编译这个项目，只需要将变量 CC 重新定义成 arm-linux-gcc 即可，对其他地方不需要做任何改动。

- 内部变量。GNU Make 内建了一些变量，可以用"make -p"打印出来。使用内部变量可以使 Makefile 更规范。例如，"clean"目标下面的删除文件动作可以写成"$(RM) *.o prime"，变量"RM"在 GNU Make 里已被定义成"rm -f"。表 2.3 列举了 GNU Make 的主要预定义变量。

表 2.3　GNU Make 的主要预定义变量

预定义变量	含　义	默 认 值
AR	归档维护程序的名称	ar
RM	删除	rm -f as
AS	汇编程序的名称	cc
CC	C 编译器的名称	g++
CXX	C++编译器的名称	$(CC)-E
CPP	C 预编译器的名称	f77
FC	FORTRAN 编译器的名称	rv
ARFLAGS	归档维护程序的选项	
ASFLAGS	汇编程序的选项	
CFLAGS	C 编译器的选项	
LDFLAGS	链接器（如 ld）的选项	
CPPFLAGS	C 预编译的选项	
CXXFLAGS	C++编译器的选项	
FFLAGS	FORTRAN 编译器的选项	

- 自动化变量。它们是随上下文关系发生变化的一类变量，在 Makefile 中有非常重要的作用。GNU Make 常用自动化变量在表 2.4 中列出。

表 2.4　GNU Make 常用自动化变量

符　号	含　义
$@	表示规则中的目标文件名
$<	表示规则的第一个依赖文件名
$^	规则的所有依赖文件列表（不包括重复的文件名），以空格分隔
$+	和"$^"类似，但保留重复出现的文件
$?	所有比目标文件更新的依赖文件
$%	当目标是静态库时，表示库的一个成员名
$*	不包含扩展名的文件名

使用自动化变量，再加上合理地设置变量，上面产生"prime"文件的动作可以写成：

```
prime: prime.o main.o
        $(CC)-o $@ $^
```

- 伪目标。当以上面 Makefile 为脚本执行"make clean"时，通常 GNU Make 会按要求删除编译过程中产生的文件。但如果恰巧也存在名为"clean"的文件，GNU Make 会认为该依赖关系已经成立，（因为"clean"不依赖任何其他文件）从而不会执行下面的动作。解决的方法是将"clean"作为一个特殊目标".PHONY"的依赖：

```
        .PHONY: clean
        clean:
                $(RM)*.o prime
```

如果想通过一个 Makefile 生成多个目标文件，这些目标文件没有直接关系，也可以借助另一种形式的伪目标：

```
        all: prog1 prog2
        prog1: prerequisites1
                action1
        prog2: prerequisites2
                action2
```

此处的"all"是伪目标，我们不需要生成"all"这个文件。只要 GNU Make 按规则生成了 prog1 和 prog2 这两个文件，即意味着目标已达成，这样就达到了我们的目的。

2.3.5 GNU Make 的依赖

GNU Make 根据依赖文件产生目标文件。依赖文件列表清晰明确，有助于减少不必要的编译工作。不正确的依赖关系还容易造成编译错误。正确地建立依赖关系是 Makefile 中重要的环节。

清单 2.5 中，main.o 依赖 main.c，这个关系比较明确。同时，根据对文件的分析，还知道它依赖"prime.h"，于是我们用手工写出"main.o"的依赖文件列表：main.c 和 prime.h，前提是我们知道"prime.h"没有包含其他".h"文件——这也是人工通过对"prime.h"文件的分析得到的。如果每个依赖关系都这样分析，也是一项烦琐的工作，并且在开发过程中，包含的头文件可能会发生变化，我们实在不想因此而频繁修改 Makefile。这时候，编译器 gcc 可以帮我们解决这个问题。

gcc 的选项"-M"或"-MM"可以按 Makefile 的语法生成 C 语言中"#include"的文件列表，包括嵌套的"#include"。利用这一功能，我们可以给 main.o 增加一个依赖文件"main.d"，同时为"main.d"建立规则：

```
        main.o: main.c | main.d
        main.d: main.c
                $(CC) -MM -o $@ $<
        -include main.d
```

"|"后面的文件列表表示弱依赖[①]，即该文件的更新不会直接触发下面的动作，只有在该文件不存在的时候才会触发相应规则的动作，进而触发本规则下面的动作。文件"main.d"由命令"gcc -MM"生成，并用 GNU Make 关键字"-include"在形式上嵌入 Makefile 文件[②]。

gcc 的选项"-MM"仅列出那些用双引号包含的".h"文件，不列出用"<...>"包含的文件。显然，我们不想把"stdio.h"、"sys/time.h"这些系统环境中的头文件加入当前项目的依赖关系中。这些文件太多，而且修改这些文件也不是本项目的任务。考虑到这一点，编写源代码时就应该合理地使用#include 包含文件的形式：系统目录环境里的".h"文件用"<...>"包含，本项目内的".h"文件用""..."""包含。系统目录的起点是"/usr/include"和

[①] 原文 order-only prerequisites。
[②] 关键字本身是"include"。"-"表示忽略此命令导致的错误，例如需要包含的文件不存在时。

选项"-I"列出的目录,本项目内的目录起点是当前路径。所谓"当前路径"是指用"#include "..." "包含".h"文件的文件所在路径。

根据这些规则,清单 2.5 重新写成清单 2.6。

清单 2.6　重写的 Makefile

```
1    SRC = main.c prime.c
2    TARGET = prime
3    OBJ = $(SRC :.c =.o)
4    DEP = $(OBJ :.o =.d)
5
6    CC  = gcc
7    CFLAGS = -O2 -g
8
9    $(TARGET): $(OBJ)
10           $(CC)-o $@ $^
11
12   %.o :%.c | %.d
13           $(CC)-c $ < $(CFLAGS)
14
15   %.d: %.c
16           $(CC)-MM -o $@ $ <
17
18   - include $(DEP)
19
20   .PHONY : clean
21   clean :
22           $(RM)$(OBJ)$(DEP)$(TARGET)
```

这里定义了一个源文件列表作为变量"SRC",以明确 Makefile 规则的作用范围。"%.o:%.c"形式是 GNU Make 的模式规则,它表示如果目标文件名是 foo.o,则依赖文件名就是 foo.c。"OBJ = $(SRC:%.c=%.o)"也有类似的功效,它表示将"SRC"列表中的所有".c"的文件名替换成".o"的文件名,将这个文件列表作为变量"OBJ"。从这个例子可以看出,我们不必为每个从".c"文件到".o"文件的生成单独建立规则,只需一个通用的规则就够了。

清单 2.6 可适用于很多用 C 语言开发的项目中,只要这个项目是对若干个".c"源文件编译生成单一的可执行程序。此时,只需修改"SRC"列表和最终可执行文件的文件名"TARGET"(可能要根据要求适当修改编译和链接的选项)。如果再利用 GNU Make 的函数"wildcard"自动寻找源文件

```
SRC = $(wildcard *.c)
```

则 Makefile 更可以适应文件列表的变化。

不同平台的开发环境在考虑提高编译效率时,都会根据文件生成时间简化编译步骤,软件名称可能不同(例如在 Windows 的 Visual Studio 中叫 nmake.exe),但思想大同小异,语法结构也差不多。所不同的是,集成开发环境的 Makefile 文件是自动化生成的。其实,Linux 系统的开发软件也有很多自动生成 Makefile 的方法,例如 Qt 开发工具的 qmake、跨平台 make

工具 cmake（首字母"c"即 cross-platform 的意思），以及"automake"工具。需要注意的是，这些 make 与 GNU Make 不在一个层面上，它们可以作为 GNU Make 的预处理，用于生成 Makefile，最后仍要用 make 命令进行编译。

GNU Make 的思想不仅用于程序编译。凡是能够建立依赖关系的过程都可以借助这个工具。例如，生成一个格式化的打印文稿需要一些原始文本文件和图片、数据，再辅以特定的处理软件，这也是一个典型的 GNU Make 的应用。BusyBox 的 Buildroot 使用 GNU Make 可以自动下载源程序包、解压缩、打补丁、配置编译环境，直至安装软件包。

2.4 开源软件的移植

以 Linux 为基础的嵌入式系统开发，其一个最大的优势是有大量的开源软件支持。这些软件不仅可以免费获得源代码，自由地修改源代码；只要遵循软件的版权协议，甚至可以免费地用于商业目的。

面向 Linux 系统开发的大多数软件，移植过程都是相似的。下面以 GNU hello 为例，介绍 Linux 系统中软件移植的一般步骤。GNU hello 的源代码可以从 https://www.gnu.org/software/hello 获得。

2.4.1 工具准备

很多开源软件都具有跨平台的移植特性，编译之前需要检查当前的开发环境，根据开发环境决定编译方法、选择编译工具。因此，除了编译器（如果是嵌入式开发，还需要交叉编译器）和 GNU Make 以外，还需要准备下面这些软件：

- GNU autoconf，它根据脚本 configure.ac 生成 m4 和 configure。
- GNU M4，m4 宏语言处理工具。
- GNU automake，处理 Makefile.am 脚本。
- Perl，Perl 语言处理工具。
- GNU libtool，用于管理静态库和动态库。
- cmake，跨平台的 make 系统，用于处理 CMakeLists.txt 脚本。

2.4.2 源代码的组织结构

源码通常以打包压缩的格式发布（由版本控制系统管理的软件请参考 2.6 节的介绍）。常见的压缩格式有*tar.gz、*tar.bz2、*tar.xz 三种，这三种压缩格式统一可以使用"tar xf 压缩文件名"的命令格式解压。在解压目录下面，可以看到有这样一些比较重要的文件和目录（具体到某一个软件，下面的文件名或目录名会有出入）：

- AUTHORS ——作者名单。
- autogen.sh ——自动配置的脚本程序。
- ChangeLog ——软件修改日志文件。
- configure.ac ——自动配置的脚本文件。
- README ——关于软件的说明文档。
- COPYING ——版权协议文件。
- configure ——可执行文件。

- Makefile 或 GNUmakefile —— GNU Make 脚本。
- CMakeLists.txt ——用于 cmake 的脚本。
- INSTALL ——安装说明文档。
- src ——包含源程序的目录。
- include ——软件自身的头文件目录。
- man ——包含帮助手册的目录。
- doc 或 docs ——文档目录。
- po ——该目录下包含用于多语言支持的字符串转换文档。

如果不考虑修改源代码，则把注意力放在 Makefile、autogen.sh、configure、configure.ac、CMakeLists.txt 这几个文件上。

2.4.3 配置编译环境

根据源代码提供的配置文件，可以按以下步骤进行编译环境的配置：

（1）如果 Makefile 或 GNUmakefile 已经存在，则说明已经具备了编译环境，可以开始编译和安装环节。但在多数情况下，我们应该忽略现有的 Makefile，而通过下面的方法重新生成。因为这个文件可能不适合我们的开发环境，特别是嵌入式开发的交叉编译环境。

（2）如果存在 configure 这个可执行文件，则可以按下面的方式运行[①]：

```
$ ./configure --host=arm-linux \
    --prefix=install_path \
    --enable-shared \
    --enable-static
```

它表示使用编译器"arm-linux-gcc"编译，编译后安装到以"install_path"目录为起点的位置，编译出动态库和静态库。选项"--host"只写出编译器的前缀，默认方式是使用本机编译器。因此，如果不是针对嵌入式目标系统的软件编译，可以不使用该选项。configure 的选项很多，不同软件所使用的选项也大不相同。想了解编译这个软件有哪些选项、每个选项起什么作用，可以通过命令"./configure --help"打印出较详细的帮助清单。

（3）如果不存在 configure 文件，但是有 autogen.sh，则可以直接运行这个脚本，生成 configure 文件；或者如果有 configure.ac，则可以使用命令"autoreconf -ivf"，也可以生成 configure 文件。

（4）如果上述两文件不存在，则 cmake 是另一种较常见的配置工具，它默认的处理脚本文件是 CMakeLists.txt。因此，如果存在 CMakeLists.txt，则可以用下面的命令生成 Makefile：

```
$ cmake. \
-DCMAKE_C_COMPILER=arm-linux-gcc \
-DCMAKE_CXX_COMPILER=arm-linux-g++ \
-DCMAKE_INSTALL_PREFIX=install_path \
-DBUILD_STATIC_LIBS=on \
-DBUILD_SHARED_LIBS=on
```

CMakeLists.txt 不像 configure 那样提供详细的选项帮助，只能通过阅读分析 CMakeLists.txt 确定配置选项。

[①] 这里的反斜线"\"表示命令续行。shell 命令行有足够大的空间容纳这条命令，无须换行。此处仅出于排版的需要。

2.4.4 编译和安装

如果以上配置过程无误，则会在各级目录中生成我们熟悉的 Makefile。下面只需要执行"make"和"make install"，就可以完成这套软件的编译和安装工作。安装的路径由之前配置命令中的 --prefix 选项指定，或者通过

```
$ make install DESTDIR=install_path
```

指定"install_path"作为安装路径。图 2.1 是源码编译流程。安装后的软件可能不能直接运行。影响其可执行的因素有：（1）可执行程序的搜索路径（环境变量 PATH）不包括安装路径；（2）动态链接库不在搜索范围（见 2.7.3 节关于动态库的介绍）；（3）如果是交叉编译，则程序只能在目标平台上运行。

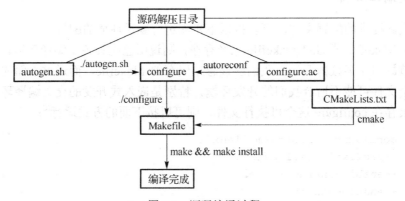

图 2.1　源码编译过程

根据以上介绍，GNU hello 可以通过以下步骤在本机编译安装：

```
$ tar xf hello-2.10.tar.gz
$ cd hello-2.10
$ ./configure --prefix=/opt/devel/hello
$ make && make install
```

以上编译完成后，会将可执行文件 hello 复制到 /opt/devel/hello/bin 目录。可以尝试到该目录下运行"./hello"看看结果如何。（该程序在终端上打印一句问候语。GNU hello 支持多语言，打印出的文字取决于终端的字符编码。）

2.5　调试工具

软件发布前需要经过严格的测试，以尽可能减少其中的错误。既然错误在所难免，就需要科学的调试手段。gdb（GNU Debugger）充当的就是这样一个角色。它可以根据需要让程序运行到某个特定的位置暂停（设置断点），查看程序当前所处环境，改变环境或者改变程序。开发人员通过分析这些信息找出程序中的错误。

使用 gdb 调试程序，需要在 gcc 编译时使用"-g"选项，调试时还需要把源码放在与被调试二进制码相同的目录，否则无法查看源码符号。

2.5.1 gdb 使用示例

在 gdb 提示符下输入"help"可以看到常用命令的分类：

aliases	命令别名
breakpoints	断点设置
data	数据查看 files 文件操作
internals	维护内部命令
running	程序运行相关
stack	调用栈查看
status	状态查看
tracepoints	跟踪程序执行
user-defined	用户自定义命令

如果想详细了解每一类的具体命令，使用"help class"可以列出每类下面的具体操作命令清单。继续使用"help command"就可以了解这些命令是如何使用的。常用的操作命令如下：

break NUM/Label	在指定行/指定标号处设置断点
backtrace	显示所有的调用栈帧。该命令可用来显示函数的调用顺序
clear	删除设置在特定源文件、特定行上的断点
continue	继续执行正在调试的程序
display EXPR	每次程序停止后显示表达式（程序变量）的值
file FILE	装载指定的可执行文件进行调试
info break	显示当前断点清单，包括到达断点处的次数等
info files	显示被调试文件的详细信息
info func	显示所有的函数名称
info local	显示当函数中的局部变量信息
info prog	显示被调试程序的执行状态
info var	显示所有的全局和静态变量名称
kill	终止正被调试的程序
list	显示源代码清单
make	在不退出 gdb 的情况下运行 make 工具
next	在不单步执行进入其他函数的情况下，向前执行一行源代码
print EXPR	显示表达式 EXPR 的值

下面仍以清单 2.1 的代码为例，简要说明 gdb 的用法。启动带参数的程序调试，需要 gdb 的 --args 选项：

```
$ gdb --args ./prime 100
```

如果编译时启用了 gcc 的 -g 选项，就可以用 list 命令逐段列出程序清单。也可以列出指定行号附近的清单：

```
(gdb)l 25
20    int res;
```

```
21
22      gettimeofday(&t_begin, NULL);
23
24      maxv = atoi(argv[1]);
25      for(val = 2; val <maxv; val++){
26          res = prime(val);
27          if(res)
28              printf("%d is a prime.\n", val);
29          else
(gdb)
```

多数 gdb 的命令不需要完整地输入，可以用它的前几个字母代替，只要这几个字母足够与其他命令相区分。当前环境下，"l"开头的命令只有"list"，因此可以用单个字母"l"表示。使用"b"（Breakpoint）命令将断点设在第 25 行，并运行程序"r"：

```
(gdb)b 25
Breakpoint 1 at 0x4006a2: file prime.c, line 25.
(gdb)r
Stadrting program: /home/harry/prime 20

Breakpoint 1, main(argc=2, argv=0x7fffffffdf38)at prime.c:25
25      for(val = 2; val <maxv; val++){
```

此时可以通过命令"p"（print）观察变量，通过"set var"修改变量。继续运行使用"c"（continue）命令，程序将运行到下一个断点暂停。还可以单步运行"s"（step），查看每一步执行的结果。

2.5.2 远程调试

个人计算机系统由于有丰富的资源和完善的软件环境，可以很方便地使用 gdb 调试工具调试 PC 上运行的软件。但这些资源常常是嵌入式系统不具备的。gdb 的远程调试功能为嵌入式系统的开发提供了极大的方便。

为了启用远程调试功能，在嵌入式开发的"宿主机–目标机"[①]模式中，目标机需要安装并启动 gdbserver：

```
# gdbserver 192.168.200.133:8888 prime
```

gdbserver 是 gdb 软件包的一部分，可以通过交叉编译 gdb 得到。该命令指定主机的 IP 地址和调试端口号，同时启动待调试的程序。上面的写法意味着待调试程序在当前目录中。如果待调试的程序带有选项和参数，则选项和参数按正常操作的方式跟在程序名后面。

客户端使用针对目标机架构的 gdb（通常与交叉编译器一同发布），在 gdb 提示符下通过下面的命令与服务器建立连接：

```
(gdb)target remote 192.168.200.1333:8888
```

调试过程中，主机的 gdb 可以控制程序的运行和停止、改变运行参数，而程序实际上则是在目标

---

① 在嵌入式开发中，被开发的对象嵌入式设备通常称为目标机，而作为开发工具的通用计算机称为主机或宿主机。

机上运行的。绝大多数调试命令与本地调试完全一样,唯一需要注意的是运行程序不是用"run"命令,而是用"continue"命令,因为目标机在执行 gdbserver 时程序已经在目标机开始运行了。

2.6 版本控制系统

软件开发过程中,程序员不断地修改不同的文件,包括删减文件,改变目录的组织方式。有时候,他想知道某个文件和三天前对比做了哪些修改,或者某个文件是哪个合作者因为什么原因做了什么修改,或者当前开发状态与之前某个发布的版本之间发生了哪些变化。对类似的工作需要一套软件进行管理。版本控制系统就是用来记录项目变化历史的一个软件系统。它如同软件开发过程的"时间机器",可以让开发人员回到开发过程中的任意阶段(当然只能回溯。前进仍需靠开发人员写入新的代码)。

现行的版本控制系统很多。开源软件界使用过的版本控制系统主要有 cvs、svn 和 git。其中 cvs 已基本停止使用,只有极少数软件因为历史原因还保留着 cvs 仓库。各种版本控制系统,总体上可以分为集中式和分布式两类。svn 属于集中式版本控制系统。这一类系统的特点是,数据存放在中央服务器上,开发人员必须通过网络下载某个版本[①]的快照,没有项目的文件变更历史(文件变更历史保留在服务器上)。由于本地能处理的功能有限,因此操作相对简单,且对客户端的配置要求也低。

git 则属于分布式版本控制系统。数据分布在每个用户的客户端,每个客户端都是代码仓库的完整镜像,包括标签、分支、版本记录等。用户不需要网络即可提交新的数据,可以很方便地在各个分支之间来回切换。不会因为某个镜像的数据丢失导致项目的重大损失。有时候,git 也有专门的服务器,比如著名的 https://www.github.com,但它起到的仅仅是存储托管作用,本质上和各个客户端保存的镜像没有太大差别。

图 2.2 描述了一个软件开发过程中文件的变更情况。在版本控制系统中,版本库维护一个修订号。新创建的版本库(修订号 0)是一个空目录(用于维护版本库的数据库文件除外)。软件开发过程中不断地增减文件、改变目录结构。历经数次提交(修订号 1、2、3、4),每一次提交,版本控制系统以修订号标记这一次文件的修改情况,如同一个版本的"快照"。

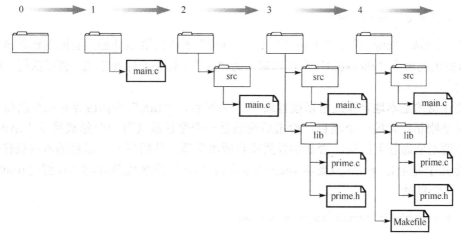

图 2.2 版本库记录的软件开发过程

[①] 这里所谓的"版本"不是指软件发布的版本序号,而是指版本控制系统为每次提交的数据而记录的内部编号。

2.6.1 集中式版本控制系统 svn

svn 是 Apache 开发的一款开源版本控制系统，采用 Apache 版权协议发布，全名是 subversion。目前有包括 FreeBSD（一种类 UNIX 操作系统）、gcc、SourceForge 在内的众多软件在使用 svn 进行管理。svn 的常用操作包括创建仓库、项目提交、检出、对比、文件增减、分支、合并等。

当开发人员对源代码进行修改时，修改的内容被登记到了 svn 仓库中。仓库中保存了代码的主控副本以及历次修改的历史信息。它不保存文件的每个版本，而只是简单地记录发生在每个版本间的不同，以节省磁盘空间。

创建一个名为"svnRepository"的版本仓库，使用如下命令：

```
$ svnadmin create svnRepository
```

通常，这项工作由项目管理负责人完成。此命令在服务器上创建目录"svnRepository"，有如下文件和目录：

```
drwxrwxr-x 2 harry harry 4096  3月 24 21:46 conf
drwxrwxr-x 6 harry harry 4096  3月 24 21:46 db
-rw-rw-r-- 1 harry harry 2     3月 24 21:46 format
drwxrwxr-x 2 harry harry 4096  3月 24 21:46 hooks
drwxrwxr-x 2 harry harry 4096  3月 24 21:46 locks
-rw-rw-r-- 1 harry harry 229   3月 24 21:46 README.txt
```

conf 目录下的文件用于服务器和用户权限、访问策略、密码等的设置，db 目录下将记录版本发展的全部过程。

假设上面创建的版本库路径是/home/svn/svnRepository，可以通过简单的命令启动服务器：

```
$ svnserve -d -r /home/svn
```

以后的操作命令全部是"svn + command"的形式，通过不同的命令实现 svn 不同的子功能。检出一个项目用

```
$ svn checkout URL
```

URL 是形如"http://"、"https://"、"svn://"等由网络地址加上仓库名称组成的字符串，表示检出的命令"checkout"也可以简写为"co"。如果仓库在本机，也可以用"file://"作为 URL[①]。

需要注意的是本地仓库通常以根目录"/"为起点，"file:"后面应该是三个斜线。

如果是刚初始化的一个项目，检出后应该是一个空目录（有一个隐藏目录".svn"，自始至终不要对它做任何改动，否则将导致项目版本管理系统损坏）。以后的本地操作命令与 shell 命令几乎完全对应——只要将 shell 命令作为"svn"的参数即可。例如，创建 trunk、tags、branches 三个目录：

```
$ svn mkdir trunk tags branches
```

以上创建的目录，trunk 用于项目主干目录；如果项目有分支，则 branches 保存不同的分

---

① 默认的配置下，svn 服务器仅支持 svn 协议。如需 http/https 服务支持，需要改写配置文件。本地 URL 则无须启动 svn 服务。

支目录；tags 用于标记特定的版本。项目的每次提交都是一个数字标签，不便于记忆。如果项目开发到某个阶段，开发人员认为可以作为一个阶段性版本，就可以在 tags 里用一个便于识别的名称做一个快照，相当于一个发布版。

这些目录只是命名习惯，并非强制性标准。

svn 系统中，文件操作命令基本上与 shell 命令对应，例如删除文件"svn rm file"，复制文件"svn cp file1 file2"，文件或目录更名"svn mv oldfile newfile"。但如果使用 shell 命令，而不是"svn"命令，则只能是单纯的文件或目录操作，不能将变更纳入版本控制。

添加文件或目录用"svn add files"。文件或目录"files"应该在命令执行前存在。只有通过 add 命令添加的文件才能被纳入版本控制系统跟踪。

当项目进行一段时间后，开发人员觉得应该将这段工作内容保存一下，就可以进行项目提交了：

```
$ svn commit -m "some commit messages"
```

"commit"也可以缩写成"ci"。提交的项目应该用选项"-m"加入一些便于理解的信息，告诉他人（也包括自己）这次为什么提交，做了哪些修改等。如果没有"-m"及信息内容，svn 会强制调用文本编辑器，要求开发人员编辑一段文字，与修改的代码一起提交给服务器。

2.6.2 追溯历史、分支与合并

在检出项目之前，通常可以用下面几条命令获取仓库中的基本信息：

```
$ svn info URL
$ svn log URL
$ svn list URL/dir
```

这些命令也可以在检出的项目目录中运行，不需要 URL。例如执行"svn log"，可以按时间先后顺序列出到目前为止的各个版本的提交信息（提交的时间，以及用"-m"选项登记的文字），最后提交的列在最前面。

如果想回到某个版本状态，在检出的工作目录中可以用"svn update -rn"操作，也可以在检出时使用"-r"选项直接检出指定版本。数字 n 表示版本号；不指定版本时将更新到服务器保留的最新版本。

版本控制系统中一个非常重要的功能就是分支。设想一个简单的应用场合：一个稳定的版本发布后，软件还在继续开发和完善。此时可以考虑创建一个分支，然后在分支上工作。完成后再将其合并到主干上，发布下一个稳定的版本。

这样的工作方式，始终保证主干上的软件都是正式发布版。在一个有多人参与的项目开发中，每个人都应尽可能采用这种方式，在自己的分支上工作，将修改提交到自己的分支，直到一个阶段工作结束，分支合并。

再设想另一种情况：正在开发的这个项目，在另一个应用环境中也需要几乎相同的功能，但多多少少有一点差异。这时可以考虑将当前项目复制一份，在其中的一份上向新的目标方向开发，同时维护两个项目，二者互不相关。但很可能其中一份的新增代码也需要在另一份上重做一遍；随后的开发中，发现其中一个项目的某处有错误，而这个错误可能是两边都存在的。这时候就不得不手工修改另一边的代码——原始的开发方式正是这样的。但如果我们以分支的方式代替简单的复制，就可以让版本控制系统帮助我们修改错误。

在项目目录中创建分支的方法和复制一个目录的方法完全一样，在服务器端则是 URL 到 URL 的复制。目前，svn 不支持跨版本库的复制，所以两个 URL 必须是同一个版本库的不同子目录。

```
$ svn cp trunk branches/new_branch
$ svn cp svn://192.168.200.47/repos/calc/trunk \
    svn://192.168.200.47/repos/calc/branches/new_branch \
    -m "Creating a private branch of /calc/trunk."
```

事实上，svn 内部并没有"分支"这一概念——这一点与其他的版本控制系统有所不同。从"svn cp"这条命令也可以看出，它仅仅是复制了一个目录。

在分支"new_branch"上经过一段时间工作后，在主干目录上执行下面的命令：

```
$ svn merge svn://192.168.200.47/repos/calc/branches/new_branch
```

可以完成分支的合并。合并的方向可以是从分支到主干，也可以是从主干到分支。如果不同的开发者对同一个文件都做了修改，合并时有可能发生冲突。svn 可以在执行合并命令时用选项"--accept"指定解决冲突的方式，包括采取一定的原则自动解决冲突和手工编辑冲突文件。

作为一个选择，可以用命令"svn diff"、"svn patch"实现类似 1.4.1 节的功能。但 diff/patch 功能有限，只能针对文本内容，不能解决目录结构变化问题。

svn 有比较详细的随机帮助手册，可以用命令"svn help"查看命令的具体使用方法。

2.6.3 分布式版本控制系统 git

分布式版本控制系统 git 由 Linus 和他的团队于 2005 年 4 月开发，2005 年 6 月在 git 系统上发布 Linux 内核 2.6.12 版本。此前，Linux 内核曾一度免费地使用一款商业版本控制系统 BitKeeper[①]进行项目管理。2005 年 4 月，Linux 项目成员之一 Andrew Tridgell 意图破解 BitKeeper，导致 BitKeeper 停止免费支持 Linux，此举催生了多个新的版本控制系统，git 便是其中之一。（另一个较著名的版本控制系统是 Mercurial，开发者 Matt Mackall 也是 Linux 内核维护人员之一。）

相比 svn，目前更多的开源软件使用 git 管理项目。按照作者 Linus 的说法，软件名称"git"可以有下面几种解释：

(1) 可以构成发音的三个随机字母，且不与现行 UNIX 命令冲突；也可能是把"get"读错了的结果。

(2) 英语俚语里不讨喜欢的人。

(3) global information tracker。（这可能是最理智的解释。）

(4) g*dd*mn idiotic truckload of sh*t。（应该是一句粗话。）

git 功能比 svn 功能更多，同时也意味着操作更复杂。这里仅解释用于版本控制的基本功能。更多操作请参考 git 帮助手册。

2.6.4 git 基本操作

首次使用 git 系统前，需要配置以下工作环境：

---

① BitKeeper 于 2016 年 5 月 9 日开始采用 Apache 开源版权协议。

```
$ git config --global user.name "用户名"
$ git config --global user.email "用户email"
```

这两个参数在每次提交更新时都需要记录在数据库中,因此是必需的。其他配置根据用户需要和使用习惯,可以在后期随时更改。选项"--global"表示该配置只适用于当前用户,其配置结果被写入"~/.gitconfig 文件。为所有用户的配置选项是"--system",配置结果记录在"/etc/gitconfig"文件中。

由于 git 是分布式的,所以任何用户都可以在本地创建项目分支,包括项目本身。不像 svn 那样需要管理员在服务器上启动项目。例如,创建一个本地项目只需要执行 init 命令"git init"。项目成功创建后,会在当前目录下出现一个隐藏目录".git",它是维护这个项目的数据库。

表 2.5 是各种场合常见的 git 命令。

表 2.5 常见的 git 命令

命 令	功 能	使 用 场 合
clone	克隆一个版本库	从服务器镜像一个版本库
init	初始化版本库	在本地新建一个空的 git 版本库
add	添加文件	将文件或目录加入跟踪
mv	移动或重命名	改变文件或目录跟踪索引
reset	重置 HEAD 到指定状态	恢复某个历史状态
rm	删除文件	取消文件跟踪状态
log	显示提交日志	了解版本库变更状态
show	显示各种类型的对象	了解每个文件的状态
status	显示工作区状态	列出被跟踪和未被跟踪的文件
branch	分支管理	分支列表、创建或删除
checkout	切换分支	检出并切换分支或恢复工作区文件
commit	提交变更	将工作区记录变更到版本库
diff	显示差异	显示提交之间、提交和工作区之间等的差异
merge	合并	合并分支或开发历史
rebase	变基	本地提交转移至更新后的上游分支中
tag	标签操作	创建、列出、删除或校验一个 GPG 签名的标签
fetch	获取版本库	从另外一个版本库下载对象和引用
pull	整合版本库	与远程同步
push	更新远程引用	本地工作目录提交到远程

git 内部有分支机制,不需要像 svn 那样创建 branches 目录管理分支,而新项目只有一个名为"master"的默认主分支。

如果是从服务器"下载"一个 git 项目,使用类似下面的命令:

```
$ git clone git://github.com/username/project.git myproj
```

将服务器"project"项目完整镜像到本地 myproj 目录,而不是某个版本的快照。注意到这里用的是"clone"而不是"checkout"。URL 取决于服务器支持的协议,github 支持"git://"和"https://"。

随后在这个目录(包括各级子目录)下的文件编辑与其他开发方式没有什么不同。只需要注意到,并非所有在工作区的文件都处于被跟踪状态。图 2.3 说明了 git 中文件状态生命周期。

```
                                      工作区
           未被跟踪的文件    未修改            已修改          stage
                  │           │               │              │
                  │  git add  │               │              │
                  │──────────▶│               │              │
                  │           │    编辑文件    │              │
                  │           │──────────────▶│              │
                  │  git rm   │               │              │
                  │◀──────────│               │   git stage  │
                  │           │               │─────────────▶│
                  │           │               │              │
                  │           │           git commit         │
                  │           │◀─────────────────────────────│
```

图 2.3 文件状态的变化

新的文件或目录应使用命令"git add"将其纳入跟踪状态；"git rm"命令会移除被跟踪的文件（只是移出版本控制，不一定从文件系统中删除）。从工作目录中删除的文件和目录在下一次提交时则会自动从版本库中移除，无须专门的"git rm"命令。多数开发人员喜欢在提交之前用"git add ."将当前目录下的所有文件、目录纳入 git。为避免将开发过程中生成的一些中间文件也被无意中纳入 git（这些文件一般都是二进制文件，没有跟踪的意义，而且比较大），git 系统使用一个文本文件".gitignore"管理不予提交的文件名清单。（可以使用通配符，比如"*.[ao]"，则所有编译过程中生成的".o"文件和".a"文件被略过。）

重命名文件使用"git mv oldfile newfile"，它等效于用 shell 重命名文件，然后将"newfile"纳入跟踪，抛弃"oldfile"。git 本身不跟踪文件的移动和改名，但当新文件修改的内容不多时，git 仍可以聪明地推断其间发生的事情，在进行文件对比时会拿当前的"newfile"和旧版本的"oldfile"比较。

"log"命令用于查看项目开发日志，显示类似下面这样的信息：

```
$ git log
commit ee8dc63edd9b5bf291cc9783eeb3400c05eb1112
Merge: 5ba0799 4473ed8
Author: Alwin Esch <alwin.esch@web.de>
Date:   Sun Jun 18 07:45:50 2017 +0200

    Merge pull request #12317 from AlwinEsch/fix-dialog-select

    [addons] Fix addon dialog select

commit 5ba0799a3930abfe40aa4c734de7aebc895657df
Merge: 1bbf39a c1b798e
Author: Garrett Brown <themagnificentmrb@gmail.com>
Date:   Sat Jun 17 18:52:11 2017 -0700

    Merge pull request #12312 from garbear/fix-crash

    Fix crash on game close introduced in PR 12180
```

git 内部标记版本的方式是使用一串哈希校验码，就是"commit"后面的一串十六进制数字。通常，我们不必完整地引用，只需要前几个数字不产生混淆就可以了。例如，将当前版本与其中的某个版本比较:"git diff 5ba0799"。对于正式发布的版本,为了便于用户识别,通常会在提交之前为版本加上标记:

```
$ git tag "v1.2.0"
$ git commit -m "release version 1.2.0"
```

git 允许后期对已提交的版本补标签,只需要在 tag 命令的末尾指定提交的校验码。

2.6.5 git 分支与合并

创建并切换到一个新的分支通常用下面的命令:

```
$ git checkout -b newbranch
```

它实际上是 branch 和 checkout 两个命令的组合。经此操作,项目就有了一个新的分支"newbranch",可以随时用"git checkout master"和"git checkout newbranch"在两个分支间来回切换。使用不带参数的"branch"命令可以列出项目的所有分支,分支名前面有"*"标记的是当前工作分支。

在一个项目目录下可以同时拥有数个分支,这一点与 svn 有很大不同。

git 创建分支的开销很小,又由于是本地操作,因此速度也相当快。创建分支、在分支上工作、合并到主分支,是 git 建议的典型工作方式。

删除一个废弃的分支"git branch -d newbranch"。

git 还有一个重要的命令 reset,可以回溯项目历史。基本用法是:

```
$ git reset --soft checksum
```

根据不同的选项(这里的选项是"--soft"),会对提交信息、索引和指针 HEAD 进行不同的设置。
- git reset --soft:仅将 commit 退回到指定版本。
- git reset --mixed:也是默认选项方式,commit 和 index 均退回到指定版本,但项目文件仍保留当前版本。
- git reset --hard:彻底回到指定版本(慎用!)。

git 整合来自不同分支的修改有两种方法:合并(merge)与变基(rebase)。将一个分支合并到主分支,需要先切换到主分支然后再执行合并命令:

```
$ git checkout master
$ git merge newbranch
```

git 会自行决定用哪一个提交作为最优的共同祖先作为合并的基础。如果在合并过程中有尚未解决的冲突,git 会在未成功合并的地方加入标记。此时应通过"git status"查看合并的状态,必要的时候通过手动解决冲突。

变基的原理稍复杂一些:分支 newbranch 和 master 同时在发展,合并分支时实际上进行的是三方合并——当前的 newbranch、当前的 master 以及二者共同的分支点。变基的做法是将 newbranch 的补丁作用在当前 master 上,它让主干的提交历史看上去更加整洁:

```
$ git checkout newbranch
$ git rebase master
$ git checkout master
$ git merge newbranch
```

2.7 合理地组织程序

在 2.3.1 节中，我们将一个源程序拆分成多个文件，并借此说明 GNU Make 的功效。实际上在软件开发中，源程序的组织并非出于 GNU Make 的需要，更多的是来自对代码质量的要求。良好的代码规范可以最大限度地减少错误、提高可靠性、利于维护。很多软件开发企业甚至对代码的书写风格和注释格式都有统一的要求。

组织源程序，重要的原则是模块化和层次化。具体到不同的文件内容，以 C 语言为例，下面通过.h 文件、.c 文件和目录结构加以说明。

2.7.1 头文件的要求

C 语言里，头文件为使用.c 文件的功能提供用户接口。原则上，用户只需要阅读头文件里函数的格式声明就应该可以正确实现该函数的调用功能，而无须再去了解函数功能的具体实现（有时候甚至无法获得函数具体实现的源代码）。如果调用函数的格式和头文件声明不一致，编译器就会报错或警告，这在一定程度上也减轻了开发人员的调试负担。

关于头文件的结构和内容，虽然在 C 语言标准中的要求比较宽松，但如果能遵守几条规则，对后面的开发是有益的：

（1）"#ifndef _ _FOO_H_ _ ... #endif"结构是头文件的规范格式（这种做法的学名被称为 macro guards），它保证了在这个文件中的内容不会在同一个文件中被重复包含（前提是确保不要产生重名的宏），从而不会出现一些符号或结构被重复定义这样的低级错误。仅在编辑源文件时小心谨慎地不要输入两遍"#include "prime.h""并不能确保避免这种情况的出现，因为有时候"A.h"文件会被"B.h"文件包含，在写"#include "B.h""的时候可能意识不到这一点。

还有一种做法是使用"#pragma once"，省去了宏命名"_ _FOO_H_ _"，效率更高，但需要编译器支持。

（2）不要像写".c"文件那样写".h"文件。".h"只应有函数原型声明、数据结构、宏定义等内容，而不应该有函数具体功能实现。例如在这个例子中，不应把 prime.c 文件更名为 prime.h 而将原来的 prime.h 删除。虽然这样做，语法上没有问题，并且看上去还少了一个文件，但后患无穷。

再如，下面的代码不应写在".h"文件中：

```
int abs(int x){ return(x)>= 0 ? x:(-x); }
```

而宏定义：

```
#define abs(x)   ((x)>=0 ?(x):(-x))
```

则不在此禁忌之列。原因是当这个".h"文件在不同的".c"文件被有效包含（有效包含是指".h"文件中第一行#ifndef 条件满足）后，前者在链接时就会导致函数 abs()重复定义的错误。

（3）".h"文件中也不应该直接定义变量。因为这个".h"文件可能会在整个项目中的多个文件中被包含，链接的时候就会出现变量重复定义的错误。合理的做法是在一个".c"文件中定义为全局变量，而在".h"文件中将这个变量声明为"extern"——如果确实有使用全局变量的需要。

（4）尽量不要用一个".h"文件承担多个".c"文件的函数声明任务。否则，改变一个".c"文件时，对应的".h"文件会牵连到其他的".c"文件，会让 GNU Make 多消耗编译时间。反过来，一个".c"文件拥有多个".h"文件则是可能的，比如将私有结构和公开结构放在不同的".h"文件中。

（5）整个项目中，每个数据结构只定义在一个".h"文件中，而不要出现在多个地方，即使能够保证复制无误也不要这样做，因为不能保证在开发过程中不修改这个结构。如果需要，其他".h"文件可以通过#include 将这个结构加进去。

（6）减少头文件的嵌套（模块化要求），尽可能避免头文件的交叉。头文件包含哪些其他头文件应仅取决于自身的要求，而不是考虑包含它的".c"文件的要求。

2.7.2　C 语言源文件

源文件的组织应遵循模块化原则。功能相近或相关的部分放在一个源文件中，同一文件内的聚合度要高，不同文件中的耦合度要低。

这里不讨论代码风格对可靠性的影响（例如，使用"if (0 == x) {...}"，而不是"if (x == 0) {...}"），仅就功能性方面提出一些建议：

（1）尽量少使用全局变量（模块化要求）。如果必须使用全局变量，也应尽可能控制其可访问范围。具体做法是：如果全局变量只是在单个文件中，就将它声明为"static"；如果仅供单个函数使用，则应将其作为静态局部变量；如果该全局变量要供外部文件访问，尽可能提供一个访问该变量的函数。

全局变量还涉及一个可重入问题。

（2）定义变量时尽可能初始化，特别是指针变量，这其至是一些编程标准中的强制性要求。初始化一个变量并不会增加编译后的代码量，反而会给编译器提供一个排错的依据。

（3）函数功能单一，不要过分追求技巧。函数体不宜太长。必要的时候将其中可模块化部分提取出来作为辅助函数。辅助函数可以在".h"文件中声明，但应注意与公开函数区别对待，不应开放给用户。如果不使用".h"文件，需要注意书写先后顺序。有时候，编译器会对未声明格式的函数调用提出警告。

（4）尽可能调用公用模块，而不是将功能近似的代码重复输入。例如 $\cos(x)$ 和 $\sin(x)$ 之间，自变量只差一个 $\pi/2$。其中一个函数功能可作为另一个函数的一部分，没必要两个函数都独立地写一遍。

（5）函数最好有返回值。返回一个整型值本身不会增加代码量，但却提高了程序的可靠性。没有特殊原因，函数返回应在函数体的最后。例如，在一个可能提前结束的循环体内使用"break"而不是"return"。

开发人员除了要求对使用的编程语言熟练掌握以外，还需要对和编译器有足够深入的了解。面向跨平台的软件开发还要考虑处理器和操作系统。

2.7.3　库的产生和作用

库是代码模块化的一种形式。在/lib、/usr/lib 目录下可以看到很多以".a"或".so"为后缀的文件，有些.so 文件后面还有一组数字（版本号），这些就是库文件。后缀".a"的文件，在 Linux 系统中被称为静态库，".so"类的文件被称为共享库（shared object）或动态库（与静态库相对应）。静态库是由一组".o"文件经命令"ar"打包而成，由此得名（archive）。

它内部已包含了可执行代码，但不具备可执行文件的格式。而共享库则直接由 gcc 编译器生成。

1. 静态库

仍以 2.3.1 节的程序为例。我们将 prime.c 独立出来，作为一个通用性代码。通过下面的步骤生成一个静态库 libprime.a：

```
$ gcc -c prime.c
$ ar cq libprime.a prime.o
```

一个库文件中可以实现多个函数功能。如果这些函数功能分散在各个".c"文件中，可以仿照上面的方法生成对应的".o"文件。多个".o"文件可以写在 ar 命令的参数列表中，也可以多次执行 ar 命令逐一添加到 .a 文件中。

此处，我们有了一个判断一个整数是否为质数的静态库 libprime.a。使用者无须关心其算法，只需要知道函数的调用方式就够了，正如清单 2.2 所做的那样。在库的基础上开发上层应用，就好像"站在巨人的肩上"一样。

编译 main.c 的方式变成下面这样：

```
$ gcc -o main main.c -L. -lprime
```

2. 动态库

动态库使用 gcc 选项 -shared 生成：

```
$ gcc -o libprime.so.1.0 -shared -Wl,-soname,libprime.so.1 -fPIC prime.o
$ ln -s libprime.so.1.0 libprime.so.1
$ ln -s libprime.so.1.0 libprime.so
```

生成的动态库文件是 libprime.so.1.0（假设这里将其版本号定为 1.0），共享目标名是 libprime.so.1。如果程序动态链接到标记了共享目标名的动态库，运行时就需要访问共享目标文件而不是动态库文件。而共享目标文件不会自动生成，通常需要手工为它建立符号链接。如果不用选项"-Wl,-soname"指定共享目标名，则程序运行时直接查找动态库。libprime.so 是编译上层软件时提供给 gcc 的库文件名。

编译 main.c 与使用静态库的方式完全一样。链接库文件时，如果指定目录同时存在同名的静态库和动态库文件，gcc 优先选择动态库。

静态链接的程序，所有代码都已经在最后的一个可执行文件中。该程序的运行不再依赖静态库。而经动态链接的程序，最后的可执行程序中只标记了函数在动态库中的地址，库函数的代码不在可执行文件中。如果有多个程序调用了动态库的函数，它们的函数入口都是这个动态库的函数入口地址，这正是"共享"的含义。

由于可执行代码没有完全"组装"进可执行文件中，因此动态链接的程序不能脱离动态库而单独运行。运行上面动态链接的程序时，必须让它能找到链接的动态库，否则会给出"libprime.so.1: cannot open shared object file"这样的错误提示。通常有这样几个方法让它找到动态库：

（1）系统默认寻找动态库的路径是 /lib、/usr/lib。将程序依赖的动态链接库复制到这些目录下可以解决问题。但这些目录是系统性的，除非我们使用的动态库在系统中有这么重要的地位，否则不建议这样做。

（2）使用 ldconfig，它将/etc/ld.so.conf 文件中列出的目录中所有动态链接库文件名和文件头记录在/etc/ld.so.cache 中。cache 文件会被 Linux 系统的运行时链接器 ld-linux.so 访问。因此，可以将动态库所在的路径加入/etc/ld.so.conf 并运行一次 ldconfig。

（3）将动态库所在的路径加入环境变量 LD_LIBRARY_PATH。

就本例而言，采用上述第三种方法运行动态链接的程序如下（假设动态库 libprime.so.1 和 main 就在当前目录下）：

```
$ export LD_LIBRARY_PATH=./:$LD_LIBRARY_PATH
$ ./main
```

动态库在 Linux 系统中非常普遍。动态链接的程序与静态链接的程序相比具有以下优点：

（1）节省空间。如果有三个程序静态链接了代码，占用磁盘空间是一份代码的 3 倍；而动态库中的代码永远只有一份，无论被多少个程序链接，它们总是共享的。

（2）升级方便。如果发现 prime.c 中有 bug，或者有更好的算法，只需要修改后用新生成的 libprime.so 替换旧的版本。只要函数接口不变，对可执行程序无需做任何修改和编译。

（3）多个版本共存。只需要将 libprime.so 的符号链接指向不同版本的库，或者通过"-soname"标记不同的共享目标名，就可以很方便地在不同版本之间切换。

2.7.4　项目的目录组织结构

项目组织仍应遵循层次化和模块化原则，每个模块的文件构成一个目录，同一层次的模块分属平行的不同目录，每个模块只能使用所在层和下一层模块提供的接口中。Linux 的内核就是一个典型的例子。

2.8　交叉编译工具链的制作

当我们在 PC 上开发嵌入式应用系统时，由于主机 PC 使用的是 Intel X86 处理器，而目标系统通常是不同于 X86 的其他处理器架构（可能是 ARM、MIPS 等），两边的指令集不兼容。主机的编译器不能直接编译出运行于目标平台的代码。这时就需要在主机上先做出一套针对目标平台的编译工具，再使用这套工具在主机上对目标平台进行开发。这个编辑工具称为交叉编译器（或交叉编译工具链）。

还有一种做法是，制作一套可直接运行于目标平台的编译工具，并将其迁移到目标平台。后面的开发工作全部都在目标平台上进行（注意和前者的区别。这套工具不是交叉编译器）。这种做法，其制作工具的过程仍需要使用交叉编译。而且，这种做法在嵌入式开发中也较少采用，原因是：

（1）嵌入式系统通常都有明确的应用背景，并且是面向产品的，其系统资源会有一定的约束，未必有足够的空间。

（2）用于主机的软件资源足够丰富，配置也相当灵活，这是任何初期目标系统都无法比拟的。

（3）主机的性能通常比目标系统高，当然开发效率也高。

这里仅介绍基于 Linux 操作系统的交叉编译工具。

gcc 交叉编译工具链主要来自 binutils、gcc、glibc 和 gdb。gcc 还依赖高精度算术运算库 gmp、浮点算术运算库 mpfr、复数运算库 mpc 等。编译交叉编译器还要用到内核源码。

交叉编译器的使用如图 2.4 所示。

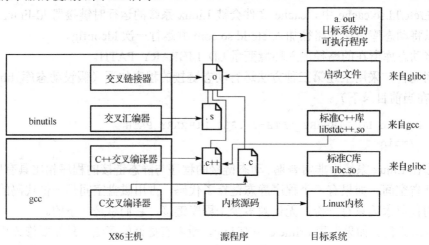

图 2.4　交叉编译器的使用

1. 编译 binutils

下载 binutils 源码并解压：

```
$ wget http://ftpmirror.gnu.org/binutils/binutils-2.26.tar.bz2
$ tar xf binutils-2.26.tar.bz2
```

在 binutils 解压目录下建立一个子目录 build（很多软件不建议在解压目录下直接编译），进入该目录，按下面的配置参数编译：

```
$ cd binutils-2.26
$ mkdir build
$ cd build
$ export INSTALL_PATH=/home/devel/crosstool
$ export TARGET_NAME=arm-none-linux-gnueabi
$ ../configure --prefix=$INSTALL_PATH \
  --target=$TARGET_NAME \
  --with-float=hard \
  --with-sysroot=$INSTALL_PATH/$TARGET_NAME
$ make && make install
```

"INSTALL_PATH"被设置为安装目录，最后执行"make install"时将编译好的程序复制到该目录。"TARGET_NAME"是目标系统名，它的命名格式是"arch-vendor-os-abi"，arch 指架构，vendor 指厂商，os 指操作系统，abi 指应用程序二进制接口。这里假定制作针对 ARM 平台的交叉编译器。如果目标处理器不支持硬件浮点运算，则应去掉"--with-float"选项。

2. 编译 gdb

下载 gdb 源码并解压：

```
$ wget http://ftpmirror.gnu.org/gdb/gdb-7.12.1.tar.xz
$ tar xf gdb-7.12.1.tar.xz
```

同 binutils 类似，在 gdb 解压目录下建立一个子目录 build。进入该目录，按下面的配置参数编译：

```
    $ ../configure --prefix=$INSTALL_PATH \
      --target=$TARGET_NAME \
      --disable-werror \
      --enable-lto
    $ make && make install
```

3. 安装内核头文件

下载内核源码：

```
    $ wget https://www.kernel.org/pub/linux/kernel/v4.x/linux-4.4.2.tar.xz
```

这里选择内核源码版本时，建议与目标系统运行的版本接近。如果已有目标系统的内核源码，可以直接使用（不匹配的内核版本可能会影响少数系统功能调用）。解压，进入内核源码目录，用下面的命令安装：

```
    $ make ARCH=arm headers_install INSTALL_HDR_PATH=$INSTALL_PATH/$TARGET_NAME/usr
```

这里需要说明，ARCH 指定的处理器架构名称"arm"是内核 arch 目录下的某一个子目录名，在这个目录下集中了与该架构相关的代码。它与交叉编译器的目标平台选项识别的名称并不完全一致。例如内核对 64 位 ARM 处理器的架构标识（ARCH）是 arm64，而编译器中--target 的选项（以及今后在使用交叉编译时--host 的选项）则是 aarch64。

4. 初步编译 gcc

gcc 的编译过程比较复杂。编译 gcc 之前，尚没有库的支持，甚至连标准 C 库的头文件都没有。因此，我们首先需要把基本 gcc 命令编译出来，利用基本 gcc 编译出 glibc 库，安装标准头文件，再回头编译出完整的 gcc 工具。

下载 gcc 及其支持库：

```
    $ wget http://ftpmirror.gnu.org/gcc/gcc-6.1.0/gcc-6.1.0.tar.bz2
    $ wget http://ftpmirror.gnu.org/mpfr/mpfr-3.1.3.tar.xz
    $ wget http://ftpmirror.gnu.org/gmp/gmp-6.1.1.tar.xz
    $ wget http://ftpmirror.gnu.org/mpc/mpc-1.0.3.tar.gz
    $ wget ftp://gcc.gnu.org/pub/gcc/infrastructure/isl-0.14.tar.xz
    $ wget ftp://gcc.gnu.org/pub/gcc/infrastructure/cloog-0.18.4.tar.gz
```

解压 gcc，其他压缩文件解压到 gcc 目录下，修改目录名，去掉版本号，只保留库的名称（即将 gmp-6.1.1 改成 gmp，mpfr-3.1.3 改成 mpfr，依此类推），在 gcc 目录下创建 build 目录：

```
    $ tar xf mpfr-3.1.3.tar.xz -C gcc-6.1.0
    $ mv gcc-6.1.0/mpfr-3.1.3 gcc-6.1.0/mpfr
    $ ...
    $ cd gcc-6.1.0
    $ mkdir build
    $ cd build
```

第一次编译 gcc：

```
    $ ../configure --prefix=$INSTALL_PATH \
      --target=$TARGET_NAME \
      --with-float=hard \
```

```
            --with-sysroot=$INSTALL_PATH/$TARGET_NAME \
            --with-cloog \
            --with-gnu-as \
            --with-gnu-ld \
            --enable-languages=c \
            --enable-gold \
            --enable-ld=default \
            --enable-plugin \
            --enable-lto \
            --enable-_cxa_atexit \
            --enable-threads=posix \
            --disable-libada \
            --disable-libssp \
            --disable-libmudflap \
            --disable-libquadmath \
            --disable-libgomp \
            --disable-libmpx \
            --disable-libsanitizer \
            --disable-libatomic \
            --disable-libitm \
            --enable-multilib \
            --enable-multiarch \
            --enable-tls \
            --enable-c99 \
            --enable-long-long \
            --disable-libstdcxx-pch \
            --enable-libstdcxx-time \
            --enable-clocale=gnu \
            --enable-checking=release \
            --with-default-libstdcxx-abi=gcc4-compatible

    $ make all-gcc
    $ make install-gcc
```

完成这步工作后，/home/devel/crosstool/bin 目录下已经生成可用的交叉编译器 arm-none-linux-gnueabi-gcc，但不能用于链接可执行程序，因为标准 C 头文件和库还没生成，它们来自 glibc。

5. 第一次编译 glibc

编译 glibc 也需要分两步完成：先生成标准 C 库的头文件和可执行程序的启动程序，再用相对完整的 gcc 编译出标准 C 和 C++库以及 glibc 的其他库。

和编译 gcc 类似，第一步要做的工作是，将下载的 glibc 解压，并在解压目录下新建一个子目录 build，在该目录下进行如下配置编译选项：

```
    $ wget http://ftpmirror.gnu.org/glibc/glibc-2.23.tar.xz
    $ tar xf glibc-2.23.tar.xz
    $ cd glibc-2.23
```

```
$ mkdir build
$ cd build
$ ../configure --prefix="/usr" \
  --host=$TARGET_NAME \
  --with-float=hard \
  --with-sysroot=$INSTALL_PATH/$TARGET_NAME \
    libc_cv_forced_unwind=yes \
    libc_cv_c_cleanup=yes \
  --disable-profile \
  --disable-sanity-checks \
  --enable-add-ons \
  --enable-bind-now \
  --with-headers=$INSTALL_PATH/$TARGET_NAME/include \
  --enable-kernel=3.0.0 \
  --with-elf \
  --with-tls \
  --with-_thread \
  --without-cvs \
  --without-gd \
  --enable-obsolete-rpc \
  --disable-build-nscd \
  --disable-nscd \
  --enable-lock-elision \
  --disable-timezone-tools \

$ make install-headers prefix="" \
    install_root=$INSTALL_PATH/$TARGET_NAME
$ make csu/subdir_lib
$ install csu/crt1.o csu/crti.o csu/crtn.o \
    $INSTALL_PATH/$TARGET_NAME/lib
$ mkdir -p $INSTALL_PATH/$TARGET_NAME/usr/lib
$ $TARGET_NAME-gcc -nostdlib -nostartfiles -shared -x c /dev/null \
    -o $INSTALL_PATH/$TARGET_NAME/usr/lib/libc.so
$ touch $INSTALL_PATH/$TARGET_NAME/include/gnu/stubs.h
```

配置时使用了--prefix="/usr"，在交叉编译的目标系统中可以直接使用/usr/lib 目录下的共享库。--enable-kernel=3.0.0 限制了 glibc 使用的最低内核版本运行环境。

这里制造了两个无内容文件：libc.so 和 stubs.h，前者是针对目标平台的空的共享库，后者是一个空文件。在下面的步骤中会生成它们的实体并替换它们。

6. 第二次编译 gcc

利用已生成的标准 C 头文件和启动文件，在 gcc 编译目录下编译 gcc 的库：

```
$ make all-target-libgcc
$ make install-target-libgcc
```

7. 第二次编译 glibc

回到 glibc 的编译目录，完成标准 C 库和其他库的编译安装：

```
$ make && make install
```

8. 完整编译 gcc

到此为止,针对目标平台的库都已生成,完整编译 gcc 的条件已具备。根据需要,使能第一次编译 gcc 前的配置选项禁用的功能,同时可以在"--enable-languages"选项中增加其他的语言支持(C++、GFortran、Java 等),重新配置 gcc,最后执行完整编译和安装:

```
$ make && make install
```

至此,带有 libc 支持的交叉编译工具制作完毕。为方便使用,可将安装路径加入环境变量 PATH:

```
$ export PATH=/home/devel/crosstool/bin:$PATH
```

本 章 练 习

1. 编写一个简单的 C 语言程序(功能不限),使用 gcc 编译器生成可执行程序。分别使用-static 和-shared 选项,比较两种情况下的可执行程序文件大小。
2. 编写两个独立的 C 语言程序(功能不限),同时写一个能完成这两个程序编译任务的 Makefile。
3. 将上述工作纳入版本控制系统。可根据个人偏好使用 svn 或 git。

本章参考资源

1. 有关编译工具 gcc 及其相关命令,参考 gcc 帮助手册。
2. 有关 GNU Make,参考 GNU Make 文档(GNU Make 4.2,Richard M. Stallman,RolandMcGrath,Paul D. Smith 撰稿),网站 https://www.gnu.org/software/make/manual。
3. 有关版本控制系统分别参考以下资料:
- subversion 在线资源http://svnbook.red-bean.com(subversion 1.7,作者是 Ben Collins-Sussman,Brian W. Fitzpatrick 和 C. Michael Pilato)。
- git 在线参考手册 https://git-scm.com。

第 3 章 文 件 读 写

Linux 系统中，文件操作涵盖了大部分的系统功能。在 Linux 环境中，有"一切皆是文件"之说。本章内容除了针对普通的磁盘文件外，也包括设备文件。操作系统通过设备文件实现设备驱动的功能。

3.1 文件系统的概念

在计算机系统中，将数据以某种方式组织起来，并存储在特定的存储介质上，为用户提供便捷的访问方法，管理这些数据的系统软件就是文件系统。文件系统使用文件和树形目录的抽象逻辑概念代替物理存储设备使用数据块的概念。保存在磁盘上的一组数据常常是分散在不连续的物理块上，用户通过文件系统访问数据时，不必关心数据保存的物理地址，文件系统会将分散的数据重新组织起来，用户只需要知道数据是在哪个文件名下。

常见的存储设备如硬盘、U 盘，在使用之前都需要格式化，格式化的过程就是文件系统的初始化过程。根据不同应用场合，这些设备会初始化成不同的格式，由此形成了不同的文件系统。

Linux 文件系统有如下三种类型：

- 基于存储介质的文件系统（传统称为"磁盘文件系统"）。这类文件系统的种类众多，也是最基础的文件系统。不同的介质有不同的格式要求。除了常见的 NTFS（New Technology File System，主要用于 Windows 操作系统）文件系统、HFS 或 HFS+（Hierachical File System，主要用于 iOS）、JFS（Journal File System）、ReiserFS（名称来自其作者 Hans Reiser）、ext2/3/4（Extended File System，2/3/4 版）这些在磁盘上创建的文件系统以外，还有针对闪存的文件系统 JFFS2（Journal Flash File System，第 2 版）和 YAFFS2（Yet Another Flash File System，第 2 版）。由于闪存有擦写寿命问题，在这类设备上实现的文件系统需要考虑擦写平衡。此外，还有在光盘这样的只读介质上实现的 ISOFS。
- 网络文件系统（Network File System）[①]。网络服务器将本地存储设备的一部分逻辑空间共享，客户端通过网络协议访问文件。
- 伪文件系统。它只有文件系统的形式，没有对应的文件。Linux 系统中的/proc 和/sys 目录都属于这种类型。构造 Linux 根文件系统时只有/proc 和/sys 空目录，系统运行时通过它们向用户程序提供访问内核的接口。伪文件系统在内存中实现，不占用磁盘空间。系统重启后，上一次的内容不复存在。

所有受支持的文件系统都通过"mount"命令挂载到指定的目录下。根文件系统稍特殊一些，它在内核启动过程中，直接由内核根据引导加载器 BootLoader 传递的参数挂载。一旦

---

① 更一般的概念，有"分布式文件系统"。

成功挂载，所有文件系统，无论其物理结构存在多大差异，用户程序访问的方式都是统一的。支持这种统一访问方式特点的就是虚拟文件系统（Virtual File System，VFS）。

3.2 文件与目录

3.2.1 Linux 系统中的虚拟文件系统

虚拟文件系统是建立在具体文件系统之上的一个抽象软件层。它允许用户程序无须关注具体物理设备的文件存储方式，在不同文件系统格式上读写文件可以使用相同的程序。（这种功能并非文件系统与生俱来。不妨试一下将 NTFS 格式的 U 盘插入 Linux 系统，或者将 EXT4FS 格式的 U 盘插入 Windows 系统，看看系统有何反应。）

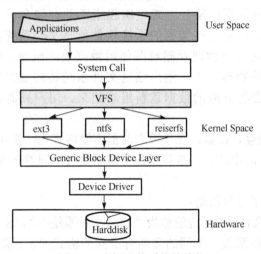

图 3.1　虚拟文件系统的地位

3.2.2 Linux 系统的文件类型

使用"ls -1"列出一个目录下的文件清单时，文件属性一栏可以看到类似这样一组符号：drwxr-xr-x。第一个字母（或空位）标识的就是文件的类型。Linux 系统有以下几种文件类型：

（1）-——普通文件（又称规则文件），即直接与存储在设备中的数据相关联的文件，包括二进制文件和文本文件，内核对此不加区分。唯一的例外是可执行文件必须包含内核可识别的格式信息。

（2）d——目录文件，包含其他文件名和目录及其指针的文件，通过命令"mkdir"创建。设备文件（又称特殊文件）通过命令"mknod"创建。Linux 系统有如下两类设备[①]。

① c——字符设备文件，提供采用字节流方式的访问。

② b——块设备文件，提供以数据块为单位的访问方式，通常面向文件系统。

（3）l——符号链接，通过命令"ln"创建。它的真实属性由链接源决定。

---

① 网络接口是 Linux 系统的第三类设备，它几乎是唯一一个不以文件形式存在的设备。但对网络设备的操作仍可以通过文件描述符实现。

（4）p——命名的管道文件（又名 FIFO），用于进程间通信，通过命令"mknod"或"mkfifo"创建。

（5）s——套接字文件，用于本地网络协议通信。通常，套接字存在于网络接口中，通过系统调用函数 socket( )创建，只有少数应用程序会创建显式的套接字文件。

以下三个系统调用函数可获得文件状态：

```
#include <unistd.h>
int stat(const char * pathname, struct stat * buf);
int lstat(const char * pathname, struct stat * buf);
int fstat(int fd, struct stat * buf);
```

stat( )与 lstat( )的唯一差别是，lstat( )对符号链接文件获取链接本身的状态而不是链接源的状态。fstat( )针对文件描述符而不是文件名，因此调用前应先打开文件。函数成功调用后，获得的文件状态存储在第二个参数的指针结构中，该结构包含以下内容：

```
struct stat {
    dev_t       st_dev;         /* 设备 ID 主设备号(文件系统) */
    ino_t       st_ino;         /* inode */
    mode_t      st_mode;        /* 文件类型和读写权限 */
    nlink_t     st_nlink;       /* 硬链接数量 */
    uid_t       st_uid;         /* 所有者的用户 ID */
    gid_t       st_gid;         /* 所有者的组 ID */
    dev_t       st_rdev;        /* 设备 ID(设备文件) */
    off_t       st_size;        /* 文件大小(字节数) */
    blksize_t   st_blksize;     /* 文件系统块大小 */
    blkcnt_t    st_blocks;      /* 块数 */
    struct timespec st_atim;    /* 最后访问时间 */
    struct timespec st_mtim;    /* 最后修改时间 */
    struct timespec st_ctim;    /* 最后状态修改时间 */
};
```

参数"st_mode"包含了文件类型和访问权限。sys/stat.h 中定义了一组获取文件类型的宏（见表 3.1）。

表 3.1 获取文件类型的宏

宏	文 件 类 型
S_ISDIR（mode）	目录文件
S_ISCHR（mode）	字符设备文件
S_ISBLK（mode）	块设备文件
S_ISREG（mode）	普通文件
S_ISFIFO（mode）	管道文件
S_ISLNK（mode）	符号链接文件
S_ISSOCK（mode）	套接字文件

每个文件都有一个所有者 ID 和一个组 ID。"st_mode"标记了用户、组和其他人对文件的访问权限，见表 3.2。

表 3.2 文件访问权限宏

宏	含 义
S_IRUSR	用户本人可读
S_IWUSR	用户本人可写
S_IXUSR	用户本人可执行
S_IRGRP	用户组可读
S_IWGRP	用户组可写
S_IXGRP	用户组可执行
S_IROTH	其他用户可读
S_IWOTH	其他用户可写
S_IXOTH	其他用户可执行

读、写、执行三个属性通过下面的方式影响着系统的工作：

（1）要成功打开一个文件，进程拥有者必须具备对该文件所在目录的完整可执行权限。例如 open（"/usr/include/stdio.h",…），用户对于目录"/"、"/usr"、"/usr/include"都必须有可执行权限。

（2）创建一个新文件或删除一个文件，还必须拥有对整条路径的写权限。

表 3.3 改变文件的访问权限

宏	含 义
S_ISUID	执行时用户 ID 置位
S_ISGID	执行时组 ID 置位
S_IRWXU	用户本人读、写、执行
S_IRWXG	用户组读、写、执行
S_IRWXO	其他人读、写、执行

（3）文件的访问权限限制了打开文件 open( )的方式：拥有写权限的文件可以用 O_WRONLY 或 O_RDWR 方式打开，拥有读权限的文件可以用 O_RDONLY 方式打开。

（4）运行一个程序，该程序文件的可执行标记位必须对运行者有效。

3.2.3 改变文件属性

改变文件访问权限的系统功能调用通过 chmod( )实现：

```
#include <sys/stat.h>
int chmod(const char * pathname, mode_t mode);
int fchmod(int filedes, mode_t mode);
```

参数"mode"在表 3.2 中的 9 个访问权限基础上增加了置位标记和组合标记（见表 3.3）。置位标记允许用户以超越自身权限的方式运行可执行程序。

chown( )用于改变文件用户和组属：

```
#include <unistd.h>
int chown(const char * pathname, uid_t owner, gid_t group);
int lchown(const char * pathname, uid_t owner, gid_t group);
int fchown(int filedes, uid_t owner, gid_t group);
```

lchown( )与 chown( )的唯一差别是，lchown( )对链接文件操作时针对文件本身而不是链接源。改变文件的用户和组属有以下限制：

（1）只有超级用户进程才能改变文件的用户 ID。
（2）非超级用户进程只能改变组 ID，且仅能改变到自己的组属[①]。

3.3 文件描述符

从内核的角度看，对任何文件的操作都落实在文件描述符上。文件描述符是一个非负的整型值。当使用系统调用函数 open( )成功打开一个文件（无论是打开一个已存在的文件还是创建一个新文件）后，内核返回文件描述符，之后的文件操作都通过这个文件描述符完成。

3.3.1 标准 I/O 设备

在标准头文件 unistd.h 中定义了如下三个文件描述符：

```
/* Standard file descriptors. */
#define STDIN_FILENO    0    /* 标准输入 */
#define STDOUT_FILENO   1    /* 标准输出 */
#define STDERR_FILENO   2    /* 标准错误输出 */
```

大多数进程运行时已和这三个文件描述符关联。在终端运行的程序如果使用这三个文件，则无须再次打开或创建。清单 3.1 是一个简单的例子。

清单 3.1 标准 I/O 设备操作 fileio.c

```
1   #include <unistd.h>
2   #include <fcntl.h>
3
4   #define BUFFSIZE 4096
5   int main(int argc, char * argv [])
6   {
7       char buf [ BUFFSIZE ];
8       int n;
9
10      while(1){
11          n = read(STDIN_FILENO, buf, BUFFSIZE);
12          if(n> 0)
13              write(STDOUT_FILENO, buf, n);
14          else
15              break;
16      }
17
18      return 0;
19  }
```

[①] 一个用户可以同时属于多个组。

清单 3.1 的程序单独运行时，将由键盘输入的行回显。当使用输出重定向功能时，可以将键盘输入的内容写到输出定向文件中：

```
$ ./fileio> savefile
hello
^C
```

结合输入输出重定向，该程序还可以完成文件复制的功能。例如，下面的命令将文件 fileio.c 复制到 newfile.c：

```
$ ./fileio <fileio.c> newfile.c
```

3.3.2 有关文件操作的系统功能调用

系统调用是一组用户程序向操作系统内核请求服务的函数。在 Linux 系统中，这组函数通过 libc 封装。很多系统命令都需要通过文件操作的系统调用函数完成。下面是与文件操作的常用的系统调用。

- 打开文件：

```
#include <fcntl.h>
int open(const char * pathname, int oflag, ... /* mode_t mode */);
```

函数的第一个参数是文件名，第二个参数是与打开文件相关的操作方式，打开文件时必须指定是只读（O_RDONLY）、只写（O_WRONLY）还是读写（O_RDWR）。其他一些常见的可选方式如下，这些操作方式通过逻辑位或进行组合。

- ◇ O_APPEND：追加写入。
- ◇ O_CREAT：如果文件不存在，则创建文件。此选项要求 open( )函数的第三个参数 mode，用于指定新创建文件的读写权限。
- ◇ O_EXCL：当以 O_CREAT 方式打开一个已存在的文件时会导致 open( )出错，此选项可以避免无意中破坏一个已存在的文件。
- ◇ O_TRUNC：当以可写方式打开一个已存在的文件时，文件长度截断为 0。
- ◇ O_SYNC：同步方式，等待写操作完成。
- ◇ O_NONBLOCK：非阻塞方式。

打开文件的读写权限受到文件本身的读写权限限制。当以读写方式打开一个只读文件时，或者在一个没有写权限的目录里用 O_CREAT 创建一个新文件时，都会导致函数失败。

- 文件读写：

```
#include <unistd.h>
ssize_t read(int fd, void * buf, size_t count);
ssize_t write(int fd, const void * buf, size_t count);
```

函数的第一个参数是 open( )得到的文件描述符，第二个参数是读写数据缓冲区指针，第三个参数是读写字节数。如果函数正确执行，返回值是成功读写的字节数。

- 文件读写指针定位：

```
#include <unistd.h>
off_t lseek(int fd, off_t offset, int whence);
```

函数第二个参数指明读写指针位置移动字节数,其含义由第三个参数决定:SEEK_SET 表示从文件头算起,SEEK_END 表示从文件尾开始算起,SEEK_CUR 表示从当前位置开始算起。偏移量 offset 可以是负数,表示读写指针向前移动。

以上系统功能调用失败时返回-1,并在全局变量 errno 中设置错误代码。

文件不再使用时,应使用函数 close( )关闭。

3.3.3 文件描述符复制

以下两个函数用于复制文件描述符:

```
#include <unistd.h>
int dup(int oldfd);
int dup2(int oldfd, int newfd);
```

函数调用失败时返回-1,否则返回新的文件描述符。dup( )返回一个最小可用的整数作为文件描述符,而 dup2( )则用指定的 newfd 作为新的文件描述符。(如果 newfd 和已打开的文件关联,则会先关闭这个文件。)新的文件描述符与原来的文件描述符共享同一个文件表项。通过复制文件描述符,可以改变文件的读写方向,也就是实现了输入/输出的重定向功能。

通过复制文件描述符实现输出重定向 redir.c 如清单 3.2 所示。

清单 3.2　通过复制文件描述符实现输出重定向 redir.c

```
1   #include <stdio.h>
2   #include <stdlib.h>
3   #include <unistd.h>
4   #include <fcntl.h>
5
6   int main(int argc, char * argv [])
7   {
8       int fd;
9
10      fd = open("/var/log/error.log", O_RDWR | O_CREAT, 0644);
11      if(fd < 0){
12          perror("fileopenerror .\n");
13          exit(-1);
14      }
15
16      dup2(fd, STDERR_FILENO);
17      fprintf(stderr, " This is an error message ");
18      return 0;
19  }
```

清单 3.2 中程序的第 17 行,本是向标准错误输出设备输出一串字符,但由于 STDERR_FILENO 已复制到 fd,因此写入标准错误输出的内容都被写入/var/log/error.log 文件中[①]。

3.3.4 文件描述符操作

文件描述符操作的系统功能调用如下:

---

① /var/log 目录对普通用户有操作权限限制。普通用户如果要测试这个程序,可将/var/log 换成有操作权限的目录。

```
#include <unistd.h>
#include <fcntl.h>
int fcntl(int fd, int cmd, ... /* arg */);
```

此函数用于改变一个已打开的文件描述符属性，具体功能通过设置参数"cmd"的不同值实现。

- cmd=F_DUPFD：复制文件描述符。
- cmd=F_GETFD/F_SETFD：获取/设置文件描述符标志 FD_CLOEXEC。
- cmd=F_GETFL/F_SETFL：获取/设置文件状态标志。设置参数时，文件访问权限标志 O_RDONLY、O_WRONLY、O_RDWR 和文件创建标志 O_CREAT、O_EXCL、O_NOCTTY、O_TRUNC 被忽略，只能设置 O_APPEND、O_ASYNC、O_DIRECT、O_NOATIME 和 O_NONBLOCK。

由于历史原因，表示文件访问权限的三个标志 O_RDONLY、O_WRONLY、O_RDWR 不是位独立的，获取标志时需要单独处理。

- cmd=F_GETOWN/F_SETOWN：获取/设置接收到事件信号 SIGIO 或 SIGURG 的进程或进程组标识。
- cmd=F_GETLK/F_SETLK/F_SETLKW：获取/设置文件的锁定状态。在多任务系统中，两个进程同时操作同一个文件时可能会产生冲突，文件锁此时的作用就是为了防止这种错误的发生。

3.3.5　文件共享与读写冲突

UNIX 类操作系统支持在不同进程间共享文件，在提供编程便利的同时也带来了一定的麻烦。设想这样一种情况：一个进程需要在文件尾部追加一段数据，可以这样做：

```
if(lseek(fd, 0L, SEEK_END)< 0)
    perror(" lseek error ");
if(write(fd, buf, 100)!= 100)
    perror(" write error ");
```

这种做法在单个进程中没有问题。但如果两个进程（假设是进程 A 和进程 B）都拥有对这个文件的操作权限，当 A 进程执行完 lseek( )后，任务调度到 B 进程。B 进程随后改变了读写指针（文件读写指针由内核中的数据结构维护）。任务再次回到 A 进程执行 write( )时，数据的位置已经发生了变化。这通常是我们不希望的结果。问题出在 A 进程要通过两次操作（文件定位、写入文件）才能完成任务，而这两次操作之间是可以打断的。

当 A 进程以 O_APPEND 选项打开文件时，这个问题可以得到解决。此时，文件读写指针被自动定位到文件尾部，无须调用 lseek( )。

这里实际上引入了一个"原子操作"的概念：如果一段程序代码总是被作为一条单一指令执行，而且执行期间不能被中断（如运行其他代码），就称这段代码是原子的。下面两个函数可以提供文件读写的原子操作：

```
#include <unistd.h>
ssize_t pread(int fd, void * buf, size_t nbytes, off_t offset);
ssize_t pwrite(int fd, const void * buf, size_t nbytes, off_t offset);
```

它们等效于 lseek（fd, offset, SEEK_SET）后紧跟着一次 read( )或 write( )，中间不会被中断，且不改变文件读写指针。上面的例子中，A 进程使用 pwrite( )就可以避免出现的问题。

3.4 标准 I/O 库的文件操作

本章前面讨论的是面向文件描述符的文件操作。对于普通文件来说，面向文件流的标准 I/O 库操作文件更为方便。标准 I/O 库形成于 1975 年前后，其作者是 Dennis Ritchie（C 语言的作者）。标准 I/O 函数至今基本没有变化，是多个平台的编程标准。

3.4.1 打开文件

面向文件流的操作使用 FILE 对象代替文件描述符，成功打开一个文件将返回 FILE 指针：

```
#include <stdio.h>
FILE * fopen(const char * path, const char * mode);
```

打开文件的方式"mode"限于表 3.4 所列的选项。

表 3.4 fopen( )函数中的"type"

打开文件方式	type	与 open( )的对应关系
只读	r / rb	O_RDONLY
写入（截断为 0 或新建）	w / wb	O_WRONLY|O_CREAT|O_TRUNC
写入（追加或新建）	a / ab	O_WRONLY|O_CREAT|O_APPEND
读写	r+ / r+b / rb+	O_RDWR
读写（截断为 0 或新建）	w+ / w+b / wb+	O_RDWR|O_CREAT|O_TRUNC
读写（追加或新建）	a+ / a+b / ab+	O_RDWR|O_CREAT|O_APPEND

与文件描述符类似，标准输入 stdin、标准输出 stdout 和标准错误输出 stderr 对所有进程也是默认打开的。stdin 和 stdout 在针对终端设备时是行缓冲的，针对其他设备时是全缓冲的，而 stderr 则总是不缓冲的。换言之，当一个字符串输出到 stderr 时，即刻可以看到结果，而输出到 stdout 时，仅当缓冲满、或者调用 fflush( )、或者输出换行符时才能看到结果。我们可以通过清单 3.3 的例子体会缓冲的概念。

清单 3.3 标准 I/O 设备的缓冲方式

```
1   #include <stdio.h>
2   #include <unistd.h>
3
4   int main(int argc, char * argv [])
5   {
6       for(int i = 0; i < 10; i ++){
7           printf("%d ", i);
8           sleep(1);
9       }
10
11      return 0;
12  }
```

这个程序运行时，不是每秒钟打印一个数字，而是 10s 后一次性打印 10 个数字，因为 printf( ) 使用 stdout 作为输出设备。如果将 printf 换成 fprintf 并将 stderr 作为输出设备，则看到的才是希望的结果。

如果不喜欢默认的缓冲方式，可以通过下面的函数改变它：

```
#include <stdio.h>
void setbuf(FILE * stream, char * buf);
int setvbuf(FILE * stream, char * buf, int mode, size_t size);
void setbuffer(FILE * stream, char * buf, size_t size);
void setlinebuf(FILE * stream);
```

setbuf( )用长度为 BUFSIZ 的 buf 作为缓冲区，BUFSIZ 定义在<stdio.h>中。当 buf 为 NULL 时则不缓冲；参数 size 用于设置缓冲大小；setvbuf( )通过设置"mode"为_IOFBF、_IOLBF 或_IONBF 选择缓冲方式；而 setlinebuf( )则直接设置行缓冲方式。

3.4.2 文件流读写

打开文件后，有三种文件读写方式：按字符读写、按行读写、二进制数据文件读写。下面分别讨论这三种情况。

1. 每次读写一个字符

下面的函数用于从文件流中读写一个字符：

```
int getc(FILE * fp);
int fgetc(FILE * fp);
int getchar(void);

int putc(int c, FILE * fp);
int fputc(int c, FILE * fp);
int putchar(int c);
```

getchar( )等效于 getc（stdio），putchar( )等效于 putc（c, stdout）。正确读写时，函数返回读写成功的字符（unsigned char），出错时返回 EOF（End-Of-File）。由于读写到文件尾部时也会返回 EOF，为区别这两种情况，应调用 ferror( )或 feof( )，根据返回值是 0（条件非真）还是非 0（条件为真）判断到底属于哪种情况：

```
int ferror(FILE * fp);
int feof(FILE * fp);
```

2. 文本行读写

下面两组函数用于在文件流中读写一行：

```
char * fgets(char * buf, int size, FILE * stream);
char * gets(char * buf);

int fputs(const char * buf, FILE * stream);
int puts(const char * buf);
```

正确读取时，fgets( )返回 buf 指针，出错或到文件尾时返回 NULL。如果一行字符数（包括换行符）大于 size-1，则只能部分读取，字符串 buf 以'\0'结尾。行写函数 fputs( )字符串同样以'\0'结尾，但'\0'本身不会写入文件。

gets( )是个危险的函数，不要再使用。

3．二进制文件读写

当我们需要处理数据文件时，行读写方式不再适用，因为它们会将"0x0a"作为换行符，将'\0'作为字符串结尾标记，而这些数据在二进制文件中并没有什么特殊的地位。处理这样的文件应使用下面的函数：

```
size_t fread(void * ptr, size_t size, size_t nmemb, FILE * stream);
size_t fwrite(const void * ptr, size_t size, size_t nmemb, FILE * stream);
```

它们用于读写数据或数据结构时可参见下面的例子：

```
float data [10];
struct wavehdr {
        char    riff [4];
        unsigned long   chunksize;

        char    wavefmt [8];
        short wformattag;
};

if(fread(& data [2], sizeof(float), 4, fp)!= 4)
    perror(" fread error ");

...
if(fwrite(& wavehdr, sizeof(wavehdr), 1, fp)!= 1)
    perror(" fwrite error ");
```

需要注意的是，数据文件在不同平台上交叉使用有可能产生错误，例如多字节数据的大端/小端方式的差异，32 位系统和 64 位系统对同一变量类型的不同解释；甚至在同一平台上，软件使用不同的编译方式也会出问题。例如上例中的 wavehdr 结构，它可能被理解为 18 个字节（sizeof（wavehdr）=18），也可能出于 32 位系统字对齐的要求给它分配 20 个字节的空间（sizeof（wavehdr）=20）。这种理解上的偏差多数会导致软件错误。解决这些问题，不仅要了解硬件平台的特性，还需要了解编译器选项对结果的影响。

3.4.3 文件流定位

FILE 对象中包含文件操作的指针，它指向文件流的字节偏移地址，在读写文件时会自动向后移动。下面的函数可以调整当前的读写指针位置：

```
int fseek(FILE * stream, long offset, int whence);
void rewind(FILE * stream);
```

fseek( )将指针在"whence"基础上移动"offset"字节。whence 可以是 SEEK_SET（文件头）、SEEK_CUR（当前位置）和 SEEK_END（文件尾）之一。rewind( )则直接将指针移到文件头。

与文件读写位置指针相关的常用函数还有：

```
long ftell(FILE * stream)
int fgetpos(FILE * stream, fpos_t * pos);
int fsetpos(FILE * stream, const fpos_t * pos);
```

ftell( )返回当前文件读写位置。fgetpos( )和 fsetpos( )是分别对应 ftell( )和 fseek( )的另一组接口函数。fsetpos( )相当于设置了 SEEK_SET 的 fseek( )。

3.4.4 格式化 I/O 文件操作函数

格式化输入/输出通常用于终端设备人机交互的场合，它们同样也可以用于文件流的读写，以生成便于阅读的文件。下面是几个常用的函数：

```
int printf(const char * format, ...);
int fprintf(FILE * stream, const char * format, ...);
int scanf(const char * format, ...);
int fscanf(FILE * stream, const char * format, ...);
```

参数"format"是由一组特定字符描述的格式特征。printf( )等效于 fprintf（stdout,...），scanf( )等效于 fscanf（stdin,...）。函数调用成功时，返回输出的字符数，返回值为负数时意味着调用失败。

本 章 练 习

1. 试创建一个 8MB 的空文件。你可以设计多少种方法？
2. 试用 stat 结构编写一个小程序，用于读取一个文件的时间并显示出来。分别使用 stat( )和 lstat( )对链接文件操作，看看有什么不同。
3. 3.4.1 节提到标准输出设备默认是缓冲的。试编写一段小程序，验证缓冲区的大小。
4. 试用面向文件描述符的系统调用函数（open( )、write( )）实现面向标准输出设备的行打印功能 puts( )。
5. 下面是某软件定义的 bmp 图像文件格式头：

```
struct tagBitmapFileHeader
{
    unsigned short      bmp_Type;
    unsigned long       bmp_Size;
    unsigned short      bmp_Reserved1;
    unsigned short      bmp_Reserved2;
    unsigned long       bmp_OffBits;
};
```

这个结构应该在 bmp 文件头占 14 个字节。如果不是 14 个字节，会导致应用程序对 bmp 文件的格式识别错误。试编写一段程序验证此结构的大小。（如有条件，分别在 32 位和 64 位平台上进行测试。）

6. 默认的标准输出设备 stdout 是缓冲的。如果希望将输出到终端的信息即时打印出来，有哪些做法？

本章参考资源

1. 关于 Linux 系统的文件结构及虚拟文件系统:《理解 Linux 内核(第 2 版)》(Understanding the Linux Kernel, 2nd Edition),作者是 Daniel P. Bovet, Marco Cesati, 由 O'Reilly 出版社于 2002 年出版。

2. 有关文件操作的系统功能调用和函数,参考联机帮助手册和《UNIX 环境高级编程(第 3 版)》(Advanced Programming in the UNIX Environment, Third Edition)第 3~5 章, 其作者是 W. Richard Stevens 和 Stephen A. Rago, 由 Addison-Wesley 出版社于 2013 年出版。

第 4 章　多任务机制

目前的通用操作系统都是多任务操作系统。多数嵌入式操作系统也有多任务的需求。实现多任务主要有两种形式：多进程和多线程。进程由操作系统内核分配资源，线程是进程内部的一个实体，有时又称为"轻量级进程"。本章讨论进程、线程及其相关问题。

4.1　理解进程的概念

进程是一个正在运行的程序、一项任务。进程是动态的概念，在处理器执行机器代码时，进程一直在变化。进程不但包括程序的指令和数据，还包括 CPU 的寄存器以及存储临时数据的进程堆栈。处于运行状态的进程包括处理器当前的一切活动。Linux 是一个多进程的操作系统，每个进程都有自己的局部空间、自己的权限和任务。某一进程的失败通常不会影响到其他进程。

4.1.1　什么是进程

进程是运行于自己的虚拟地址空间的一个程序。可以说，任何在 Linux 系统下运行的代码都是进程或进程的一部分。从系统内核的角度看，一个进程是进程控制表（process table）中的一项。在进程的整个运行期间，会用到各种系统资源，包括 CPU 的指令、保存数据的物理内存、使用的各种文件以及各种物理设备。所有这些信息都保存在 task_struct 结构中。内核通过这个结构了解进程本身的情况和进程所用到的各种资源，在多个进程之间合理地分配系统资源。

进程可以运行在用户空间或内核空间中。普通应用程序运行在用户空间中，系统调用则运行在内核空间中。

4.1.2　进程的状态

一般情况下，一个系统只有一个 CPU。即使在多核系统中，CPU 的数量也远远少于系统所需要运行的任务数量。在一个多任务操作系统中，每一个时刻，一个 CPU 只能服务于其中的一个任务，其他进程必须等到正在运行的进程空闲后才能获得 CPU 的资源。内核的调度算法决定如何分配 CPU 的资源以及任务之间如何切换。

Linux 系统中，在某个时刻，一个进程可能处于下面四个状态之一。
- 运行状态——此时，进程或者正在运行，或者处于运行队列准备运行。
- 等待状态——此时，进程在等待一个事件的发生或某种系统资源。Linux 系统分为两种等待进程：可中断的和不可中断的。可中断的等待进程可以被某一信号中断，而不可中断的等待进程将一直等待硬件状态的改变。
- 停止状态——此时,进程已经被中止，或是因为收到控制信号，或是正在被跟踪调试。
- 僵尸状态——进程已停止,但父进程没有回收资源,还在进程表中占有一个 task_struct 结构。僵尸本身占用的资源微不足道，但还占有一个进程号。系统的进程池是有限的

（在32位系统中，进程号是一个16位的正整数），大量的僵尸进程将影响新进程的创建。

4.1.3 进程的创建和结束

当系统刚刚启动时，系统运行于内核方式，只有一个初始化进程在运行。它首先做一些系统的初始化设置（例如打开系统控制台和挂载根文件系统），然后执行系统初始化程序。初始化程序是/etc/init、/bin/init、/bin/sh 或/sbin/init 中的一个（参考内核源码 init/main.c）。此时，多任务环境已经建立，初始化程序使用/etc/inittab 作为脚本文件来创建新的进程[①]。这些新的进程同样可以创建其他新的进程。系统中所有的进程都是初始化进程的子进程（直接的或者间接的）。

Linux 系统通过系统调用 fork( )创建一个新的进程：

```
#include <unistd.h>
pid_t fork(void);
```

它的主要任务是初始化一个新进程的数据结构，包括以下内容。

（1）申请一个空闲的页面来保存 task_struct。
（2）查找一个空的进程槽（find_empty_process( )）。
（3）为 kernel_stack_page 申请另一个空闲的内存页作为堆栈。
（4）为子进程分配一个唯一的标识符（进程号）。
（5）将父进程的描述符表复制给子进程。
（6）复制父进程的内存映射信息。
（7）管理文件描述符和链接点。

简单地说，fork( )将父进程的资源复制给子进程，包括存储空间、已打开的文件描述符。新进程和原来的进程地位是平等的。复制一个进程的虚拟内存比较复杂，一部分虚拟内存在物理内存中，另一部分虚拟内存在进程可执行镜像中，还可能一部分内存在交换文件中。Linux 系统使用一种称为"写入时复制"的技术，仅当进程试图写入虚拟内存时，子进程的虚拟内存才会被复制。

一旦新的进程成功创建，则 fork( )函数在子进程中也会执行。从程序的角度看，fork( )将执行两次：一次在主进程中，另一次在子进程中。这两次执行都各自有一个返回值。从效果上看，fork( )似乎返回了两次。程序通常根据返回值确定是父进程还是子进程：

- 返回值大于 0，此时是在父进程中，返回值是新进程的进程号。父进程可以根据该进程号与子进程进行通信，除此以外，父进程没有获得子进程的进程号的手段。
- 返回值等于 0，此时是在子进程中。子进程无须特别记录自己的进程号。如果需要，可以通过 getpid( )获得自身的进程号；通过函数 getppid( )可以获得父进程的进程号。
- 返回值等于-1，表示进程创建失败。

函数 exit( )用来结束一个进程：

```
#include <stdlib.h>
void exit(int status);
```

[①] 这种初始化方式称为 System V init。目前，一些发行版使用 systemd 的初始化方式，它与 System V init 兼容，但通常使用自己的初始化脚本。

当一个进程结束时，内核会向其父进程发送 SIGCHLD 信号。父进程可以忽略此信号（默认方式是忽略），也可以使用信号句柄处理该信号。如果父进程先于子进程结束，则子进程被 1 号进程 init "收养"，其父进程就是 1 号进程 init。

父进程调用 wait( )或 waitpid( )与子进程同步，这两个函数的形式如下：

```
#include <stdlib.h>
#include <sys/types.h>
#include <sys/wait.h>
pid_t wait(int * status);
pid_t waitpid(pid_t pid, int * status, int options);
```

它们起到的作用如下。
- 子进程运行时阻塞。
- 如果子进程结束，返回子进程 ID，并将子进程结束状态保存在参数 status 中。一组宏用于分析子进程的结束方式如下。
  - WIFEXITED（status）：子进程调用 exit( )、_exit( )或从 main( )返回时为真。此时，可通过 WEXITSTATUS（status）获得进程的返回值。
  - WIFSIGNALED（status）：子进程被信号中断时返回值为真，WTERMSIG（status）可以获得中断信号值，或通过 WCOREDUMP（status）判断是否内核转储（core dump）。
  - WIFSTOPPED（status）：子进程被信号停止时返回为真，WSTOPSIG（status）返回停止信号的信号值。
  - WIFCONTINUED（status）：返回值为真时表示子进程被信号 SIGCONT 恢复。
- 如果没有子进程，则调用出错，返回-1。

wait( )只是简单地等待任一子进程的结束，wait（&status）等效于 waitpid（-1, &status, 0）。waitpid( )可以通过参数 pid 指定进程，通过参数 options 选择等待进程的不同状态。

4.1.4 创建进程的例子

清单 4.1 是创建新进程的例子，从中可以初步体验函数 fork( )的作用。

清单 4.1 创建新进程 simplefork.c

```
1    #include <stdio.h>
2    #include <stdlib.h>
3    #include <unistd.h>
4    #include <sys/wait.h>
5
6    int main(int argc, char * argv [])
7    {
8        int x, status;
9        pid_t pid;
10
11       pid = fork();
12
13       if(pid> 0){    /* parent process */
```

```
14          fprintf(stderr, " process ID : %d\n", getpid());
15          fprintf(stderr, " child process ID : %d\n", pid);
16          for(x = 1; x <= 5; x ++){
17              fprintf(stderr, "%d ", x);
18              sleep(1);
19          }
20          wait(& status);
21          fprintf(stderr, " parent process ended \n");
22      } else if(pid == 0){   /* child process */
23          fprintf(stderr, " parent process ID : %d\n", getppid());
24          for(x = -1; x >= -5; x - -){
25              fprintf(stderr, "%d ", x);
26              sleep(2);
27          }
28          fprintf(stderr, " child process ended \n");
29          exit(0);
30      } else {   /* create process failed */
31          perror(" fork error ");
32          exit(-1);
33      }
34      return 0;
35  }
```

函数 wait( )用于等待子进程结束。

如果按传统方式理解这个程序，函数 fork( )的返回值不可能既大于 0 又等于 0，从语法角度上理解，"if ... else ..."也是互斥的，因此程序运行时要么打印"1、2、3、4、5"，要么打印"-1 -2 -3 -4 -5"。但结果却不是这样，并且变量"x"在父进程和子进程中分别按各自的规律变化，相互之间没有任何关系。看似很奇怪的现象，正是进程的特点：从 fork( )函数开始，一个新的进程被创建，父进程的资源被复制给子进程，二者运行在相互独立的地址空间中，变量"x"在父进程和子进程中都各有一份，它们存储在不同的位置，仅仅是在源代码上使用相同的符号而已。

4.2 进程间的数据交换

每一个进程都有自己的虚拟地址空间。这些虚拟地址空间是完全分开的，并且硬件上的虚拟内存机制是被保护的。这种保护一方面提高了系统的可靠性，另一方面也造成了进程间共享数据的困难。操作系统提供管道、消息队列、共享内存等方法实现进程间通信。

4.2.1 管道

管道是一个连接两个进程的单向双端数据通信通道[①]。进程可以通过系统调用 pipe( )或 pipe2( )创建一个管道：

```
#include <fcntl.h>              /* Obtain O_* constant definitions */
```

---
① 管道的这种半双工特性是由历史原因造成的。有些系统支持全双工管道，但出于兼容性考虑，应用软件极少利用这种特性。

```
#include <unistd.h>
int pipe(int pipefd [2]);
int pipe2(int pipefd [2], int flags);
```

参数 pipefd[ ]是管道文件描述符，pipefd[0]对应读端，pipefd[1]对应写端。函数调用成功时返回 0，出错时返回-1。pipe2( )中的"flags"可以是定义在"fcntl.h"的 O_NONBLOCK、O_CLOEXEC、O_DIRECT[①]的位或操作。当"flags"为 0 时，pipe2( )与 pipe( )完全相同。

写入管道的数据被内核缓存，直到另一端将数据读走。使用默认的创建方式，管道是阻塞的。

管道传递信息 pipe.c 如清单 4.2 所示。

清单 4.2　管道传递信息 pipe.c

```
1   #include <stdio.h>
2   #include <stdlib.h>
3   #include <unistd.h>
4   #include <sys/wait.h>
5
6   int main(int argc, char * argv [])
7   {
8       int status, pipefd [2], n;
9       char buf [1024];
10      pid_t pid;
11
12      if(pipe(pipefd)< 0){
13          perror(" pipe error ");
14          exit(-1);
15      }
16      if((pid = fork())< 0){
17          perror(" fork error ");
18          exit(-1);
19      }
20      if(pid> 0){      /* parent process */
21          close(pipefd [0]);  /* close unused read end */
22          write(pipefd [1], " Hello !\n", 7);
23          wait(& status);
24          return 0;
25      }
26      if(pid == 0){    /* child process */
27          close(pipefd [1]);  /* close unused write end */
28          n = read(pipefd [0], buf, 1024);
29          write(STDERR_FILENO, buf, n);
30          exit(0);
31      }
32  }
```

清单 4.2 的子进程继承了父进程打开的管道文件描述符，从管道的读端读取父进程写入的字

---

① O_DIRECT 是 Linux 3.4 内核版本以后的新特性。

符串,并打印在标准错误输出设备上。这种管道又称为"非命名管道",它要求进程之间有继承关系,因为管道文件描述符是通过 fork( )复制的。

FIFO 是 Linux 系统中另一种管道,它是以管道文件的形式存在的。因其有文件名,因此又被称为"命名的管道"。创建这种管道可以用系统命令"mkfifo"或者"mknod -p",也可以在程序中使用系统调用 mkfifo( )创建。在程序中使用 mkfifo( )创建管道与与创建普通文件方法类似:

```
#include <sys/stat.h>
int mkfifo(const char * pathname, mode_t mode);
```

这种管道的使用更加灵活:命令行方式下可以通过命名的管道进行数据传输,而不需要创建临时文件;不同的进程通过对管道文件的读写操作传递数据,进程之间不必有亲缘关系;命名的管道还可以作为客户-服务器应用的汇聚点,在客户和服务器之间传递信息。图 4.1 描述了客户-服务器通过管道传输信息的模型。

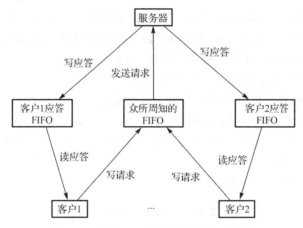

图 4.1 通过 FIFO 实现客户-服务器通信

服务器提供一个"众所周知"的命名管道(所谓"众所周知"是指所有客户都知道这个管道文件的路径),通过它,服务器可以得到客户请求。但单个 FIFO 不能完成应对多个客户请求,因为不知道服务器的应答是给哪个客户的,除非在应答数据中增加协议,否则会使通信复杂化,效率也会降低。一个简单的方案是,服务器根据每个客户的请求为其单独创建一个 FIFO。创建 FIFO 的方式可以由双方约定,比如根据客户端的进程号来命名管道。

4.2.2 共享内存

利用虚拟存储技术,可以让系统完成比实际内存大得多的需求任务。在虚拟存储技术中,物理内存被划分成固定大小的块(大小通常是 2 的整数次幂),每块称为一个页面,同时虚拟空间也被划为相同大小的一个个页面。当进程访问的虚拟内存不在物理内存时,存储器管理单元为其分配一个物理页面,将这个虚拟内存所在的页面映射到物理内存,并在页表中记录下这个映射关系。如果物理页面全部映射完毕,仍要访问新的虚拟内存时,存储器管理单元会寻找一个不常用的或者长期不用的物理页面将其换出,用腾出的页面映射新的虚拟内存。如果希望两个进程共享同一块物理内存,只需将它们页表入口中的物理内存号设置为相同的物理页面号即可。它是进程间通信最快的一种形式,不存在数据复制操作。

进程间共享内存将用到以下函数：

```
#include <sys/ipc.h>
#include <sys/shm.h>
void * shmat(int shmid, const void * shmaddr, int shmflg);
int shmdt(const void * shmaddr);
int shmget(key_t key, size_t size, int shmflg);
int shmctl(int shmid, int cmd, struct shmid_ds * buf);
```

建立共享内存的步骤如下。

（1）通过 shmget( )返回共享内存的标识符。shmget( )的第一个参数通常是 IPC_PRIVATE，第二个参数是请求内存的大小，第三个参数 shmflg 指明创建方式 IPC_CREAT，shmflg 低 9 位是用户、组和其他人对共享内存的读、写、执行操作权限（与 open( )函数行为类似）。函数调用成功时，获得内存的大小是 size 向上舍入的页面大小的整倍数，失败时返回-1。

（2）通过函数 shmat( )连接标识符为 shmid 的共享内存（标识符 shmid 由 shmget( )返回得到），连接成功后，返回共享内存被映射到调用进程地址空间的指针。调用失败时返回（void *）-1。

（3）当共享内存不再需要时，通过 shmdt( )将其与进程脱钩。shmaddr 是共享内存的首地址指针（由 shmat( )返回），成功调用时返回 0，失败时返回-1。

（4）shmctl( )用于共享内存管理。参数 cmd 有以下选择。

- IPC_STAT 从内核数据结构中复制 shmid 的信息。
- IPC_SET 写入 shmid_ds 成员的值。
- IPC_RMID 将内存段标记为待销毁。仅当最后一个进程与共享内存脱钩后，共享内存段才会被真正销毁。

共享内存 shmem.c 如清单 4.3 所示。

清单 4.3 共享内存 shmem.c

```
1   #include <stdio.h>
2   #include <stdlib.h>
3   #include <unistd.h>
4   #include <string.h>
5   #include <sys/wait.h>
6   #include <sys/ipc.h>
7   #include <sys/shm.h>
8
9   int main(int argc, char * argv [])
10  {
11      int shmid, status;
12      char * shmaddr;
13      pid_t pid;
14
15      shmid = shmget(IPC_PRIVATE, 4096, IPC_CREAT |0600);
16      if(shmid < 0){
17          perror(" shmget error ");
18          exit(-1);
19      }
```

```
20      shmaddr = (char *)shmat(shmid, NULL, 0);
21      if(shmaddr == (void *)-1){
22          perror(" shmat error in child process ");
23          exit(-1);
24      }
25
26      if((pid = fork())< 0){
27          perror(" fork error ");
28          exit(-1);
29      }
30
31      if(pid> 0){        /* parent process */
32          strcpy(shmaddr, " Hello !\n");
33          wait(& status);
34          shmdt(shmaddr);
35          shmctl(shmid, IPC_RMID, NULL);
36          return 0;
37      }
38
39      if(pid == 0){      /* child process */
40          sleep(1);
41          fprintf(stderr, " get msg from parent : %s", shmaddr);
42          exit(0);
43      }
44  }
```

清单 4.3 的程序通过 shmat( )获得共享内存指针。父进程向共享内存写入一串信息，子进程将其打印出来。由于进程存在竞争，故有意在子进程中延迟一段时间。使用 malloc( )等函数分配的内存虽可以被子进程继承，但不具备共享特性，这种情况下，父进程和子进程的虚拟内存会被映射到不同的物理页面。

4.2.3 消息队列

消息队列是 System V 进程通信机制，主要通过以下几个函数实现：

```
#include <sys/types.h>
#include <sys/ipc.h>
#include <sys/msg.h>
int msgget(key_t key, int msgflg);
int msgsnd(int msqid, const void * msgp, size_t msgsz, int msgflg);
ssize_t msgrcv(int msqid, void * msgp, size_t msgsz, long msgtyp,
        int msgflg);
int msgctl(int msqid, int cmd, struct msqid_ds * buf);
```

msgget( )根据设定的参数"key"获得消息标识符 msqid。msgsnd( )向消息队列写入信息。写入信息 msgp 具有如下结构：

```
struct msgbuf {
    long mtype;        /* message type, must be> 0 */
```

```
    char mtext [1024];    /* message data */
};
```

消息类型 mtype 用于消息接收者 msgrcv( )在消息队列中选择消息。实际信息存放在 mtext[] 中，写入消息队列的字节数由函数的第三个参数 msgsz 给定，msgflg 用于控制收发消息队列的行为。控制命令 msgctl( )用于管理一组消息队列的数据结构 msqid_ds，其中包括消息队列最后的读写时间、读写进程号以及最大容纳字节数等信息。

从消息队列中读取信息通过 msgrcv( )函数。函数的第四个参数 "msgtyp" 如果大于 0，则返回消息队列中与 "msgtyp" 相符的消息类型；如果等于 0，则返回消息队列中的第一个消息；如果小于 0，则返回类型值最小且小于等于 msgtype 绝对值的第一条消息。

msgctl( )用于消息队列控制，包括设置权限、改变缓冲区大小、删除队列等。清单 4.4 是一个通过消息队列在进程间传递信息的例子。

清单 4.4　消息队列 msg.c

```
1    #include <stdio.h>
2    #include <stdlib.h>
3    #include <string.h>
4    #include <sys/msg.h>
5
6    #define MSG_KEY 0 x5678
7
8    int main(int argc, char * argv [])
9    {
10       int msqid, ret;
11       struct msgbuf {
12           long mtype;
13           char mtext [1024];
14       } msg_buf;
15
16       msqid = msgget(MSG_KEY, IPC_CREAT | 0600);
17       if(msqid == -1){
18           perror(" msgget error ");
19           exit(-1);
20       }
21
22       msg_buf.mtype = 3;
23       if(! strcmp(argv [1], " send ")){
24           strcpy(msg_buf.mtext, " Hello !\n");
25           ret = msgsnd(msqid, & msg_buf, strlen(msg_buf.mtext), 0);
26           if(ret == -1){
27               perror(" msgsnd error ");
28               exit(-1);
29           }
30       } else if(! strcmp(argv [1], " read ")){
31           ret = msgrcv(msqid, & msg_buf, 1024, msg_buf.mtype, 0);
32           if(ret == -1){
```

```
33                perror(" msgrcv error ");
34                exit(-1);
35            }
36            fprintf(stderr, " Messge received : %s", msg_buf.mtext);
37        }
38
39        return 0;
40    }
```

执行"./msg send"时，进程向键值为 0x5678 的消息队列中写入一串字符。使用系统命令"ipcs -q"可以查询到如下信息：

```
---------消息队列-----------
键              msqid    拥有者   权限    已用字节数   消息
0x00005678      360448   harry    600    7           1
```

用"./msg read"可以将消息读出并打印在终端上。

与命名的管道类似，进程间使用消息队列传递信息不依赖进程的继承关系。

4.3 守护进程

守护进程运行于后台，且不与任何终端交互，因此它不会将信息显示在任何终端上，也不会被终端信号干扰。各种服务器通常以守护进程的形式运行，它们在系统启动时开始运行，等待客户的服务请求，直到系统关机时才结束。使用系统命令"ps ax"可以看到很多进程号比较小的、程序名称最后一个字母是"d"的进程，它们大多是守护进程（字母"d"是"daemon"的意思）。

守护进程是一个会话的唯一进程，它的父进程是 1 号进程。它的工作目录是根目录，确保不会影响到文件系统的变化。根据这些原则，创建一个守护进程的步骤如下。

（1）调用 fork( )，父进程结束，子进程继承父进程的组 ID。
（2）调用 setsid( )，成为会话组的头进程。
（3）忽略 SIGHUP 信号，再次调用 fork( )，结束父进程。忽略 SIGHUP 的原因是会话头进程结束时，会话组所有进程都会收到 SIGHUP 信号。
（4）调用 chdir( )将工作目录切换到根目录。
（5）关闭从父进程继承的所有文件描述符。
（6）复制 stdin、stdout、stderr，确保不会被占用。
（7）调用 openlog( )，为错误处理函数设置标识。

清单 4.5 是一个守护进程的例子。程序每隔一分钟向日志文件/tmp/timer.log 写一次时间。如果不关心守护进程的建立过程，daemon_init( )可以直接用现成的函数 daemon( )替代。

清单 4.5　守护进程 timed.c

```
1    #include <stdio.h>
2    #include <stdlib.h>
3    #include <string.h>
4    #include <unistd.h>
```

```c
5   #include <syslog.h>
6   #include <sys/types.h>
7   #include <sys/stat.h>
8   #include <signal.h>
9   #include <fcntl.h>
10  #include <time.h>
11
12  void daemon_init(const char * pname, int facility)
13  {
14      int i;
15      int maxfd;
16
17      if(fork()!= 0)  exit(0);
18      if(setsid()< 0) exit(0);
19      signal(SIGHUP, SIG_IGN);
20
21      if(fork()!= 0)  exit(0);
22
23      chdir("/");
24      umask(0);
25      maxfd = sysconf(_SC_OPEN_MAX);
26      for(i = 0; i < maxfd; i ++)
27          close(i);
28
29      openlog(pname, LOG_PID, facility);
30  }
31
32  int main(int argc, char * argv [])
33  {
34      int fd;
35      time_t ticks;
36      char buf [128];
37
38      daemon_init(argv [0], 0);
39
40      while(1){
41          fd = open("/tmp/timer.log", O_WRONLY | O_CREAT | O_APPEND, 0644);
42          if(fd == -1){
43              perror(" open error ");
44              exit(-1);
45          }
46          ticks = time(NULL);
47          snprintf(buf, sizeof(buf), " %.24 s\n", ctime(& ticks));
48          write(fd, buf, strlen(buf));
49          close(fd);
50          sleep(60);
51      }
52  }
```

4.4 线程——轻量级进程

Linux 系统实现多任务的另一种方式是线程，它是进程内的一个并行执行的函数。Linux 系统中，一个典型的进程可以被理解为一个单线程，每个时刻只做一件事情。通过多线程设计，可以让一个进程在同一时间做多个事情。创建一个线程采用下面的函数：

```
#include <pthread.h>
int pthread_create(pthread_t * thread, const pthread_attr_t * attr,
        void *(* start_routine)(void *), void * arg);
```

函数成功调用时返回 0，第一个参数是线程 ID 的指针，第二个参数是线程的属性参数指针（通常设为 NULL，即默认属性），第三个参数是线程子程序，该子程序带有一个无类型指针，用于主程序向线程传递参数，这个参数就是创建线程函数的第四个参数。函数调用失败时返回错误代码。

清单 4.6 的程序创建两个线程：一个是正向秒计时器，另一个是 10s 倒计时器。倒计时器计数到 0 时结束线程，主线程持续 20s 结束，随着主程序的结束，正向秒计时器线程结束。

清单 4.6　线程 thread.c

```
1    #include <stdio.h>
2    #include <stdlib.h>
3    #include <unistd.h>
4    #include <pthread.h>
5
6    static pthread_mutex_t mutex;
7
8    void * timer1(void * arg)
9    {
10       int t = *(int *)arg;
11       pthread_mutex_unlock(& mutex);
12
13       do {
14           fprintf(stderr, "%d ", t--);
15           sleep(1);
16       } while(t>= 0);
17   }
18
19   void * timer2(void * arg)
20   {
21       int t = *(int *)arg;
22       pthread_mutex_unlock(& mutex);
23
24       while(1){
25           fprintf(stderr, "%d\n", t ++);
26           sleep(1);
27       }
```

```
28  }
29
30  int main(int argc, char * argv [])
31  {
32      pthread_t id;
33      int i;
34
35      pthread_mutex_init(& mutex, NULL);
36
37      pthread_mutex_lock(& mutex);
38      i = 10;
39      pthread_create(& id, NULL, timer1, &i);
40
41      pthread_mutex_lock(& mutex);
42      i = 0;
43      pthread_create(& id, NULL, timer2, &i);
44      sleep(20);
45      return 0;
46  }
```

pthread_*一组函数不在 gcc 编译器默认的链接库中，因此链接时需要选项"-lpthread"或者"-pthread"为 gcc 指定线程库。

4.5 线程的竞争与同步

尝试将清单 4.6 中所有 pthread_mutex_*函数注释掉运行，可能得不到期望的结果。原因在于多任务环境下的竞争冒险：当主程序创建线程 timer1( )后，很可能 timer1( )还没开始运行就执行了下一条指令"i = 0"，timer1( )执行时得到的参数"t"就可能是错的。

4.5.1 互斥锁

互斥锁是解决竞争的一种手段。清单 4.6 的程序使用了一个互斥锁 mutex，它确保创建线程后、线程获得参数前不改变所传递的参数。

与互斥锁相关的函数有：

```
#include <pthread.h>
int pthread_mutex_init(pthread_mutex_t * mutex,
        const pthread_mutexattr_t * mutexattr);
int pthread_mutex_lock(pthread_mutex_t * mutex);
int pthread_mutex_unlock(pthread_mutex_t * mutex);
int pthread_mutex_trylock(pthread_mutex_t * mutex);
int pthread_mutex_destroy(pthread_mutex_t * mutex);
```

pthread_mutex_init( )用于初始化一个互斥锁，第二个参数用于设置互斥锁的属性，有以下四个选择。

- PTHREAD_MUTEX_TIMED_NP——普通锁，当参数设为 NULL 时的默认方式。当一个线程加锁以后，其余请求锁的线程将形成一个等待队列，并在解锁后按优先级获得锁。这种锁策略保证了资源分配的公平性。

- PTHREAD_MUTEX_RECURSIVE_NP——嵌套锁，允许同一个线程对同一个锁成功获得多次，并通过多次 unlock 解锁。如果是不同线程请求，则在加锁线程解锁时重新竞争。
- PTHREAD_MUTEX_ERRORCHECK_NP——检错锁，如果同一个线程请求同一个锁，则返回 EDEADLK，否则与普通锁相同。这样，就保证当不允许多次加锁时不会出现最简单情况下的死锁。
- PTHREAD_MUTEX_ADAPTIVE_NP——适应锁，动作最简单的锁类型，仅等待解锁后重新竞争。

pthread_mutex_lock( )和 pthread_mutex_unlock( )用于加锁和解锁，pthread_mutex_trylock( )在加锁前检测锁的状态，pthread_mutex_destroy( )用于释放锁的资源。由于在 Linux 系统中互斥锁不占用资源，因此它仅仅是检测锁的状态。

不适当地使用互斥锁会造成死锁，例如线程 A 启用互斥锁 1 并等待互斥锁 2，而线程 B 恰好启用了互斥锁 2 并等待互斥锁 1，此时线程 A 和线程 B 都不能继续下去，这种情况就是所谓的"死锁"。使用 pthread_mutex_trylock( )可以在一定程度上避免死锁的发生。

4.5.2 信号和信号量

信号量是用于多任务间共享数据的计数器。为避免共享资源的冲突和竞争，我们在进程或线程之间设置一个公共的计数器，并将它初始化为一个正整数，将这个计数器作为信号量。进程或线程访问共享数据时，应按照下面的步骤操作。

（1）检测信号量。

（2）如果信号量大于 0，则表示该资源可以使用。此时，将此信号量减 1，即该资源多了一个占用者。

（3）如果信号量等于 0，表示该资源不可用，此时任务进入睡眠直到资源可用。

该项资源使用完后，信号量加 1，唤醒睡眠等待的进程/线程。信号量被初始化为一个正数，它的值表示该资源可以被多少个单元共享。二值信号量是其中的一个特例，它被初始化为 1，其效果与互斥锁类似。下面是一组信号量常用的操作函数：

```
#include <semaphore.h>
int sem_init(sem_t * sem, int pshared, unsigned int value);
int sem_post(sem_t * sem);
int sem_wait(sem_t * sem);
int sem_trywait(sem_t * sem);
int sem_destroy(sem_t * sem);
int sem_getvalue(sem_t * sem, int * sval);
```

sem_init( )用"value"初始化一个信号量。当"pshared"≠0 时，信号量可以在进程间共享（通过共享内存）。sem_post( )将信号量值加 1，唤醒阻塞在 sem_wait( )的进程/线程。当信号量值大于 0 时，sem_wait( )将其减 1 并立即返回，否则将阻塞直到信号量值大于 0。sem_trywait( )是 sem_wait( )的非阻塞版本。sem_destroy( )用于销毁一个 sem_init( )初始化的信号量。sem_getvalue( )用于获得信号量的值。

以上函数成功调用时返回 0，失败时返回-1。

清单 4.7 的程序演示了信号量的作用。

清单 4.7 信号和信号量 semtest.c

```
1   #include <stdio.h>
2   #include <stdlib.h>
3   #include <unistd.h>
4   #include <pthread.h>
5   #include <signal.h>
6   #include <semaphore.h>
7   #include <sys/time.h>
8
9   static sem_t sem;
10
11  void handler(int signum)
12  {
13      sem_post(& sem);
14  }
15
16  void * print(void * arg)
17  {
18      unsigned int t;
19
20      while(1){
21          sem_wait(& sem);
22          t = *(unsigned int *)arg;
23          fprintf(stderr, "%u\n", t);
24      }
25  }
26
27  int main(int argc, char * argv [])
28  {
29      pthread_t id;
30      unsigned int i;
31      struct itimerval tval;
32
33      tval.it_interval.tv_sec = 0;
34      tval.it_interval.tv_usec = 200000;
35      tval.it_value = tval.it_interval;
36
37      setitimer(ITIMER_REAL, & tval, NULL);
38      signal(SIGALRM, handler);
39
40      pthread_create(& id, NULL, print, &i);
41
42      while(1){
43          i ++;
44      }
45      return 0;
46  }
```

程序通过 setitimer( ) 启动一个定时器周期性地产生 SIGALRM 信号。setitimer( ) 的用法是：

```
#include <sys/time.h>
int setitimer(int which, const struct itimerval * new_value,
              struct itimerval * old_value);
struct itimerval {
    struct timeval it_interval;    /* Interval for periodic timer */
    struct timeval it_value;       /* Time until next expiration */
};
```

"which" 有以下三个选择，各自对应不同的间隔时钟。

（1）ITIMER_REAL：实时时钟。该时钟按实时方式运行，到期时产生 SIGALRM 信号。系统调用"alarm( )"也有相同的效果，但 alarm( ) 的时间精度只能到秒，且不能重复触发。

（2）ITIMER_VIRTUAL：虚拟时钟。该时钟只在进程运行时计时，到期时产生 SIGVTALRM 信号。

（3）ITIMER_PROF：形象时钟。该时钟包括进程在用户空间和内核空间运行的时间，到期时产生 SIGPROF 信号。

在信号处理函数中将信号量加 1。print( ) 线程函数阻塞于 sem_wait( )，直到信号量的值大于 0 被唤醒继续运行。

这里使用了信号函数 signal( )，它的原型是：

```
#include <signal.h>
typedef void(* sighandler_t)(int);
sighandler_t signal(int signum, sighandler_t handler);
```

函数 signal( ) 在不同版本的 Linux 系统中的行为不一样，Linux 帮助手册中不建议使用它，而是用 sigaction( ) 代替。

4.5.3 进程与线程的对比

进程和线程都是多任务实现的形式，但它们的运行方式、资源分配有较大差别。进程是操作系统进行资源分配和调度的一个独立单位，它可以独立存在和运行；线程是进程的一个实体，它不能单独存在，也不能独立拥有系统资源，只能与同一进程的其他线程共享资源。线程的划分尺度小于进程，并发性比进程更高。

一个进程的失败通常不会影响到其他进程（即使是父子进程关系），而一个线程的失败则常常意味着整个进程的故障。从这一点看，多进程程序比多线程程序更可靠、更安全（这种可靠性是通过操作系统保证的）。但进程的创建和切换开销比线程要大得多，对于一些并发性要求高、资源开销受限的应用场合，仍然倾向于使用线程。

本 章 练 习

1. 一个进程结束方式有哪些？试归纳它们的结束特点。
2. 试编写一个能产生僵尸进程的程序。
3. 试按图 4.1 模型编写一组客户–服务器程序，众所周知的 FIFO 由用户手工创建，应答 FIFO 由服务器创建。

4. 试编写一个不能被"kill PID"（默认方式）终止的程序。注意，"kill"命令默认的信号是 SIGTERM。

5. 清单 4.2 中，如果进程不关闭不使用的管道端口会发生什么情况？在一般的程序中，关闭不使用的端口的目的是什么？

6. 可重入函数在执行过程中允许被打断，而不出现错误。它是线程安全函数的一种。如果一个函数可以同时在多个线程中被调用而不出问题，我们称这个函数为"线程安全"函数。localtime( )不是可重入的，而 localtime_r( )是实现相同功能的可重入版本。试编写一个程序，对比二者的可重入性。

本章参考资源

本章重点参考《UNIX 环境高级编程（第3版）》（Advanced Programming in the UNIX Environment，Third Edition），其作者是 W. Richard Stevens 和 Stephen A. Rago，由 Addison-Wesley 出版社于 2013 年出版。

第 5 章 网络套接字编程

计算机通信网络已成为社会结构的一个重要组成部分。网络被应用于生产、生活及国民经济的各个方面。网络程序和普通程序的一个最大的区别是，网络程序由通信双方共同组成。建立在套接字基础上的一系列系统功能调用极大地方便了网络应用程序的编写。

5.1 套接字 API

在计算机网络中，套接字（socket）是某个节点上收发数据的内部端点。具体应用中，它由 IP 地址和端口构成，是 TCP/IP 通信的基础。下面的函数创建一个套接字：

```
#include <sys/socket.h>
int socket(int domain, int type, int protocol);
```

函数的第一个参数"domain"是协议族，常用的有以下选择：
- AF_UNIX, AF_LOCAL，用于本地网络通信，例如 X Window 系统[①]。
- AF_INET，IPv4 网络协议。每个网络地址由 32 位（4 个字节）构成，通常写成用小数点分隔的 4 个十进制数，如 202.119.32.12。
- AF_INET6，IPv6 网络协议。每个网络地址由 128 位构成，通常写成用冒号分隔的十六进制形式，如 fe80:0000:ea4e:6ff:fe40:e134。
- AF_PACKET，低级数据包接口。

第二个参数"type"是套接字类型，常用的是 SOCK_STREAM 和 SOCK_DGRAM，前者是基于连接的字节流，提供可靠有序的数据通信；后者支持非可靠的、不建立连接的数据报通信。从 Linux 2.6.27 开始，还可以通过"位或"为套接字描述符补充 SOCK_NONBLOCK（类似文件的 O_NOBLOCK 行为）和 SOCK_CLOEXEC（类似文件的 FD_CLOEXEC 行为）属性。

通常，一个套接字只支持一个协议族，在这种情况下，第三个参数"protocol"是 0。AF_INET 协议族默认的 SOCK_STREAM 套接字是 TCP（Transmission Control Protocol）协议，而默认的 SOCK_DGRAM 套接字是 UDP（User Datagram Protocol）协议。

套接字创建成功时，函数返回一个套接字描述符。它与文件操作 open( ) 返回的文件描述符非常类似，读写数据同样也可以用 read( )、write( ) 完成。

5.1.1 两种类型的套接口

两种最常用的套接口是数据流套接口和数据报套接口，即在创建套接字时指定的类型"SOCK_STREAM"和"SOCK_DGRAM"。有时，我们也分别称之为"有连接的套接口"和"无连接的套接口"。

---

① 一种在类 UNIX 系统中实现的窗口系统。

数据流套接口是可靠的双向连接的 TCP 协议通信数据流,协议保证了数据不会丢失或重复。在网络中,通信双方的数据通道可能有多条。从发送方先后发出的两个数据包,在网络中可能会通过不同的路径以不确定的顺序抵达目的地,TCP 协议保证接收方仍然会按照正确的顺序将数据组合起来。数据报套接口是不建立连接的 UDP 通信协议。UDP 协议不保证数据包顺序的正确性,甚至不保证数据的可靠到达。

5.1.2 网络协议分层

由于网络中的协议是分层的,所以上层的协议要依赖于下一层所提供的服务。也就是说,可以在不同的物理网络中使用同样的套接口程序,因为下层的协议是透明的。

在计算机系统中,TCP/IP 网络协议从上到下分成如下四层:
- 应用层(telnet、ftp 等)。
- 主机到主机的传输层(TCP、UDP)。
- Internet 层(IP 和路由)。
- 数据链路层(网络、数据链路和物理层)。

图 5.1 是以网络浏览 Web 服务为例展示的四层网络协议模型。

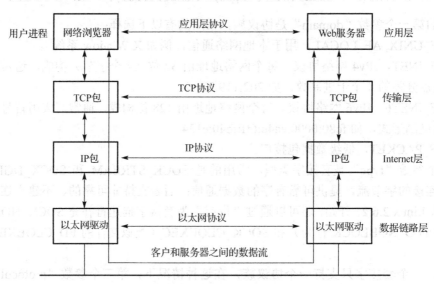

图 5.1 四层网络模型

5.1.3 关闭套接口

在多数情况下,用于文件描述符的系统功能调用同样可用于套接字描述符。当一个套接口不再使用时,除了 close( )外,还有一个函数用于关闭套接口:

```
#include <sys/socket.h>
int shutdown(int sockfd, int how);
```

它与 close( )有以下两个不同之处:

(1)仅在所有描述符关闭后,close( )才真正生效。如果文件描述符通过 dup( )复制,则必须关闭所有文件描述符才能真正关闭套接口,而 shutdown( )可以单独关闭一个套接口。

（2）套接字是一个读写双向的文件描述符，shutdown( )可以单独关闭其中的一个方向（或者同时关闭读写双向），通过其第二个参数"how"的 SHUT_RD、SHUT_WR 和 SHUT_RDWR 指定方式。

5.2 TCP 网络程序分析

下面通过清单 5.1 的实例来介绍 socket 通信中用到的主要函数。

清单 5.1　TCP 客户端 tcp_client.c

```
1   #include <stdio.h>
2   #include <stdlib.h>
3   #include <unistd.h>
4   #include <strings.h>
5   #include <arpa/inet.h>
6   #include <sys/socket.h>
7
8   int main(int argc, char * argv [])
9   {
10      int sockfd, nbytes, port;
11      char buf [1024];
12      struct sockaddr_in srvaddr;
13
14      if(argc != 3){
15          printf(" usage : %s hostname port ", argv [0]);
16          return -1;
17      }
18
19      port = atoi(argv [2]);
20      if((sockfd = socket(AF_INET, SOCK_STREAM, 0))== -1){
21          perror(" create socket error ");
22          return -2;
23      }
24      bzero(& srvaddr, sizeof(srvaddr));
25      srvaddr . sin_family = AF_INET;
26      srvaddr . sin_port = htons(port);
27      srvaddr . sin_addr . s_addr = inet_addr(argv [1]);
28      if(connect(sockfd,(struct sockaddr *)& srvaddr,
29          sizeof(struct sockaddr))== -1){
30          perror(" conenct error ");
31          return -3;
32      }
33      if((nbytes = read(sockfd, buf, 1024))== -1){
34          perror(" read error ");
35          return -4;
36      }
37      write(STDOUT_FILENO, buf, nbytes);
38      close(sockfd);
```

```
39        return 0;
40    }
```

5.2.1 网络地址

程序运行前，先通过"ifconfig"命令了解本机的网络配置情况。"ifconfig"不加任何参数时会打印本机的网络配置：

```
$ ifconfig
eth0      Link encap:Ethernet HWaddr B8:27:EB:CF:82:DE
          inet addr:192.168.200.166  Bcast:192.168.200.255
            Mask:255.255.255.0
          UP BROADCAST RUNNING MULTICAST MTU:1500   Metric:1
          RX packets:677 errors:0 dropped:28 overruns:0 frame:0
          TX packets:762 errors:0 dropped:0 overruns:0 carrier:0
            collisions:0 txqueuelen:1000
          RX bytes:139272 (136.0 KiB) TX bytes:470641 (459.6 KiB)
lo        Link encap:Local Loopback
          inet addr:127.0.0.1 Mask:255.0.0.0 inet6 addr: ::1/128 Scope:Host
          UP LOOPBACK RUNNING MTU:65536   Metric:1
          RX packets:174 errors:0 dropped:0 overruns:0 frame:0
          TX packets:174 errors:0 dropped:0 overruns:0 carrier:0
            collisions:0 txqueuelen:1
          RX bytes:84100 (82.1 KiB)  TX bytes:84100 (82.1 KiB)
```

以上 eth0 是物理网卡设备名，lo 是数据回环虚拟设备，我们重点关注 eth0。每一个网卡都有一个唯一的 MAC（Media Access Control）地址（硬件地址）。inet 是用于支持网络协议的点数字型 IPv4 地址。该地址可以通过局域网中的动态主机配置协议 DHCP（Dynamic Host Configuration Protocol）服务器动态分配，由本地 DHCP 客户端获取：

```
#dhclient -i eth0
```

也可以通过 ifconfig 手工分配：

```
#ifconfig eth0 192.168.200.182
```

手工分配时不能与局域网中的其他计算机 IP 地址发生冲突。

5.2.2 端口

每个网络设备上需要实现多种应用。TCP 应用软件通过端口号区分不同的网络服务。例如，http 服务器通过 80 号端口提供网页访问，ssh 服务器通过 22 号端口提供远程登录，等等。

1. 端口范围

端口号是一个 16 位的无符号整数。一个非营利性组织 IANA（Internet Assigned Numbers Authority）负责协调全球 Internet 协议端口号的分配。该组织将端口号分成三段：

（1）端口 0~1023，被称为"众所周知"端口，又称为系统端口。所谓众所周知，是指在网络通信中,该端口被明确用于某个确定的服务。例如，当通过浏览器访问http://www.nju.edu.cn 时，浏览器会访问该地址的 80 端口，因为 80 端口就是用于 http 服务的。

主机上将系统端口绑定到套接字时需要超级用户权限。

（2）端口 1024～49151，这个范围被称为注册的端口或用户端口，由 IANA 维护官方注册表。

（3）端口 49152～65535，这个范围被称为动态端口或私有端口。这个范围的端口不会被分配固定功能。

2．字节顺序

目前，计算机在存储多字节数据时，有两种处理方案：将低字节数据放在低地址上，高字节数据放在高地址上，这种字节顺序方式被称为小端方式（Little-Endian）。在数据传输时，表现出来的就是先传输低字节数据后传输高字节数据。以 X86 为代表的多数处理器采用的就是这种方式。但还有一类处理器，多字节数据存储结构恰好相反，我们称之为大端方式（Big-Endian）。[①]

这两种数据存储结构在各自的计算机系统中自成一体，不会发生问题。一旦进入网络通信，双方端序不一致时就会出现错误。因此，网络通信中专门提供一组用于字节顺序转换的函数：

```
#include <arpa/inet.h>
uint32_t htonl(uint32_t hostlong);
uint16_t htons(uint16_t hostshort);
uint32_t ntohl(uint32_t netlong);
uint16_t ntohs(uint16_t netshort);
```

函数名称中的字母"h"表示"host"，"n"表示"network"。最后一个字母表示转换的数据类型，"s"表示 16 位（short），"l"表示 32 位（long）。

3．套接字地址

IP 地址和端口共同组成一个套接字，被封装在 sockaddr_in 结构中。

```
struct in_addr {
    uint32_t s_addr;
};
struct sockaddr_in {
    unsigned short sin_family;
    unsigned short sin_port;
    struct in_addr sin_addr;
    /* Pad to size of `struct sockaddr'.  */
    unsigned char sin_zero [8];
};
```

在面向套接字的 API 函数中，常使用另一种形式的套接字地址结构：

```
struct sockaddr {
    unsigned short sa_family;
    char sa_data [14];
};
```

[①] 在串行数据传输中，单字节数据也存在高位和低位传输、接收的先后顺序问题。这个问题由物理传输设备解决，不在我们的讨论范围之内。

清单 5.1 中，先将套接字地址结构 srvaddr 用函数 bzero( )清零（第 24 行），再将其成员逐个赋值（第 25~27 行）。其中，点数字形式的 IP 地址作为程序命令行的第一个参数，函数 inet_addr( )将字符串型 IP 地址转换成整型数，端口号作为程序的第二个参数，根据网络传输要求在程序中转换成网络字节顺序。准备工作就绪后，通过系统调用 connect( )向服务器发出连接请求（第 28 行）。该函数原型如下：

```
#include <sys/socket.h>
int connect(int sockfd, const struct sockaddr * addr, socklen_t addrlen);
```

函数的第一个参数是套接字描述符，第二个参数是 sockaddr 结构指针，第三个参数是 sockaddr 结构的字节数。该函数等待服务器的应答（阻塞），出错时返回-1。

一旦建立连接，就可以对套接字描述符进行读写操作，实现网络数据传输功能。

假设清单 5.1 编译后生成可执行程序是 tcp_client，可按下述方式尝试运行：

```
$ ./tcp_client 192.168.200.182 22
```

如果 192.168.200.182 机器启动了 ssh 服务（ssh 服务端口号是 22），应可以看到类似如下的信息（具体文字内容取决于服务器版本）：

```
SSH-2.0-OpenSSH_7.2
```

5.3 TCP 服务器程序设计

清单 5.2 是一个 TCP 服务器应答程序，向任一来访的客户程序回应一句问候语：

清单 5.2　TCP 服务器 tcp_server.c

```
1    #include <stdio.h>
2    #include <stdlib.h>
3    #include <unistd.h>
4    #include <string.h>
5    #include <strings.h>
6    #include <arpa/inet.h>
7    #include <netinet/in.h>
8    #include <sys/socket.h>
9
10   #define SERV_PORT   5678
11   int main(int argc, char * argv [])
12   {
13       int sockfd, connfd, nbytes, addrlen;
14       char buf [1024];
15       struct sockaddr_in srvaddr, cliaddr;
16
17       if((sockfd = socket(AF_INET, SOCK_STREAM, 0))== -1){
18           perror(" create socket error ");
19           return -1;
20       }
21
```

```
22      bzero(& srvaddr, sizeof(srvaddr));
23      srvaddr.sin_family = AF_INET;
24      srvaddr.sin_port = htons(SERV_PORT);
25      srvaddr.sin_addr . s_addr = htonl(INADDR_ANY);
26
27      addrlen = sizeof(struct sockaddr);
28
29      if(bind(sockfd,(struct sockaddr *)& srvaddr,
30      addrlen)== -1){
31          perror(" bind error ");
32          return -2;
33      }
34      if(listen(sockfd, 5)== -1){
35          perror(" listen error ");
36          return -3;
37      }
38
39      if(connfd = accept(sockfd,(struct sockaddr *)& cliaddr,
40      & addrlen)< 0){
41          perror(" accept error ");
42          return -4;
43      }
44
45      printf(" server : got connection from %s, port %d\n",
46      inet_ntoa(cliaddr.sin_addr), htons(cliaddr.sin_port));
47
48      strcpy(buf, " Hello, client !\n");
49      nbytes = strlen(buf);
50      write(connfd, buf, nbytes);
51      close(connfd);
52
53      close(sockfd);
54  }
```

TCP 服务器通过 bind( )函数将套接字与网络地址绑定。服务器需要向客户公开自己的 IP 地址和端口。该服务程序选择 5678 作为端口号。准备就绪后，服务器通过 accept( )等待客户连接：

```
#include <sys/socket.h>
int accept(int sockfd, struct sockaddr * addr, socklen_t * addrlen);
```

函数成功，返回一个新的文件描述符，作为服务器和客户端连接的基础，套接字描述符 sockfd 继续用于等待其他客户端的连接；函数失败时返回-1。

服务器程序只需执行 "./tcp_server"。启动服务后，在另一个终端中用清单 5.1 的程序按如下方法测试：

```
$ ./tcp_client 192.168.200.182  5678
```

5.4 简单的数据流对话

基于以上的客户–服务器，可以很容易地将它们升级为具有对话功能的网络通信程序。客户端程序如清单 5.3 所示。为突出重点，省去了系统功能调用的出错判断。

清单 5.3　数据流对话客户端（第 1 版）talkc.c

```
1    #include <stdio.h>
2    #include <stdlib.h>
3    #include <unistd.h>
4    #include <strings.h>
5    #include <arpa/inet.h>
6    #include <sys/socket.h>
7
8    int main(int argc, char * argv [])
9    {
10       int sockfd, nbytes, port;
11       char buf [1024];
12       struct sockaddr_in srvaddr;
13
14       if(argc != 3){
15           printf(" usage : %s hostname port ", argv [0]);
16           return -1;
17       }
18
19       port = atoi(argv [2]);
20       if((sockfd = socket(AF_INET, SOCK_STREAM, 0))== -1){
21           perror(" create socket error ");
22           return -2;
23       }
24       bzero(& srvaddr, sizeof(srvaddr));
25       srvaddr.sin_family = AF_INET;
26       srvaddr.sin_port = htons(port);
27       srvaddr.sin_addr.s_addr = inet_addr(argv [1]);
28       if(connect(sockfd,(struct sockaddr *)& srvaddr,
29       sizeof(struct sockaddr))== -1){
30           perror(" conenct error ");
31           return -3;
32       }
33       while(1){
34           nbytes = read(STDIN_FILENO, buf, 1024);
35           write(sockfd, buf, nbytes);
36           nbytes = read(sockfd, buf, 1024);
37           write(STDOUT_FILENO, buf, nbytes);
38       }
39       close(sockfd);
```

```
40      return 0;
41  }
```

程序先从终端读入一行，写入套接口，再从套接口读入数据，打印在终端上。相应地，服务器建立连接后，将连接描述符读入的数据打印在终端上，再从终端读入信息，写入连接描述符，如此往复。服务器清单见清单 5.4。

清单 5.4　数据流对话服务器端（第 1 版）talks.c

```
1   #include <stdio.h>
2   #include <stdlib.h>
3   #include <unistd.h>
4   #include <string.h>
5   #include <strings.h>
6   #include <arpa/inet.h>
7   #include <sys/socket.h>
8
9   #define SERV_PORT   5678
10  int main(int argc, char * argv [])
11  {
12      int sockfd, connfd, nbytes, addrlen;
13      char buf [1024];
14      struct sockaddr_in srvaddr, cliaddr;
15
16      if((sockfd = socket(AF_INET, SOCK_STREAM, 0))== -1){
17          perror(" create socket error ");
18          return -1;
19      }
20
21      bzero(& srvaddr, sizeof(srvaddr));
22      srvaddr.sin_family = AF_INET;
23      srvaddr.sin_port = htons(SERV_PORT);
24      srvaddr.sin_addr.s_addr = htonl(INADDR_ANY);
25
26      addrlen = sizeof(struct sockaddr);
27
28      if(bind(sockfd,(struct sockaddr *)& srvaddr,
29      addrlen)== -1){
30          perror(" bind error ");
31          return -2;
32      }
33      if(listen(sockfd, 5)== -1){
34          perror(" listen error ");
35          return -3;
36      }
37
38      connfd = accept(sockfd,(struct sockaddr *)& cliaddr,
39      & addrlen);
```

```
40      while(1){
41          nbytes = read(connfd, buf, 1024);
42          write(STDOUT_FILENO, buf, nbytes);
43          nbytes = read(STDIN_FILENO, buf, 1024);
44          write(connfd, buf, nbytes);
45      }
46
47      close(connfd);
48      close(sockfd);
49  }
```

程序在网络数据读写操作上做了一些简化。实际应用时，应对套接字读写函数的返回值与要求的收发数据字节数进行比较，对未完成的读写操作应继续调用 read( )或 write( )直至完成。

两个程序可以分别运行于不同的计算机,客户端将服务器的 IP 地址作为程序的第一个参数。也可以在同一台计算机上的不同终端上运行,模仿两台计算机的行为。

先运行服务器程序，等待客户端连接。客户端程序运行后，在终端上输入一串字符发送给服务器,此时服务器可以看到来自客户端的信息。服务器可以回送一行,再次等待客户端的回应。当其中一方停止操作时,另一方的消息将无法继续发送,对话出现障碍。原因在于其中的一些 I/O 函数是阻塞的。解决阻塞的方法有很多种,多线程是其中的一种方案。将可能阻塞的函数分散到不同的线程中,线程可以并行运行,其中一个线程阻塞不会影响另一个线程。

这里，我们采用另一种方案，使用 select( )函数的轮询方式。

```
#include <sys/select.h>
int select(int nfds, fd_set * readfds, fd_set * writefds, fd_set * exceptfds,
          struct timeval * timeout);
```

该函数用于监视三组文件描述符（读、写、异常），在一段时间内等待其就绪状态。超时则不再等待；函数第一个参数是文件描述符个数，通常是已打开的最大文件描述符值加 1；接下来的三个参数分别对应读文件描述、写文件描述符和异常文件描述符的集合指针,最后一个参数是等待的时间结构指针。如果参数 timeout 指针为 NULL,则函数立刻返回。函数调用成功时,返回可操作的文件描述符数量,失败则返回-1。通常用下面四个宏操作文件描述符集:

```
#include <sys/select.h>
void FD_CLR(int fd, fd_set * set);
int FD_ISSET(int fd, fd_set * set);
void FD_SET(int fd, fd_set * set);
void FD_ZERO(fd_set * set);
```

FD_SET( )将描述符加入监控，FD_CLR( )将描述符从监控中去除，select( )返回后，使用 FD_ISSET( )判断哪个文件可以访问。

利用 select( )函数,将服务器和客户端改写成可自由对话的程序(见清单 5.5 和清单 5.6)。

清单 5.5 数据流对话客户端（第 2 版）talkc.c

```
1   #include <stdio.h>
2   #include <stdlib.h>
```

```c
3   #include <unistd.h>
4   #include <strings.h>
5   #include <arpa/inet.h>
6   #include <sys/socket.h>
7   #include <sys/select.h>
8
9   int main(int argc, char * argv [])
10  {
11      int sockfd, port, keychars, sockchars, retval;
12      char buf1 [1024], buf2 [1024];
13      struct sockaddr_in srvaddr;
14      fd_set rfds, wfds;
15      struct timeval tv;
16
17      if(argc != 3){
18          printf(" usage : %s hostname port ", argv [0]);
19          return -1;
20      }
21
22      port = atoi(argv [2]);
23      if((sockfd = socket(AF_INET, SOCK_STREAM, 0))== -1){
24          perror(" create socket error ");
25          return -2;
26      }
27      bzero(& srvaddr, sizeof(srvaddr));
28      srvaddr.sin_family = AF_INET;
29      srvaddr.sin_port = htons(port);
30      srvaddr.sin_addr.s_addr = inet_addr(argv [1]);
31      if(connect(sockfd,(struct sockaddr *)& srvaddr,
32          sizeof(struct sockaddr))== -1){
33          perror(" conenct error ");
34          return -3;
35      }
36
37      FD_ZERO(& rfds);
38      FD_ZERO(& wfds);
39      while(1){
40          FD_SET(sockfd, & rfds);
41          FD_SET(STDIN_FILENO, & rfds);
42          tv.tv_sec = 0;
43          tv.tv_usec = 100000;   /* Wait up to 100ms. */
44          retval = select(sockfd + 1, & rfds, & wfds, NULL, & tv);
45
46          if(FD_ISSET(STDIN_FILENO, & rfds)){
47              keychars = read(STDIN_FILENO, buf1, 1024);
48              write(sockfd, buf1, keychars);
49          }
```

```
51          if(FD_ISSET(sockfd, & rfds)){
52              sockchars = read(sockfd, buf2, 1024);
53              write(STDOUT_FILENO, buf2, sockchars);
54          }
55      }
56      close(sockfd);
57      return 0;
58  }
```

清单 5.6 数据流对话服务器端（第 2 版）talks.c

```
1   #include <stdio.h>
2   #include <stdlib.h>
3   #include <unistd.h>
4   #include <string.h>
5   #include <strings.h>
6   #include <netinet/in.h>
7   #include <sys/socket.h>
8   #include <sys/select.h>
9
10  #define SERV_PORT   5678
11  int main(int argc, char * argv [])
12  {
13      int sockfd, connfd, addrlen, keychars, sockchars, retval, maxfd;
14      char buf1 [1024], buf2 [1024];
15      struct sockaddr_in srvaddr, cliaddr;
16      fd_set rfds, wfds;
17
18      struct timeval tv;
19
20      if((sockfd = socket(AF_INET, SOCK_STREAM, 0))== -1){
21          perror(" create socket error ");
22          return -1;
23      }
24
25      bzero(& srvaddr, sizeof(srvaddr));
26      srvaddr.sin_family = AF_INET;
27      srvaddr.sin_port = htons(SERV_PORT);
28      srvaddr.sin_addr.s_addr = htonl(INADDR_ANY);
29
30      addrlen = sizeof(struct sockaddr);
31
32      if(bind(sockfd,(struct sockaddr *)& srvaddr,
33      addrlen)== -1){
34          perror(" bind error ");
```

```
35              return -2;
36          }
37          if(listen(sockfd, 5)== -1){
38              perror(" listen error ");
39              return -3;
40          }
41
42          connfd = accept(sockfd,(struct sockaddr *)& cliaddr,
43              & addrlen);
44          maxfd = (connfd> sockfd)? connfd : sockfd;
45          FD_ZERO(& rfds);
46          FD_ZERO(& wfds);
47          while(1){
48              FD_SET(connfd, & rfds);
49              FD_SET(STDIN_FILENO, & rfds);
50              tv.tv_sec = 0;
51              tv.tv_usec = 100000;    /* Wait up to 100ms. */
52              retval = select(maxfd + 1, & rfds, & wfds, NULL, & tv);
53
54              if(FD_ISSET(STDIN_FILENO, & rfds)){
55                  keychars = read(STDIN_FILENO, buf1, 1024);
56                  write(connfd, buf1, keychars);
57              }
58              if(FD_ISSET(connfd, & rfds)){
59                  sockchars = read(connfd, buf2, 1024);
60                  write(STDOUT_FILENO, buf2, sockchars);
61              }
62          }
63          close(connfd);
64          close(sockfd);
65          return 0;
66      }
```

第 2 版的对话程序与第 1 版的测试方法一样，只是不再要求对话双方按固定的顺序一一对答。

5.5 多任务数据流对话

服务器常常要面对多个用户的访问，并面向多个用户同时工作。上述服务器程序不具备这样的功能，并且当客户端退出后也不能再次重新连接这个服务器，除非服务器重启。

实现多任务服务器的方式有很多种。从程序结构上看，对每个客户连接创建一个新的进程是比较简单的方式，操作系统会自动维护每个进程的文件描述符和相关资源；多线程是另一种方式，需要程序自己管理资源，结构略复杂，但效率比前者高。

清单 5.7 是面向多客户的对话服务器，使用了多进程的方法。对客户端无须做任何改动。

清单 5.7　面向多客户的对话服务器 talks.c

```c
1   #include <stdio.h>
2   #include <stdlib.h>
3   #include <unistd.h>
4   #include <string.h>
5   #include <strings.h>
6   #include <netinet/in.h>
7   #include <sys/socket.h>
8   #include <sys/select.h>
9
10  #define SERV_PORT    5678
11  int main(int argc, char * argv [])
12  {
13      int sockfd, connfd, addrlen, keychars, sockchars, retval, maxfd;
14      char buf1 [1024], buf2 [1024];
15      struct sockaddr_in srvaddr, cliaddr;
16      fd_set rfds, wfds;
17      struct timeval tv;
18      pid_t pid;
19
20      if((sockfd = socket(AF_INET, SOCK_STREAM, 0))== -1){
21          perror(" create socket error ");
22          return -1;
23      }
24
25      bzero(& srvaddr, sizeof(srvaddr));
26      srvaddr.sin_family = AF_INET;
27      srvaddr.sin_port = htons(SERV_PORT);
28      srvaddr.sin_addr.s_addr = htonl(INADDR_ANY);
29
30      addrlen = sizeof(struct sockaddr);
31
32      if(bind(sockfd,(struct sockaddr *)& srvaddr,
33          addrlen)== -1){
34              perror(" bind error ");
35              return -2;
36      }
37      if(listen(sockfd, 5)== -1){
38          perror(" listen error ");
39          return -3;
40      }
41
42      FD_ZERO(& rfds);
43      FD_ZERO(& wfds);
44
```

```
45      while(1){
46          connfd = accept(sockfd,(struct sockaddr *)& cliaddr,
47              & addrlen);
48          pid = fork();
49          if(pid == 0){    /* child process */
50              maxfd = (connfd> sockfd)? connfd : sockfd;
51
52              while(1){
53                  FD_SET(connfd, & rfds);
54                  FD_SET(STDIN_FILENO, & rfds);
55                  tv.tv_sec = 0;
56                  tv.tv_usec = 100000;    /* Wait up to 100ms. */
57                  retval = select(maxfd + 1, & rfds, & wfds, NULL, & tv);
58
59                  if(FD_ISSET(STDIN_FILENO, & rfds)){
60                      keychars = read(STDIN_FILENO, buf1, 1024);
61                      write(connfd, buf1, keychars);
62                  }
63                  if(FD_ISSET(connfd, & rfds)){
64                      sockchars = read(connfd, buf2, 1024);
65                      write(STDOUT_FILENO, buf2, sockchars);
66                  }
67              }
68              close(connfd);
69          } else {    /* parent process */
70              close(connfd);
71          }
72      }
73      close(sockfd);
74      return 0;
75  }
```

该服务器可以独立接收来自多个客户的信息并显示在终端上，理论上也可以将信息发送到各个不同的客户端。但服务器没有将终端与每个进程分离，因此在此终端用键盘输入的信息不能区分属于哪个进程，从而导致各个客户端接收到来自服务器的消息是不确定的。

改进的方法之一是在创建新的进程中再打开一个新的终端。而更为合理的做法是改变服务器的功能，服务器只作为信息交换和转发，而不是对话的一方。

5.6 基于数据报的对话程序

到目前为止讨论的都是基于数据流的套接字编程。当创建套接字的类型设定为"SOCK_DGRAM"时，创建的就是 UDP 协议的网络通信套接字。在无连接的网络通信中，读写网络数据通过以下函数实现：

```
#include <sys/socket.h>
ssize_t recv(int sockfd, void * buf, size_t len, int flags);
```

```
ssize_t recvfrom(int sockfd, void * buf, size_t len, int flags,
    struct sockaddr * src_addr, socklen_t * addrlen);

ssize_t send(int sockfd, const void * buf, size_t len, int flags);
ssize_t sendto(int sockfd, const void * buf, size_t len, int flags,
    const struct sockaddr * dest_addr, socklen_t addrlen);
```

recvfrom( )和 sendto( )也可以用于针对建立连接的套接字读写,此时 addrlen=0 且套接字地址指针为 NULL。

清单 5.8 和清单 5.9 的程序基于无连接的网络通信客户端和服务器。

清单 5.8 数据报对话客户端 talkc.c

```
1   #include <stdio.h>
2   #include <stdlib.h>
3   #include <unistd.h>
4   #include <strings.h>
5   #include <arpa/inet.h>
6   #include <sys/socket.h>
7
8   int main(int argc, char * argv [])
9   {
10      int sockfd, nbytes, port, addrlen;
11      char buf [1024];
12      struct sockaddr_in srvaddr;
13
14      if(argc != 3){
15          printf(" usage : %s hostname port ", argv [0]);
16          return -1;
17      }
18
19      if((sockfd = socket(AF_INET, SOCK_DGRAM, 0))== -1){
20          perror(" create socket error ");
21          return -2;
22      }
23      port = atoi(argv [2]);
24      bzero(& srvaddr, sizeof(srvaddr));
25      srvaddr.sin_family = AF_INET;
26      srvaddr.sin_port = htons(port);
27      srvaddr.sin_addr.s_addr = inet_addr(argv [1]);
28
29      while(1){
30          addrlen = sizeof(struct sockaddr);
31          nbytes = read(STDIN_FILENO, buf, 1024);
32          sendto(sockfd, buf, nbytes, 0,
33              (struct sockaddr *)& srvaddr, addrlen);
34          nbytes = recvfrom(sockfd, buf, 1024, 0,
35              (struct sockaddr *)& srvaddr, & addrlen);
```

```
36          write(STDOUT_FILENO, buf, nbytes);

37      }
38      close(sockfd);
39      return 0;
40  }
```

清单 5.9 数据报对话服务器端 talks.c

```
1   #include <stdio.h>
2   #include <stdlib.h>
3   #include <unistd.h>
4   #include <string.h>
5   #include <strings.h>
6   #include <arpa/inet.h>
7   #include <sys/socket.h>
8
9   #define SERV_PORT   5678
10  int main(int argc, char * argv [])
11  {
12      int sockfd, nbytes, addrlen;
13      char buf [1024];
14      struct sockaddr_in srvaddr, cliaddr;
15
16      if((sockfd = socket(AF_INET, SOCK_DGRAM, 0))== -1){
17          perror(" create socket error ");
18          return -1;
19      }
20
21      bzero(& srvaddr, sizeof(srvaddr));
22      srvaddr.sin_family = AF_INET;
23      srvaddr.sin_port = htons(SERV_PORT);
24      srvaddr.sin_addr.s_addr = htonl(INADDR_ANY);
25
26      addrlen = sizeof(struct sockaddr);
27
28      if(bind(sockfd,(struct sockaddr *)& srvaddr,
29      addrlen)== -1){
30          perror(" bind error ");
31          return -2;
32      }
33
34      while(1){
35          addrlen = sizeof(struct sockaddr);
36          nbytes = recvfrom(sockfd, buf, 1024, 0,
37              (struct sockaddr *)& cliaddr, & addrlen);
38          write(STDOUT_FILENO, buf, nbytes);
39          nbytes = read(STDIN_FILENO, buf, 1024);
```

```
40          sendto(sockfd, buf, nbytes, 0,
41              (struct sockaddr *)& cliaddr, addrlen);
42      }
43
44      close(sockfd);
45      return 0;
46  }
```

以上对话中，不存在建立连接的过程，双方直接通过套接字通信。UDP 协议不能保证数据传输的正确性，在实际应用中通常会在应用层增加一些可靠性措施。UDP 本身也有它的优势：UDP 头只有 8 个字节，远少于 TCP 头的 20 个字节；UDP 协议比 TCP 协议简单得多，因此在一些不强调可靠性而强调效率的场合是一个更好的选择，例如网络实时音视频数据传输。此外，TCP 只能一对一地通信，因为建立的是一对一的连接；UDP 不建立连接，也就不存在一对一的关系，这恰好成了它的优势：使用 UDP 协议，可以同时向多个主机发送信息，这种工作方式被称为"多播"或"广播"。在广播方式下，信息将发到局域网内的所有主机；在多播方式下，仅在多播组内的主机可以收到信息。

本 章 练 习

1. 编写一个程序，确定你的处理器平台是大端还是小端。
2. 我们已经知道 X86 处理器是小端方式，你如何知道网络字节顺序？
3. IANA 为 13 号端口分配的服务是什么功能？试确定你的机器上是否已打开了这项服务。如果没打开，试编写实现功能的服务器程序。
4. 编写一个服务程序，向每一个来访的客户端返回一个到目前为止的访客数。
5. 将上面的服务程序改写成守护进程。

本章参考资源

《UNIX 网络编程第一卷(第 3 版)》(UNIX Network Programming Volume 1, Third Edition: The Sockets Networking API)，其作者是 W. Richard Stevens、Bill Fenner 和 Andrew M. Rudoff，由 Addison Wesley 出版社于 2003 年出版。

第 6 章 模块与设备驱动

设备驱动程序在操作系统内核中扮演着重要的角色。它们是一个个独立的"黑盒子",为特定的硬件响应定义的内部编程接口,同时隐藏了设备的工作细节。用户操作通过一组标准化的调用完成,而这些调用是和特定的驱动程序无关的。将这些调用映射到作用于实际硬件的设备特定的操作上,则是设备驱动程序的任务。

在 Linux 操作系统中,设备驱动程序是内核中的一个模块。它运行于内核空间,具有对系统核心的操作权限,通过一组标准化的接口提供给应用程序操作设备的功能。一方面保证了系统的安全性,另一方面也隐藏了用户不需要了解的设备细节,成为用户程序和设备之间的一个模块化接口。

本章从介绍 Linux 设备驱动程序的基本概念出发,阐述了内核模块、字符设备驱动程序的编写和调试,以及硬件管理与中断处理等方面的内容。

6.1 设备驱动程序简介

驱动程序是硬件和应用软件之间的接口。理论上,所有的硬件设备都需要安装相应的驱动程序才能正常工作。驱动程序为应用软件提供访问硬件设备的方法,允许应用软件从硬件设备上获得数据,向硬件设备传递信息。

设备驱动程序的开发与普通应用程序的开发差别很大。由于设备驱动程序直接和硬件打交道,编写设备驱动程序需要掌握相关硬件的知识。不同的操作系统环境,其驱动程序的结构也不同,因此还需要掌握操作系统核心与设备驱动程序之间的关系。

6.1.1 内核功能划分

Linux 内核分成以下几个大的功能模块。

1. 进程管理

进程管理功能负责创建和撤销进程以及处理它们和外部世界的连接(输入和输出)。不同进程之间的通信是整个系统的基本功能,因此也由内核处理。

2. 内存管理

用来管理内存的策略是决定系统性能的一个关键因素。内核在有限的可用资源上为每个进程创建了一个虚拟地址空间。内核的不同部分在和内存管理子系统交互时使用一套相同的系统调用,包括从简单的 malloc( )/free( ) 到其他一些不常用的系统调用。

3. 文件系统

Linux 中的每个对象几乎都可以被看成文件。内核在没有结构的硬件上构造结构化的文件系统,所构造的文件系统抽象在整个系统中广泛使用。

4. 设备控制

几乎每个系统操作都会映射到物理设备上。除 CPU、内存以及其他很有限的几个实体以外，所有设备控制操作都由与被控制设备相关的代码完成，这段代码称为设备驱动程序（device driver）。内核必须为系统中的每个外设嵌入相应的驱动程序，这就是本章讨论的主题。

5. 网络功能

大部分网络操作和具体进程无关，因此必须由 OS 来管理。系统负责在应用程序和网络接口之间传递数据包，并根据网络活动控制程序的执行。所有的路由和地址解析也都由内核解决。

6.1.2 设备驱动程序的作用

设备驱动程序的作用在于提供机制（mechanism），而非提供策略（policy）。驱动程序主要解决需要提供什么功能的问题，而如何使用这些功能则应交给应用程序来处理。编写驱动程序时，应该掌握这样一个基本原则：编写访问硬件的内核代码时，不要给用户程序强加任何策略。因为不同的用户有不同的需求。驱动程序应该处理如何使硬件可用的问题，而将怎样使用硬件的问题留给上层应用。

如果从另一个角度来看驱动程序，它可以被看成应用和实际设备之间的一个软件层。对于相同的设备，不同的驱动程序可以提供不同的功能。

实际上，许多驱动程序是同用户程序一起发布的，这些用户程序主要用来帮助配置和访问目标设备。

6.1.3 设备和模块分类

系统运行时向内核中添加的代码被称为模块（module）。Linux 内核支持几种不同类型的模块，其中就包括驱动程序。每个模块是一段目标代码，但不构成一个独立的可执行文件。将模块加入内核通过 insmod 命令，将内核模块从内核中移除使用 rmmod 命令。如果没有内核模块的这种动态加载特性，就不得不一次又一次地重新编译生成一个庞大的内核镜像来加入新的功能，而其中大量的模块可能是我们永远也用不到的。

图 6.1 列出了负责特定任务的几个不同类型的模块。

Linux 系统将设备分为三种类型：字符设备、块设备和网络接口。每个模块通常只实现其中一种类型。相应地，模块可分为字符模块、块模块和网络模块三种。

1. 字符设备

字符设备是能够像字节流（如文件）一样被访问的设备，由字符设备驱动程序来实现这种特性。字符设备驱动通常至少需要实现 open( )、read( )、write( )和 close( )系统调用。字符终端和串口就是字符设备的两个例子，它们能够用流抽象很好地表示。字符设备可以通过文件系统节点（如上面的两个例子，字符终端通过/dev/console、串口设备通过/dev/ttyS0 或/dev/ttyS1 节点）来访问。它和普通文件的唯一差别是，普通文件的访问通过前后移动访问指针来访问存储介质上不同位置上的数据，而大多数字符设备只提供顺序访问数据的方式，这是由设备的数据传输性质决定的。作为显示设备驱动的帧缓冲设备属于字符设备，同样也可以通过移动指针实现数据访问。

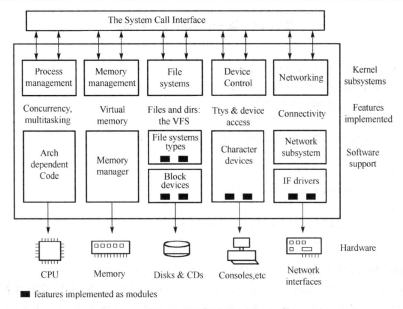

图 6.1 内核功能划分

2．块设备

和字符设备一样，块设备也是通过/dev 目录下的文件系统节点访问的。不同点在于块设备（如磁盘）上能容纳文件系统。Linux 允许应用程序像访问字符设备那样读写块设备，可以一次传递任意多字节的数据。因此，块设备和字符设备的区别仅仅在于内核内部管理数据的方式，也就是内核和驱动程序的接口不同。块驱动程序除了给内核提供和字符驱动程序一样的接口以外，还提供了专门面向块设备的接口。不过，这些接口对于那些从/dev 下某个目录项打开块设备的用户和应用程序都是不可见的。另外，块设备的接口必须支持挂载文件系统。

3．网络接口

网络接口可以是一个硬件设备，也可能是一个纯软件设备，如回环（loopback）接口。网络接口由内核中的网络子系统驱动，负责发送和接收数据包。例如，telnet 和 ftp 连接都是面向流的，它们都使用了同一个设备，但这个设备看到的只是数据包而不是独立的流。

由于不是面向流的设备，因此将网络接口映射到文件系统中的节点比较困难。Linux 的做法是给它们分配一个唯一的名字，如 eth0。但这个名字在文件系统中不存在对应的节点项。内核和网络驱动程序间的通信不同于内核和字符设备以及块设备驱动程序之间的通信方式。内核调用一套和数据包传输相关的函数，即套接字。

Linux 中还存在其他类型的驱动程序模块，这些模块利用内核提供的公共服务来处理特定类型的设备。因此，我们能够和通用串行总线（USB）模块、串口模块等通信。

6.2 构建和运行模块

6.2.1 第一个示例模块

我们以一个完整的模块为例来说明模块的用法（见清单 6.1）。

清单 6.1　第一个模块：example.c

```
1    /* example.c */
2    #include <linux/module.h>
3    #include <linux/kernel.h>
4    int init_module(void)
5    {
6        printk(" <1> Module installed .\n");
7        return 0;
8    }
9    void cleanup_module(void)
10   {
11       printk(" <1> Module removed .\n");
12   }
```

函数 printk( )在内核中定义，其功能和标准 C 库中的函数 printf( )几乎完全一样。内核不能使用 printf( )是因为它在运行时不能依赖于 C 库。模块只能访问内核的公共符号。代码中的字符串<1>定义了这条消息的优先级。默认优先级的消息可能不会显示在控制台上。

6.2.2 模块的编译

开发内核模块和设备驱动，最好有相应版本的内核源码，至少也需要有与源码目录结构相同的头文件。如果是内核源码，还需要对它进行一次正确的配置生成配置文件".config"。关于内核的配置方法请参考内核移植的相关内容。

编译清单 6.1 的模块使用下面的 Makefile。

清单 6.2　编译模块的 Makefile

```
1    # Makefile(!not makefile)
2    ifneq($(KERNELRELEASE),)
3    MODULE_NAME := example
4    $(MODULE_NAME)-y := example.o
5    obj-m    := $(MODULE_NAME).o
6    else
7    KDIR     := /lib/modules /`uname-r`/build
8    PWD      := $(shell pwd)
9    default :
10            $(MAKE) -C $(KDIR) SUBDIRS =$(PWD) modules
11
12   clean   :
13            $(MAKE) -C $(KDIR) SUBDIRS =$(PWD) clean
14   endif
```

下面是对 Makefile 的解释：
- 编译模块和驱动的 GNU Make 脚本文件必须以"Makefile"命名，不能使用"makefile"或"GNUmakefile"。
- 定义"MODULE_NAME"为最后生成的模块文件名前缀。模块文件名后缀是".ko"。"$(MODULE_NAME)-y"是构建模块的依赖文件列表。如果模块只由一个 C 文件源码构成，第 4 行可以省去。

- "obj-m"表示编译成模块,"obj-y"表示编译进内核镜像。如果编译进内核,必须与内核源码同时编译。
- 在这个 Makefile 里不需要设置编译器及编译选项,这些内容均已在配置内核时设置好了。编译这个模块时会转到内核源码目录中执行编译(GNU make 的"-C"选项)。
- 变量"KDIR"必须设置指向正确的内核源码路径。通过软件仓库安装,内核源码安装在"/usr/src/linux-$VERSION",并通过符号链接到"/lib/modules/$VERSION/build"目录。命令"uname -r"可以打印出当前运行的内核版本。因此,上面的 Makefile 将编译出针对当前系统的模块。

针对其他系统开发的模块或驱动,包括面向嵌入式开发的交叉编译场合,"KDIR"必须手工填写指向目标系统的内核源码路径。

由于 Linux 内核的模块验证机制,与当前运行系统版本不一致的模块不能加载。

将 Makefile 与 example.c 放在同一个目录。一切准备就绪,在这个目录执行"make"。如果没有错误,将生成 example.ko,这就是编译好的内核模块。

6.2.3 模块的运行

模块运行于内核空间,一旦加载,就拥有最高特权级。因此出于系统安全性的要求,与模块相关的操作(insmod、rmmod、modprobe)被系统设置为须以超级用户权限运行。

在终端模式中[①]通过命令"insmod example.ko"加载模块,可以看到打印"Module installed."信息。"lsmod"命令用于列出模块清单,此时应可以看到模块"example"已存在。命令"rmmod example"将模块移除出内核,同样也应可以看到打印出"Module removed."信息。

注意:"rmmod"命令的参数是模块名,不是文件名(与"insmod"命令的参数形式不一样)。图形模式的终端可以用"dmesg"命令显示 printk( )的输出消息。由于不同系统传递消息机制的不同,得到的输出结果可能不一样。开启守护进程 klogd 后,在系统日志文件/var/log/messages 里面也可以找到相应的输出。

6.2.4 内核模块与应用程序

在继续学习之前,有必要搞清楚内核模块和应用程序的不同。

1. 模块的运行方式

应用程序从头至尾执行某个确定的任务,而模块却不是一个独立的可执行程序,因此上面的过程准确地说不能叫"运行模块",而只是模块的加载和卸载。函数 init_module( )是模块加载的入口点,它将自己注册在内核中,准备服务于将来的某个请求。它的任务是为以后调用模块函数预先做准备。这就像模块在说:"我在这儿,我能做这些工作。"这个函数很快就结束了,而模块真正的运行是在今后服务于某个请求时。

模块的第二个入口点 cleanup_module( )在模块卸载时被调用。它告诉内核:"我要离开了,不要再让我做任何事情。"

---

① 这里的终端模式不是图形界面下的一个 shell,而是纯字符模式界面。Linux 系统可以通过从 Ctrl+Alt+F1 到 Ctrl+Alt+F6 切换出 6 个字符模式,Ctrl+Alt+F7 之后的几个用于图形模式。

2. 模块使用的函数

应用程序可以调用它自身未定义的函数，是因为链接过程可以解析外部引用，从而使用适当的函数库。例如，定义在 libc 中的 printf( )函数就是这种可被调用的函数之一。然而，模块仅被链接到内核，因此它能调用的函数仅仅是内核导出的那些函数。printk( )就是由内核定义并导出给模块使用的一个 printf( )的内核版本。除了几个细小的差别之外，它和 printf( )函数的功能类似，最大的不同在于它缺乏对浮点数的支持。

因为模块不和 libc 等函数库链接，因此在源文件中不能包含通常的头文件。内核模块只能使用作为内核一部分的函数。和内核相关的所有内容都在内核源代码的 include/linux 和 include/asm 目录下的头文件里声明。内核头文件中的许多声明仅仅与内核本身相关，不应暴露给用户空间的应用程序。因此，我们用#ifdef __KERNEL__块来保护这些声明。模块运行在内核空间（kernel space），而应用程序运行在用户空间（user space），这个概念是操作系统理论的基础之一。每当应用程序执行系统调用或者被硬件中断挂起时，操作系统将执行模式从用户空间切换到内核空间，执行系统调用的内核代码运行在进程上下文中，它代表调用进程执行操作，因此能够访问进程地址空间的所有数据；而处理硬件中断的内核代码则和进程是异步的，因而与任何一个特定进程无关。

3. 内核访问当前进程

内核当前执行的大多数操作和某个特定进程相关，即当前进程。在一个系统调用执行期间，例如 open( )或者 read( )，当前进程是指发出调用的进程。内核代码可以通过访问全局指针变量 current 来使用进程特定的信息[①]。current 是一个指向当前用户进程结构 task_struct 的指针。current 的具体实现细节对于内核中其他子系统是透明的。驱动程序只需要包含头文件"linux/sched.h"就可以引用当前进程。

从模块的角度来看，current 和 printk( )一样，都是外部引用。例如，下面的语句通过访问 task_struct 结构的某些字段来输出当前进程的进程 ID 和命令名：

    printk(" The process is "%s"(pid %i)\n", current -> comm, current -> pid);

存储在 current->comm 中的命令名是当前进程所执行的程序文件的基名（basename），截短到 15 个字符。

6.3 模块的结构

本节讨论一个模块的软件结构，它是下面编写设备驱动程序的基础。内核源码树结构中包含下面的目录和文件。

目录 arch：与体系架构相关的内核代码。其下的每一个子目录都代表一个 Linux 所支持的体系结构。例如，arm 目录下就是 ARM 体系架构的处理器目录，如 Samsung 的 S3C 系列 mach-s3cXXXX、TI 的 davinci 系列 mach-davinci 以及 OMAP 系列 mach-omapX 等。

目录 block：块设备层核心代码。与块设备驱动相关的代码在 drivers/block 目录中。存储设备相关的代码分布在 drivers 目录中的具体驱动程序里。

---

① current 不是一个真正的全局变量。内核开发者将描述当前进程的结构隐藏在栈页（stack page）中，从而优化了对该结构的访问，细节可以查阅 asm/current.h。

文件 COPYING：版权协议文本。

目录 crypto：加密解密核心代码。

目录 Documentation：内核源代码说明文档目录。

目录 drivers：设备驱动目录，其下的每一个目录是一类设备的驱动程序。

目录 firmware：该目录下包含与一些设备相关的固件。

目录 fs：文件系统目录。每一个具体文件系统的代码集中在其下的子目录中。

目录 include：内核的头文件目录。它也是模块包含头文件的起点，与体系结构相关的头文件分布在 arch 各个子目录中。

目录 init：内核的主文件代码，其中 main.c 是阅读内核代码的起点。

目录 ipc：进程间通信的核心代码。

文件 Kbuild：编译内核的脚本，它被包含在 Makefile 中。

文件 Kconfig：配置内核的脚本，在各级子目录中都存在。

目录 kernel：内核的核心代码。此目录下的文件实现大多数 Linux 的内核函数。

目录 lib：内核使用到的库。

目录 mm：该目录包含所有独立于 CPU 体系结构的内存管理代码，如页式存储管理、内存的分配和释放等。与体系结构相关的代码分布在 arch 的各个子目录中，例如与 ARM 相关的存储管理代码在 arch/arm/mm 中。

文件 MAINTAINERS：内核维护者的名单。

文件 Makefile：编译内核 GNU Make 脚本文件，存在于各级子目录中。

顶层的 Makefile 用于控制整个系统的编译，各子目录中的 Makefile 用于建立依赖关系。

目录 net：网络通信协议的核心代码。不仅仅是以太网，也包含蓝牙、红外这些与网络通信相关的代码。与网络设备相关的驱动程序代码包含在 drivers 目录中。

文件 README：内核的说明文档，其中有关于内核配置和编译的简单说明。

目录 samples：一些模块的源码样例，通常不编译进内核。

目录 scripts：配置和编译内核的脚本程序，是编译内核的辅助工具。内核源码的每个目录下一般都有 Makefile 和 Kconfig 两个文件，它们是编译内核时使用的辅助文件。scripts 下面的程序就是通过解析这些文件帮助用户配置和编译内核的。仔细阅读这两个文件，对弄清各个文件之间的相互依赖关系很有帮助。

目录 security：与内核安全性相关的代码。

目录 sound：Linux 声音系统的核心和设备驱动。

其中，include 是模块包含头文件的起点。本章中与内核模块和设备驱动相关的代码中均假设头文件从该目录开始。

6.3.1 模块的初始化和清除函数

1. 函数原型

初始化函数 init_module( ) 返回一个整型值。返回值为 0 表示模块成功加载，返回值小于 0 则表示在初始化过程中有错误，模块不加载进内核。由于该函数只有一次被调用的机会，较新的内核为其增加了一个 __init 属性：

```
int __init init_module(void)
```

它表示无论模块是否加载成功，init_module( )这部分代码都不驻留在内存中。

清除函数 cleanup_module( )没有返回值。

2．函数重命名

如前所示，内核调用 init_module( )来初始化一个刚刚加载的模块，并在模块即将卸载之前调用 cleanup_module( )函数。所有模块都使用这样的函数名本身没有问题，但从个性化方面考虑，可以用下面两个宏给这两个函数重新命名：

```
#include <linux/module.h>
module_init(user_init_func);
module_exit(user_cleanup_func);
```

它们通常与版权声明 MODULE_LICENSE( )一起写在源文件的末尾。注意，要使用 module_init( )和 module_exit( )，则代码必须包含头文件 linux/module.h。这样做的好处是内核中每个初始化和清除函数都有一个独特的名字，给调试带来了方便，同时也使那些既可以作为一个模块也可以直接链入内核的驱动程序更加容易编写。这两个宏对模块所做的唯一一件事情就是将 __initcall( )和 __exitcall( )定义为给定函数的名字。

6.3.2 内核符号表

insmod 使用公共内核符号表解析模块中未定义的符号。公共内核符号表包含了所有的全局内核符号（即函数和变量）的地址。公共符号表可以从文件/proc/ksyms 或/proc/kallsyms 以文本格式读取。一旦模块装入内核，它所导出的任何符号都变成了公共符号表的一部分。

新模块可以使用你的模块导出的符号，你还可以在其他模块的上层堆叠新模块。模块堆叠技术在内核代码中很多地方都能看到，例如 msdos 文件系统依赖于 fat 模块导出的符号；而每个 USB 输入设备（如 USB 键盘和鼠标）模块堆叠在 usbcore 和 input 模块之上；USB 无线网卡则堆叠在 usbcore、mac80211 和网络协议上。

modprobe 是处理堆叠模块的一个实用工具。它的功能在很大程度上和 insmod 类似，但是它能自动解决指定模块的依赖关系，同时加载所依赖的其他模块。因此，一个 modprobe 命令有时候相当于若干次有序的 insmod 命令（下层依赖模块未加载时，insmod 加载模块会失败）。modprobe 根据/lib/modules 下面的 modules.dep 文件中建立的堆叠关系逐个加载模块，文件 modules.dep 在编译内核时生成。

在通常情况下，模块只需要实现自己的功能，不必导出符号。然而，如果有其他模块需要使用模块导出的符号，则可以使用下面的宏：

```
EXPORT_SYMBOL(name);
```

6.3.3 模块的卸载

1．使用计数

为了确定模块能否安全卸载，系统为每个模块保留一个使用计数器。系统需要这个信息来确定模块是否忙。在较新的内核版本中，系统自动跟踪使用计数。模块列表命令"lsmod"打印的模块清单中，第三个字段显示的是使用计数值。

```
...
i915                    1134592 4
i2c_algo_bit              16384 1 i915
drm_kms_helper           131072 1 i915
rtsx_pci                  53248 2 rtsx_pci_ms,rtsx_pci_sdmmc
ahci                      36864 4
drm                      360448 5 i915,drm_kms_helper
e1000e                   237568 0
libahci                   32768 1 ahci
ptp                       20480 1 e1000e
pps_core                  20480 1 ptp
video                     40960 2 i915,thinkpad_acpi
...
```

从上面的列表可以看到，模块 i915 当前使用计数是 4，原则上不能卸载。而模块 e1000e 使用计数是 0，可以卸载。当模块 e1000e 卸载后，模块 ptp 使用的计数也将变为 0。模块使用情况也可以通过/proc/modules 文件查询。

2. 卸载

使用 rmmod 可以卸载一个模块，它调用系统调用 delete_module( )。这个系统调用随后检查模块的使用计数，如果为 0 则调用模块本身的 cleanup_module( )函数，否则返回出错信息。

模块所注册的每一项功能都需要在函数 cleanup_module( )中注销，模块导出的符号可以自动从内核符号表中删除。

6.3.4 资源使用

1. I/O 端口和 I/O 内存

典型驱动程序的最主要任务是读写 I/O 端口和 I/O 内存。在初始化和正常运行时，驱动程序都可能访问 I/O 端口和 I/O 内存。I/O 端口和 I/O 内存统称为 I/O 区域（I/O region）。

设备驱动程序必须保证它对 I/O 区域的独占式访问，以防止来自其他驱动程序的干扰。为了避免不同设备间的冲突，Linux 开发者实现了 I/O 区域的请求/释放机制。这种机制仅仅是一个帮助系统管理资源的软件抽象，并不要求硬件支持。

/proc/ioports 和 /proc/iomem 文件以文本形式列出了已注册的资源。一个典型的/proc/ioports 文件如下所示：

```
0000-001f : dma1
0020-003f : pic1
0040-005f : timer
0060-006f : keyboard
0080-008f : dma page reg
00a0-00bf : pic2
00c0-00df : dma2
00f0-00ff : fpu
0170-0177 : ide1
01f0-01f7 : ide0
```

```
    02f8-02ff : serial(set)
    0300-031f : NE2000
    0376-0376 : ide1
    03c0-03df : vga+
    03f6-03f6 : ide0
    03f8-03ff : serial(set)
    1000-103f : Intel Corporation 82371AB PIIX4 ACPI
        1000-1003 : acpi
        1004-1005 : acpi
        1008-100b : acpi
        100c-100f : acpi
    1100-110f : Intel Corporation 82371AB PIIX4 IDE
    1300-131f : pcnet_cs
    1400-141f : Intel Corporation 82371AB PIIX4 ACPI
    1800-18ff : PCI CardBus #02
    1c00-1cff : PCI CardBus #04
    5800-581f : Intel Corporation 82371AB PIIX4 USB
    d000-dfff : PCI Bus #01
    d000-d0ff : ATI Technologies Inc 3D Rage LT Pro AGP-133
```

文件中的每一项表示一个被某个驱动程序锁定或者属于某个硬件设备的端口范围。在传统的 ISA 总线结构中，系统新增一个设备并且通过跳线来选择一个 I/O 范围时，这个文件可以用来避免端口冲突。用户检查已经使用的端口，然后设置新设备使用一个空闲的 I/O 范围。尽管现在大部分的硬件不再使用跳线，但这种方法在处理定制或者工业部件时仍然非常有用。

访问 I/O 注册表的编程接口有下面三个函数[①]：

```
#include <linux/ioports.h>
int check_region(unsigned long start, unsigned long len);
struct resource * request_region(unsigned long start,
       unsigned long len, char * name);
void release_region(unsigned long start, unsigned long len);
```

check_region( ) 用来检查是否可以分配某个端口范围。如果不可以，则返回一个负数（如 -EBUSY 或 -EINVAL）。request_region( ) 完成真正的端口范围分配，成功则返回一个非空指针。请求成功后即可在 /proc/ioports 清单中看到。驱动程序并不需要使用或者保存这个返回的指针，我们只检查它是否非空。

```
#include <linux/ioport.h>
#include <linux/errno.h>
static int ioport_detect(unsigned int port, unsigned int range)
{
    int err;
    if((err = check_region(port, range))< 0)
        return err;                                    /* busy */
    if(ioport_probe_hw(port, range)!= 0)
        return - ENODEV;                               /* not found */
```

---

① 实际上，它们是定义在 linux/ioports.h 中的宏。在内核中，为提高效率，很多功能都是通过宏定义或者内联函数实现的。本章对"函数"和"宏"的概念不严格区分，重点关注它们的功能。

```
        request_region(port, range, " driver ");   /* never fail */
        return 0;
    }
```

驱动程序所分配的所有 I/O 端口都必须在卸载驱动时释放，避免给其他需要使用这个设备的驱动程序造成麻烦。

同 I/O 端口的情况类似，I/O 内存的信息可以从/proc/iomem 文件中获得。下面是 PC 上这个文件的部分内容：

```
00000000-0009fbff : System RAM
0009fc00-0009ffff : reserved
000a0000-000bffff : Video RAM area
000c0000-000c7fff : Video ROM
000f0000-000fffff : System ROM
00100000-03feffff : System RAM
    00100000-0022c557 : Kernel code
    0022c558-0024455f : Kernel data
20000000-2fffffff : Intel Corporation 440BX/ZX - 82443BX/ZX Host bridge
68000000-68000fff : Texas Instruments PCI1225
68001000-68001fff : Texas Instruments PCI1225(#2)
e0000000-e3ffffff : PCI Bus #01 e4000000-e7ffffff : PCI Bus #01
    e4000000-e4ffffff : ATI Technologies Inc 3D Rage LT Pro AGP-133
    e6000000-e6000fff : ATI Technologies Inc 3D Rage LT Pro AGP-133
fffc0000-ffffffff : reserved
```

就驱动程序编程而言，I/O 内存的注册方式与 I/O 端口类似，因为它们机制相同。驱动程序使用下列函数调用来获得和释放对某个 I/O 内存区域的访问：

```
int check_mem_region(unsigned long start, unsigned long len);
int request_mem_region(unsigned long start, unsigned long len, char * name);
int release_mem_region(unsigned long start, unsigned long len);
```

典型的驱动程序通常事先知道它的 I/O 内存范围，因此相对于前面 I/O 端口的请求方法，对 I/O 内存的请求缩减为如下几行代码：

```
static int iomem_register(unsigned int mem_addr, unsigned int mem_size)
{
    if(check_mem_region(mem_addr, mem_size)){
        printk(" drivername : memory already in use \n");
        return - EBUSY;
    }
    request_mem_region(mem_addr, mem_size, " drivername ");
}
```

2. 自动和手动配置

有些设备，除了 I/O 地址以外可能还有其他参数会影响驱动程序的行为，如设备品牌和发行版本号。给驱动程序设置参数值（即配置驱动程序）有两种方法：一种是由用户显式指定，另一种是驱动程序自动检测。在很多时候，这两种方法都是混合使用的。

参数值可由 insmod 或 modprobe 在装载模块时设置，modprobe 默认从/etc/modules.conf 文件中获得参数赋值。因此，如果模块需要获得一个名为 timer_init 的整型参数，可以在装载模块时这样使用 insmod 命令：

```
#insmod timer.ko timer_init=3600
```

在 insmod 能够改变模块参数之前，模块必须能够访问这些参数（通常是全局变量）。参数由 linux/moduleparam.h 中的宏 module_param( )声明，它带有三个参数：变量名、变量类型和在 sysfs 中可见的读写权限。上面的参数可以使用下面几行语句来声明：

```
int timer_init = 0;
module_param(timer_init, int, 0666);
```

模块参数支持的变量类型有 byte、short、ushort、int、uint、long、ulong、charp（字符指针）、bool（0/1,Y/N）和 invbool（反 bool，N=true）。

所有模块参数都应该被赋予一个默认值，用户可以使用 insmod 来显式地改变。模块通过和默认值比较来确定显式参数值，避免在加载模块不提供参数时导致不确定结果。

6.4 字符设备驱动程序

本节的目标是编写一个完整的字符设备驱动程序。它的驱动对象是 PC 中的一个可编程定时器。在传统的 PC 中，定时器的功能是由芯片 Intel8254 实现的。目前，该芯片在 PC 中已经不再独立存在，其功能和其他可编程芯片一同被集成到一个大规模集成电路中，但编程控制方法仍与 Intel8254 兼容[①]。

为便于叙述，我们将下面讨论的驱动程序命名为 timer。

6.4.1 timer 的设计

编写驱动程序的第一步就是定义驱动程序为用户程序所提供的能力（机制）。

Intel8254 内部包含三个可独立编程控制的 16 位减法计数器/定时器。在早期的 PC 中，定时器 0 用于系统日时钟计时，定时器 1 用于 DMA 刷新时钟，定时器 2 用于驱动 PC 的扬声器。三个定时器统一使用 1.19MHz 的时钟，编程方法完全一样。系统为 Intel8254 分配的 I/O 地址是 0x40–0x43，在 8086 时代是系统的核心定时设备。如今，它早已失去了往日的地位，在 PC 中是一个极普通的设备，可能仅仅是出于兼容性而保留着。

设置 Intel8254 的工作方式通过向控制寄存器中写入一个字节的方式控制字完成。方式控制字中每一位的含义见图 6.2。

1. 主设备号与次设备号

访问字符设备要通过文件系统内的设备名称进行。那些文件被称为特殊文件或设备文件，或者简单称为文件系统树的节点。根据 FHS 规范，它们应位于/dev 目录中。字符设备驱动程序的设备文件可通过"ls -l"命令输出的第一列中的字母"c"来识别。块设备文件也在/dev

---

① 早期的 PC 使用 Intel8253，除了工作频率稍低以外，它与后代产品的最大不同是没有控制寄存器的回读功能。

下，但它们是由字符"b"标识的。本章主要关注字符设备，但下面介绍的许多内容同样也适用于块设备。

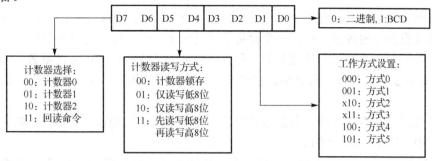

图 6.2　Intel8254 方式控制字格式

当我们在/dev 目录执行"ls -l"命令时，就可以在设备文件项的最后修改日期前看到两个用逗号分隔的数字。如果是普通文件，这个位置显示的是文件的长度。而对于设备文件来说，这两个数就是相应设备的主设备号和次设备号。下面给出了典型系统中的一些设备，它们的主设备号是 1、4、7 和 10，而次设备号是 1、3、5、64 和 129。

```
crw-rw-rw-   1  root  root      1,    3  Feb  23  1999   null
crw-------   1  root  root     10,    1  Feb  23  1999   psaux
crw-------   1  root  tty       4,    1  Aug  16  22:22  tty1
crw-rw-rw-   1  root  dialout   4,   64  Jun  30  11:19  ttyS0
crw-rw-rw-   1  root  dialout   4,   65  Aug  16  00:00  ttyS1
crw-------   1  root  sys       7,    1  Feb  23  1999   vcs1
crw-------   1  root  sys       7,  129  Feb  23  1999   vcsa1
crw-rw-rw-   1  root  root      1,    5  Feb  23  1999   zero
```

主设备号表示设备对应的驱动程序。例如，/dev/null 和/dev/zero 由驱动程序 1 管理，而虚拟控制台和串口终端由驱动程序 4 管理[①]；与此类似，vcs1 和 vcsa1 设备都由驱动程序 7 管理。

内核利用主设备号在系统调用 open( )操作中将设备与相应的驱动程序对应起来。次设备号只是由那些主设备号已经确定的驱动程序使用，内核的其他部分不会用到它。一个驱动程序控制多个设备是常有的事情。例如，一块硬盘被格式化成 4 个分区，在不同的分区上，读写硬盘物理存储数据的方法是完全一样的，没必要写 4 个驱动程序。与此类似，系统中有 2 个串行接口设备，它们唯一的差别只是端口地址不同，也不需要分别写 2 个驱动程序。次设备号为驱动程序提供了一种区分不同设备的方法。

2. 注册主设备号

向系统增加一个新的驱动程序意味着为其分配一个主设备号。这个分配工作在驱动程序（模块）初始化函数中进行，由下面的函数实现：

```
#include <linux/fs.h>
int register_chrdev_region(dev_t first , unsigned count ,
                           const char * name);
```

[①] 驱动程序本身不存在编号问题。这里所谓的"驱动程序 1"、"驱动程序 4"意指主设备号 1、4 所对应的驱动程序。

```
int alloc_chrdev_region(dev_t * dev, unsigned firstminor,
                        unsigned count, const char * name);
```

函数的第一个参数是请求分配的第一个设备号（主设备号和次设备号），参数"count"是请求分配的连续设备号的数量，通常每个设备驱动只需要一个主设备号（少数驱动程序可能需要多个主设备号）。"name"是设备的名称，可以使用任意字符串作为设备名。该名称将出现在/proc/devices 中，仅仅具有文字识别意义，不承担任何其他功能。返回值为 0 时表示分配成功。

主设备号是用来索引字符设备静态数组的一个小整数。长期以来，Linux 系统中的主设备号一直被限制在 1~255 之间。

alloc_chrdev_region( )用于动态注册设备，成功返回后应从参数"dev"的返回值中分解出主设备号和次设备号以备后用。

一部分主设备号已经静态分配给了大部分常用设备。内核源代码树中的 Documentation/devices.txt 文件列出了这些设备的清单。在编写设备驱动时应注意回避这些设备号。

接下来的问题就是如何给程序取一个名字。通过这个名字，程序才可向设备驱动程序发出请求，并与驱动程序的主设备号和次设备号相关联。这个名字就是设备文件名（或称设备节点）。在文件系统上创建一个设备节点的命令是 mknod：

```
# mknod /dev/timer0 c 123 0 -m 666
```

上面的命令创建一个字符设备（"c"），主设备号是 123，次设备号是 0。次设备号应该在 0~255 的范围内，由于历史原因，次设备号存储在单个字节中[1]。最后一个选项"-m"表示创建设备的读写操作权限。由于 mknod 以超级用户权限运行，默认创建出设备的权限属性可能会限制普通用户的访问。

一旦通过 mknod 创建了设备文件，该文件就将一直保留下来，除非显式地将其删除（删除操作与普通文件一样）。这一点与存储在磁盘上的其他信息类似[2]。

手工创建设备节点比较麻烦。Linux 系统通过一个用户空间的软件 udev 管理设备节点。它通过一些脚本文件描述设备驱动与设备文件的关系，这些文件位于/etc/udev/目录。当内核检测到有设备驱动状态发生变化时，会根据脚本触发相应的动作，创建或删除设备文件。

一旦分配了主设备号，就可以从/proc/devices 中读取得到。该文件的内容如下：

```
Character devices:
  1 mem
  2 pty
  3 ttyp
  4 ttyS
  6 lp
  7 vcs
 10 misc
 13 input
 14 sound
```

---

① 新的 Linux 内核中，linux/kdev_t.h 文件中定义了 MINORBITS 作为次设备号的取值范围。
② 启用了 devpts 的情况除外。此时，/dev 并不是在磁盘上而是通过伪文件系统也就是在 RAM 中实现的，断电后，信息不再保存。

```
 21 sg
123 timer
180 usb
 ...
```

3. 卸载设备驱动

从系统中卸载模块时必须注销主设备号。这一操作可以通过在模块的清除函数中调用下面的函数完成：

void unregister_chrdev_region(dev_t first , **unsigned int** count);

卸载驱动程序后，通常还需要删除设备文件。

6.4.2 文件操作

打开的设备在内核内部由 file 结构标识。内核使用 file_operations 结构访问驱动程序的函数。file_operations 结构是一个定义在 linux/fs.h 中的函数指针数组。每个文件都与它自己的函数集相关联。这些操作主要负责系统调用的实现，并因此被命名为 open( )、read( )等。被定义为 file_operations 结构的指针 fops 中，每一个字段指向驱动程序中实现特定操作的函数。对于不支持的操作，对应的字段可被置为 NULL。

下面是 file_operations 结构中常用的操作。各操作的返回值为负数时说明发生了错误。

- 打开设备

    int (*open) (struct inode *, struct file *);

    该函数用于打开设备文件。通常，打开设备文件意味着下面将要使用这个设备，因此这里需要对设备做一些初始化工作。如果设备工作正常，函数返回 0。此时，内核会给调用这个函数的接口分配一个正的文件描述符（注意：系统调用 open( )的返回值和这里的返回值不同）。若该函数在 file_operations 结构中不存在（NULL），则只要设备文件满足权限要求，打开操作总是成功的。

- 释放设备

    int (*release) (struct inode *, struct file *);

    当 file 结构被释放时，将调用这个操作。它通常对应 close( )系统调用，但只有最后一个设备被关闭时才真正释放设备。与 open( )类似，在 release( )在 file_operations 结构中也可以不存在。

- 读写文件

    ssize_t (*read) (struct file *, char *, size_t, loff_t *);
    ssize_t (*write) (struct file *, const char *, size_t, loff_t *);

    read( )和 write( )分别用来从设备中读取数据和向设备发送数据，返回成功读写的字节数。它们分别对应应用程序中的系统调用 read( )和 write( )。

- 文件定位

    loff_t (*llseek) (struct file *, loff_t, int);

    方法 llseek( )用来修改文件的当前读写位置，并将新位置作为返回值返回。

- 事件查询

    ```
    unsigned int (*poll) (struct file *, struct poll_table_struct *);
    ```

    方法 poll( )是 poll( )和 select( )这两个系统调用的后端实现。
- I/O 控制

    ```
    int (*ioctl) (struct inode *, struct file *, unsigned int, unsigned long);
    long (*unlocked_ioctl) (struct file *, unsigned int, unsigned long);
    long (*compat_ioctl) (struct file *, unsigned int, unsigned long);
    ```

    系统调用 ioctl( )提供了一种执行设备特定命令的方法。早期内核的方法是 ioctl( )。从 2.6.36 开始，ioctl( )不再使用，而是被 unlocked_ioctl( )替代，同时增加了一个 compat_ioctl( )用于在 64 位内核中的 32 位系统调用。用户空间的系统调用 ioctl( )格式保持不变。
- 存储器映射

    ```
    int (*mmap) (struct file *, struct vm_area_struct *);
    ```

    mmap( ) 用于请求将设备内存映射到进程地址空间。如果设备没有实现这个方法，则返回-ENODEV。

以上很多函数和系统调用名称完全相同，关系也非常密切：系统调用的实现最后将落实在驱动程序的方法函数上。为区别起见，以下将内核实现的函数称为"方法"，将用户空间的函数称为"系统调用"。

本设备驱动程序所实现的只是最重要的设备方法，并且采用标记化格式声明它的 file_operations 结构：

```
/* timer.c */
struct file_operations fops = {
    llseek : timer_llseek,
    read : timer_read,
    write : timer_write,
    unlocked_ioctl : timer_ioctl,
    open: timer_open,
    release: timer_release,
};
```

将 file_operations 结构加入设备驱动的方法是：

```
/* timer.c */
...
    struct cdev * my_cdev = cdev_alloc();
    my_cdev -> owner = THIS_MODULE ;
    my_cdev -> ops = & fops ;
    cdev_init(my_cdev , & fops);
    cdev_add(my_cdev , dev , 1);
```

cdev_*( )一组函数的格式是：

```
#include <linux/cdev.h>
```

```
    void cdev_init(struct cdev * dev, const struct file_operations * fops);
    struct cdev * cdev_alloc(void);
    int cdev_add(struct cdev * dev, dev_t num, unsigned count);
    void cdev_del(struct cdev * dev);
```

以上函数的参数 dev 是 cdev 结构，内核用该结构表示字符设备的特征，其中一个重要成员结构是 ops，用于指向 file_operations 文件操作结构指针。num 是与设备驱动相关联的第一个设备号，count 是与设备驱动相关联的设备数目。

在较老版本的内核中，设备的注册和注销是通过下面的函数实现的：

```
    int register_chrdev(unsigned int major, const char * name,
            struct file_operations * fops);
    void unregister_chrdev(unsigned int major, const char * name);
```

注册函数的返回值提示操作成功或失败。负的返回值表示错误。函数的参数意义如下：
- 参数 "major" 是被请求的主设备号。在注册设备时，设置一个大于 0 的 major 值，内核按这个数字为驱动程序分配主设备号，如果成功，函数返回 0。而将 major 设为 0 时，内核将寻找一个空闲的数字为驱动动态分配一个主设备号，返回值就是分配成功的主设备号。动态分配的缺点是，由于分配的主设备号不能保证始终一致，所以无法预先创建设备节点。
- "name" 是设备的名称，该名称将出现在/proc/devices 中，作为对设备的识别特征。在注销设备时，该参数格式上要求与注册时用到的名称一致，但并不强制要求。
- "fops" 是指向 file_operations 结构的指针，该结构包含了设备驱动中对设备的所有操作方法，是调用驱动程序的入口点。

一旦将驱动程序注册到内核表中，它的操作就和指定的主设备号对应了起来。当我们在与主设备号对应的字符设备文件上进行某个操作时，内核将从 file_operations 结构中找到并调用正确的函数。出于这个原因，传递给 cdev_init( )或者 register_chrdev( )的 file_operations 结构指针应指向驱动程序中的一个全局数据结构，而不是模块初始化函数 init_module( )中的局部数据结构。

6.4.3 打开设备

每次在内核调用一个驱动程序时，它都会告诉驱动程序它正在操作哪个设备。应用程序系统调用 open( )打开一个设备文件，这个设备文件包含了主设备号和次设备号的信息。系统调用向驱动程序传递两个参数：struct inode 指针和 struct file 指针。

1. inode 结构

inode 结构指针的 i_rdev 字段保存了主次设备号。

每次在内核调用一个驱动程序时，它都会告诉驱动程序它正在操作哪个设备。主次设备号合在一起构成单个数据类型并用来标识特定的设备，它保存在索引节点（inode）结构的 i_rdev 字段中。因此，可通过 inode->i_rdev 得到设备号。设备号保存在 kdev_t 这个数据类型中。kdev_t 定义在 linux/kdev_t.h 中并被 linux/fs.h 包含。下面的这些宏和函数可以对 kdev_t 进行的操作：

```
    #include <linux/fs.h>
```

```
/* Extract the major number from a kdev_t structure. */
MAJOR(kdev_t dev);
/* Extract the minor number. */
MINOR(kdev_t dev);
/* Create a kdev_t built from major and minor numbers. */
MKDEV(int major , int minor);
```

驱动程序实际上完全不关心被打开设备的名字,它仅仅知道设备号。两个主/次设备号完全相同的设备文件对设备驱动程序来说没有任何区分意义。用户可以利用这一点为设备取一个别名或创建链接。

2. file 结构

在 linux/fs.h 中定义的 struct file 是设备驱动程序所使用的另一个重要的数据结构。file 结构代表一个打开的文件。它由内核在 open( )时创建,并传递给在该文件上进行操作的所有函数,直到最后的 close( )函数。

在内核源代码中,指向 struct file 的指针通常写成 file 或 filp。写成后者的目的是为了避免和这个结构本身的名称混淆。下面是 file 结构中一些重要的字段:

- **mode_t f_mode**
  通过 FMODE_READ 和 FMODE_WRITE 位来指明文件的读写属性。在 ioctl( )方法函数里可能需要检查这个字段以获知读写允许,但在 read( )和 write( )里不需要。因为内核在进入这些函数时已经检查过了。

- **loff_t f_pos**
  当前读写的位置。loff_t 是一个 64 位的值(long long)。驱动程序如果需要了解当前处在文件的什么位置,就可以读这个值,但不应该改变它。read( )和 write()过程应该用它们作为最后一个参数接收到的指针对其更新。

- **unsigned int f_flags**
  文件标志。例如 O_RDONLY、O_NONBLOCK、O_SYNC。驱动程序在非阻塞操作中需要检查这些标志,其他标志很少用到。特别是,读写允许应该用 f_mode 而不是 f_flags。

- **struct file_operations *f_op**
  与文件相关的操作。内核给它一个指针,作为打开其实现过程的部分,然后在需要对这些操作进行分支的时候再读取它。filp->f_op 里的值从不保留给以后的引用,这意味着你在任何时候都可以改变与文件相关联的文件操作,返回调用之后,新方法立即生效。例如,用打开主设备号为 1 的设备文件(/dev/null、/dev/zero 等)的代码替代对 filp->f_op 的操作,对 filp->f_op 的操作依赖于被打开的次设备号。这样的实用性允许若干个过程在同一个主设备号下实现,而不需要在每个系统调用前引进。文件操作的替代能力是内核面向对象程中的"方法覆盖"。

- **void *private_data**
  在调用 open( )方法前,这个指针指向 NULL。驱动程序可以自由使用或忽略这个字段。驱动可以用来指向已定位的数据,但在文件结构被内核销毁之前,release( )方法中必须释放它。private_data 是一个保留跨系统调用状态信息的有用资源。

3. 打开设备的工作

open( )方法允许驱动程序对设备进行一些初始化,从而为以后的操作做准备。此外,open( )一般还会递增设备的使用计数,防止在文件关闭前模块被卸载出内核,这个计数值在 release( )方法中被递减。在较老版本的内核中,这个计数器由程序维护,目前已由内核统一管理,驱动程序不需要直接访问。

在大部分驱动程序中,open( )完成如下工作:
- 检查设备特定的错误。
- 如果设备是首次打开,则对其初始化。
- 识别次设备号,更新 f_op 指针。
- 分配并填写 filp->private_data 里的数据结构。

当驱动程序需要在方法函数之间传递参数时,利用 filp->private_data 可以避免定义全局变量。

驱动程序 timer 以定时器在 Intel8254 中的序号为次设备号。数据寄存器的地址就是 0x40 加上次设备号,驱动程序 timer 对定时器操作的唯一不同就是寄存器地址的差别。一个稍复杂的设备可以对每个次设备定义一个特定的 file_operations 结构,它在 open( )操作时赋给 filp->f_op。下面的代码显示了多个 fops 是如何实现的:

```
struct file_operations * device_fop_array [] = {
    & device_fops , /* 类型 0 */
    & device_priv_fops , /* 类型 1 */
    & device_pipe_fops , /* 类型 2 */
    & device_sngl_fops , /* 类型 3 */
    & device_user_fops , /* 类型 4 */
    & device_wusr_fops , /* 类型 5 */
};
#define MAX_TYPE 5
/* 在 open( )方法实现中, device_fop_array 数组根据 TYPE(dev)的
        值来决定对其数组成员的引用 */
...
int type = TYPE(inode -> i_rdev);
if(type > MAX_TYPE )
    return - ENODEV ;
filp -> f_op = device_fop_array [ type ];
```

内核根据主设备号调用 open( )方法,device 则使用上述宏分解出的次设备号。TYPE 用来索引 device_fop_array 数组。根据次设备号判断设备的类型,并把 filp->f_op 赋给由设备类型所决定的 file_operations 结构。然后在新的 fops 中声明的 open( )方法将得到调用。

timer 的功能比较简单,它只需要分离出计数器的序号,并分配一块内存用于和应用程序之间的数据交换空间。为此,我们定义下面的数据结构:

```
/* timer.h */
...
struct dtimer {
    int port ; /* Address of Intel8254 counter register */
    char buf [1024];
};
```

timer_open 的实际代码如下：

```c
/* timer.c */
...
int timer_open(struct inode * inode , struct file * filp )
{
    struct dtimer * i8254 ;

    /* Timer */
    int port =  MINOR(inode -> i_rdev);
    if (! filp -> private_data ) {
        filp -> private_data =
            kmalloc(sizeof( struct dtimer ), GFP_KERNEL);
        i8254 = (struct dtimer *) filp -> private_data ;
        i8254 -> port = port + 0 x40 ;

        filp -> f_pos = 0;
    } else {
    }

    return 0; /* success */
}
```

在内核中，内存分配和释放可以使用下面的函数：

```c
#include <linux/slab.h>
void * kmalloc(size_t size , gfp_t flags);
void kfree(const void *);
```

open( )方法中为 filp->private_data 分配的内存应该在设备关闭的时候使用 kfree( )释放。

4．释放设备

release( )方法的作用正好与 open( )相反。通常，实现这个方法的函数名被写成 device_close( )这样的形式而不是 device_release( )。无论是哪种形式，这个设备方法都应该完成下面的任务：
- 释放由 open 分配的、保存在 filp->private_data 中的所有内容。
- 在最后一次关闭操作时关闭设备。

同 open( )方法一样，在 2.4 之前的内核版本中还需要对使用计数器进行递减操作。如果某个时刻，一个尚未被打开的文件被关闭了，计数将如何保持一致呢？提出这个问题并不奇怪，dup( )和 fork( )都会在不调用 open( )的情况下创建已打开文件的副本，但每一个副本都会在程序终止时被关闭。例如，大多数程序从来不打开标准输入/输出文件（或设备），但它们都会在终止时关闭它。

Linux 的内核是这样做的：并不是每个 close( )系统调用都会引起对 release( )方法的调用。仅仅是那些真正释放设备数据结构的 close( )调用才会调用这个方法，这正是内核中方法函数名字是 release( )而不是 close( )的原因。

内核维护一个 file 结构被使用多少次的计数器。无论是 fork( )还是 dup( )都不创建新的数据结构，file 结构仅由 open( )方法创建。它们只是增加已有结构中的计数。只有在 file 结构的计数归零时，close( )系统调用才会执行 release( )方法，而这只发生在 file 结构被删除时。驱动程序中的 release( )方法与 close( )系统调用间的关系保证了模块使用计数的一致性。

注意：flush( )方法在应用程序每次调用 close( )时都会被调用。不过，很少有驱动程序去实现 flush( )，因为在调用 close( )时并没有事情需要去做，除了调用 release( )以外。即使应用程序未调用 close( )显式地关闭它所打开的文件就终止，以上的讨论同样适用，原因是，内核在进程退出的时候会通过内部使用 close( )系统调用自动关闭所有相关的文件。

5. 读写方法

读写方法完成的任务是相似的，即复制数据到应用程序空间，或从应用程序空间复制数据。它们的原型相似，如下所示：

```
ssize_t read(struct file * filp , char * buff ,
             size_t count , loff_t * offp);
ssize_t write(struct file * filp , const char * buff ,
              size_t count , loff_t * offp);
```

参数 filp 是文件指针，count 是请求传输的数据长度，buff 是指向用户空间缓冲区的指针，最后的 offp 是一个指向 long offset type（长偏移量类型）对象的指针，这个对象指明用户在文件中进行存取操作的位置。

和这两个设备方法相关的主要问题是，需要在内核地址空间和用户地址空间传输数据。我们不能沿用写应用程序的习惯，使用指针或者 memcpy( )来完成这样的操作。出于许多原因，不能在内核空间中直接使用用户空间地址。

内核空间地址与用户空间地址之间很大的一个差异是，用户空间的内存是可被换出的。当内核访问用户空间指针时，相对应的页面可能已经不在内存中了，这样就会产生页面失效。

在 Linux 系统中，此类跨空间的复制是由一些特定的函数完成的，它们在 asm/uaccess.h 中定义。这样的复制或者通过一般的（如 memcpy( )）函数完成，或者通过为特定的数据大小做了优化的函数来完成。

驱动程序中的 read( )和 write( )代码要做的工作就是在用户地址空间和内核地址空间之间进行数据的复制。这种能力是由下面的内核函数提供的，它们用于复制任意的一段字节序列。这也是每个 read( )和 write( )方法实现的核心部分：

```
#include <asm/uaccess.h>
unsigned long copy_to_user(void *to , const void * from ,
                unsigned long count);
unsigned long copy_from_user(void *to , const void * from ,
                unsigned long count);
```

这两个函数的作用并不限于复制数据，它们还检查用户空间的指针是否有效。如果指针无效，就不会进行复制；如果在复制过程中遇到无效地址，则仅仅会复制有效部分的数据。函数的返回值是尚未复制完的内存数据字节数。如果不需要检查用户空间指针，则可以调用下面的两个函数：

```
unsigned long __copy_to_user(void *to , const void * from ,
        unsigned long count);
```

```
unsigned long __copy_from_user(void *to, const void * from,
                               unsigned long count);
```

无论这些方法传输了多少数据，一般都应更新*offp 所表示的文件位置。在大多数情况下，offp 参数就是指向 filp->f_pos 的指针。

图 6.3 表明了一个典型的 read 实现是如何使用其参数的。

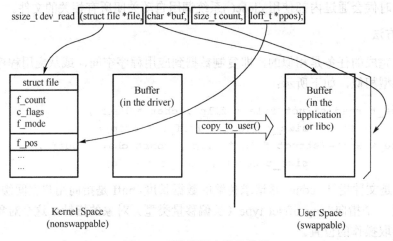

图 6.3 系统调用参数的传递

调用程序对 read( )的返回值解释如下：
- 如果返回值等于传递给 read( )系统调用的 count 参数，则说明所请求的字节数传输成功完成了，这是最理想的情况。
- 如果返回值是小于 count 的正数，则说明只有部分数据传送成功。
- 如果返回值是 0，则表示已经达到了文件尾。
- 返回值负数意味着发生了错误，通过对该值的分析可以获知发生了什么错误。linux/errno.h 中定义了错误标识的宏。

timer 代码利用了部分读取的规则，每次只提供最多 1024 字节数据。

```
/* timer.c */
...
ssize_t timer_read(struct file * filp, char * buf,
                   size_t count, loff_t * f_pos )
{
    struct dtimer * i8254 = (struct dtimer *) filp -> private_data ;
    int port = i8254 -> port ;
    int retval ;

    if( count > 1024 )
        count = 1024;

    insb(port, i8254 -> buf, count);

    retval = copy_to_user(buffer, i8254 -> buf, count);
    * f_pos += count ;
```

```
            return count - retval ;
    }
```

与 read( )类似，write( )方法也有相对应的返回值规则，它们与 read( )的返回值意义基本相同。

由于 Intel8254 每个计数器的数据寄存器只有 16 位，最多只允许写入两个字节，后写入的数据将覆盖之前的数据。当工作方式设置为仅高字节或仅低字节读写时，写入计数器数据寄存器的值只有最后写入的一个字节生效，因此在 write( )方法中只处理用户空间传来的最后两个字节。

```
    /* timer.c */
    ...
    ssize_t timer_write(struct file * filp , const char * buf ,
                    size_t count , loff_t * f_pos )
    {
        struct dtimer * i8254 = (struct dtimer *) filp -> private_data ;
        int port =  i8254 -> port ;
        int i , len ;
        char localbuf [2];

        len =  count ;
        if(count >  2)
            count =  2;
        copy_from_user(localbuf , & buf [ len - count ], count);
        for (i =  0; i <  count ; i ++)
            outb(localbuf [i], port);

        * f_pos +=  count ;
        return count ;
    }
```

6. llseek 实现

llseek( )方法实现了 lseek( )和 llseek( )系统调用（glibc 中没有实现 llseek( )的系统调用）。如果定位操作对应于设备的一个物理操作，或者要实现基于文件尾的定位，用户可能就需要提供自己的 llseek( )方法。在 timer 驱动程序中简单实现了定位功能：

```
    /* timer.c */
    ...
    loff_t timer_llseek(struct file * filp , loff_t off , int whence )
    {
        loff_t newpos ;
        switch( whence ) {
            case SEEK_SET :
                newpos =  off ;
                break;
            case SEEK_CUR :
                newpos =  filp -> f_pos + off ;
```

```
            break;
        case SEEK_END :
            newpos = 1024 + off ;
            break;
        default:              /* can't happen */
            return - EINVAL ;
    }
    if(newpos < 0)
        return - EINVAL ;

    if(newpos >= 1024)
        newpos = 0;           /* rewind */

    filp -> f_pos = newpos ;
    return newpos ;
}
```

6.4.4 I/O 控制

除了读写设备之外，设备驱动程序还需要提供各种各样的硬件控制能力。这些控制操作一般都是通过 ioctl( )方法来支持的。ioctl( )系统调用为设备驱动程序执行"命令"提供了一个设备特定的入口点。与 read( )等方法不同，ioctl( )是设备特定的，它允许应用程序访问被驱动硬件的特殊功能，如配备设备、进入或退出某种操作模式等。这些控制操作不能简单地通过 read( )/write( )文件操作来完成。例如，串行设备控制器有数据寄存器和控制寄存器，向串口写入的数据通过数据寄存器发送，它不能用于写控制寄存器来改变波特率和数据格式。ioctl( )的作用就在于控制 I/O 通道。

在驱动程序 timer 中，改变每个定时器的工作方式，需要将一个具有特定格式的数据写到 Intel8254 的控制寄存器。这项工作不应与写到数据寄存器的初始化计数值相混淆，因此也需要通过 ioctl( )实现。

在用户空间内调用的 ioctl( )函数一般具有如下原型：

```
    int ioctl(int fd , int cmd , ...);
```

原型中的"..."并不是数目不定的一串参数，而只是一个可选参数，习惯上定义为字符指针。这里用"..."只是为了在编译时防止编译器进行类型检查。第三个参数的具体形式依赖于要完成的控制命令，也就是第二个参数。

另一方面，设备驱动程序的 ioctl( )方法是按照如下原型获取其参数的：

```
    int (* unlocked_ioctl )(struct file * filp ,
        unsigned int cmd , unsigned long arg);
```

参数 cmd 由用户空间不经修改地传递给驱动程序，可选的 arg 参数无论用户程序使用的是指针还是整数值，它都以 unsigned long 的形式被传递给驱动程序。如果调用程序没有传递第三个参数，那么驱动程序所接收的 arg 没有任何意义。

在编写 ioctl( )方法代码之前，需要选择对应不同命令"cmd"的编号。理论上，命令号可以是任意 32 位的整数。为方便程序员创建唯一的 ioctl( )命令号，Linux 内核采用结构化的

IOCTL 格式定义 ioctl( )命令号（请阅读内核帮助文档 ioctl-number.txt）。它将命令号分解成以下 4 个字段。

1. type（类型）

选择一个 8 位（_IOC_TYPEBITS）的魔数（magic number）作为类型码，并在整个驱动程序中统一使用这个数字。

2. number（号码）

序数，在其他字段都相同的情况下由它来进行区分命令的功能。它的位宽也是 8 位（_IOC_NRBITS）。

3. direction（方向）

如果该命令有数据传输，它就定义数据传输的方向。可以使用的值有：_IOC_NONE（不产生数据传输）、_IOC_READ、_IOC_WRITE 和_IOC_READ | _IOC_WRITE。它在命令编号中占 2 位。

4. size（大小）

所涉及的用户数据大小，占据剩余的 14 位。

头文件 asm/ioctl.h 定义了如下一些可以用于构造命令号的宏。

- _IO(type, nr)：无数据传输。
- _IOR(type, nr, size)：读数据。
- _IOW(type, nr, size)：写数据。
- _IOWR(type, nr, size)：读写数据。

另外，以下宏用于解码 IOCTL 命令，提取相关的字段。

- _IOC_DIR(nr)：提取方向标志位。
- _IOC_TYPE(nr)：提取类型（魔数）。
- _IOC_NR(nr)：提取命令序号。
- _IOC_SIZE(nr)：提取数据大小。

下面是驱动程序 timer 中的一些 IOCTL 命令定义。这些命令用来设置和获取驱动程序的配置参数。

```
/* timer.h */
...
/* Use 'x' as a magic number */
#define IOCTL_MAGIC 'x'

#define TIMER_IOCRESET  _IO(IOCTL_MAGIC , 0)
/*
 * S means "Set" through a pointer
 * T means "Tell" directly with the argument value
 * G means "Get": reply by setting through a pointer
 * Q means "Query": response is on the return value
 * X means "eXchange": G and S atomically
 * H means "sHift": T and Q atomically
 */
```

```
#define TIMER_IOCSBYTE  _IOW (IOCTL_MAGIC ,  1, int)
#define TIMER_IOCSMODE  _IOW (IOCTL_MAGIC ,  2, int)
#define TIMER_IOCTBYTE  _IO  (IOCTL_MAGIC ,  3)
#define TIMER_IOCTMODE  _IO  (IOCTL_MAGIC ,  4)
#define TIMER_IOCGBYTE  _IOR (IOCTL_MAGIC ,  5, int)
#define TIMER_IOCGMODE  _IOR (IOCTL_MAGIC ,  6, int)
#define TIMER_IOCQBYTE  _IO  (IOCTL_MAGIC ,  7)
#define TIMER_IOCQMODE  _IO  (IOCTL_MAGIC ,  8)
#define TIMER_IOCXBYTE  _IOWR(IOCTL_MAGIC ,  9, int)
#define TIMER_IOCXMODE  _IOWR(IOCTL_MAGIC , 10, int)
#define TIMER_IOCHBYTE  _IO  (IOCTL_MAGIC , 11)
#define TIMER_IOCHMODE  _IO  (IOCTL_MAGIC , 12)
#define TIMER_IOCHNONE  _IO  (IOCTL_MAGIC , 13) /* debugging tool */
#define TIMER_SPEAKERON _IO  (IOCTL_MAGIC , 14) /* turn speaker on */
#define TIMER_IOC_MAXNR 14

#define TIMER_HIGH (0b00100000 )  /* access counter MSB */
#define TIMER_LOW  (0b00010000 )  /* access counter LSB */
```

以上定义的命令宏也应对用户空间的应用程序可见。

从调用方的观点即从用户空间来看,传送和接收参数有以下 6 种途径(见清单 6.3)。

清单 6.3　用户空间调用 ioctl( )的 6 种途径

```
int cword ;
ioctl (fd , TIMER_IOCSMODE , & cword);
ioctl (fd , TIMER_IOCTMODE , cword);
ioctl (fd , TIMER_IOCGMODE , & cword);
cword = ioctl (fd , TIMER_IOCQMODE);
ioctl (fd , TIMER_IOCXMODE , & cword);
cword = ioctl (fd , TIMER_IOCHMODE , cword);
```

尽管根据已有的约定,ioctl( )应该使用指针完成数据交换,但仍可以尝试使用更多的方法实现整数参数的传递——通过指针和通过显式的数值。同样,返回值也有两种方法:通过 ioctl( )第三个参数指针或通过设置返回值。此外,写入新的参数,同时返回旧的参数,也是 ioctl( )一种有用的功能,在我们的驱动程序里把它称为"Exchange"和"Shift",分别用 TIMER_IOCXMODE 和 TIMER_IOCHMODE 实现。

在驱动程序 timer 中,我们打算通过 ioctl( )读写 Intel8254 的控制寄存器。对于写控制寄存器格式已在图 6.2 中说明。对控制寄存器的操作包含三个部分的内容:(1)计数器操作方式(是 8 位读写还是 16 位读写);(2)工作方式(方式 0~5);(3)计数值格式(是二进制还是十进制)。驱动程序只设置工作方式字的计数器读写方式(图 6.2 中的 D5、D4 两位)和计数器工作方式(图 6.2 中的 D3、D2、D1 三位),对方式控制字的最低一位仅考虑 D0=0 一种情况。表 6.1 给出 Intel 8254 回读命令的格式。

当回读命令 D5 为 0 时,将锁存 D3~D1 指定的计数器,以便随后正确读取[①]。驱动程序暂不打算实现这个功能。

---

① 由于读计数器需要对 16 位寄存器的高低 8 位分两次读取,如果计数器不锁存,当计数值变化于临界状态(如低字节为 0x00,再经一个计数周期将变为 0xff,而高字节也发生了变化)时,连续两次读取后拼接出的 16 位数字会导致错误。

表 6.1　Intel8254 回读命令的格式

D7	D6	D5	D4	D3	D2	D1	D0
1	1	$\overline{\text{CNT}}$	$\overline{\text{ST}}$	CNT2	CNT1	CNT0	0

回读命令第四位 D4 为 0 时，锁存状态信息。随后，从对应计数器寄存器读到的值称为状态字，其最低 6 位对应该计数器当前的工作方式（与图 6.2 的低 6 位含义相同）。

驱动程序 timer 实现对状态字操作的代码在 ioctl( )方法中。

当一个指针指向用户空间时，必须确保指向的用户地址是合法的，而且对应的页面也已经映射。内核 2.2.x 及以后版本的地址验证是通过函数 access_ok( )实现的：

```
#include <asm/uaccess.h>
int access_ok(int type , const void * addr , unsigned long size);
```

第一个参数应该是 VERIFY_READ 或 VERIFY_WRITE，取决于要执行的动作是读还是写用户空间内存区。addr 参数是用户空间地址，size 是字节数。例如，如果 ioctl( )要从用户空间读一个整数，size 就是 sizeof（int）。如果在指定的地址处既要读又要写，则应该用 VERIFY_WRITE，写允许的时候，读允许的条件一定是满足的。

与大多数函数不同，access_ok( )返回一个布尔值 1 表示访问成功，0 表示访问失败。如果失败，则驱动程序通常要返回-EFAULT 给调用者。

timer 的源代码在 switch 语句前，通过分析 IOCTL 编码的位字段来检查参数：

```
/* timer.c */
...
long timer_ioctl(struct file * filp , unsigned int cmd ,
        unsigned long arg )
{
    int err = 0, tmp ;
    int ret = 0;
    /*
     * extract the type and number bitfields , and don't decode
     * wrong cmds: return ENOTTY (inappropriate ioctl) before access_ok( )
     */
    if(_IOC_TYPE(cmd ) != IOCTL_MAGIC )
        return - ENOTTY ;
    if(_IOC_NR(cmd ) > TIMER_IOC_MAXNR )
        return - ENOTTY ;
    /*
     * the direction is a bitmask , and VERIFY_WRITE catches R/W
     * transfers. 'Type' is user-oriented , while
     * access_ok is kernel-oriented , so the concept of "read" and
     * "write" is reversed
     */
    if(_IOC_DIR(cmd ) & _IOC_READ )
        err = ! access_ok(VERIFY_WRITE ,(void *) arg , _IOC_SIZE(cmd ));
    else if(_IOC_DIR(cmd ) & _IOC_WRITE )
        err = ! access_ok(VERIFY_READ ,(void *) arg , _IOC_SIZE(cmd ));
```

```
        if(err )
            return - EFAULT ;
        ...
```

在调用 access_ok( )之后,驱动程序可以安全进行实际的数据传送了。除了 copy_from_user( )和 copy_to_user( )函数外,还可以使用已经为最常用的数据大小优化过的一组函数:

```
        #include <asm/uaccess.h>
        int put_user(datum , ptr);
        int __put_user(datum , ptr);
        int get_user(local , ptr);
        int __get_user(local , ptr);
```

这些宏把数据写到用户空间,或从用户空间接收数据保存在局部变量 local 中。它们的执行效率相对高一些。如果要传递单个数据时,应该使用它们而不是 copy_to/from_user( )一组。被传送的字节数依赖于 sizeof(*ptr)。返回值为 0 表明操作成功。与 copy_to/from_user( )一组类似,__put_user( )和__get_user( )不检查用户空间指针。

timer 的 ioctl( )实现中只传递设备的可配置参数:

```
        /* timer.c */
        ...
        long timer_ioctl(struct file * filp , unsigned int cmd ,
                    unsigned long arg )
        {
            ...
            i8254 = (struct dtimer *) filp -> private_data ;
            port = i8254 -> port ;
            portnum = (port & 3) << 6;
            cntbit = 2 <<(port & 3)
            outb (0b11100000 | cntbit , 0x43);    /* 发送状态字回读命令 */
            oldstatus = inb(port);                /* 读状态字 */

            switch ( cmd ) {
            case TIMER_IOCRESET :                 /* 复位,喇叭关闭 */
                outb (0x0 , 0x61);
                ret = 0;
                break;
            case TIMER_SPEAKERON :                /* 喇叭打开 */
                outb (0x3 , 0x61);
                ret = 0;
                break;
            /* 以下用于工作方式控制 */
            case TIMER_IOCSMODE :                 /* Set:参数来自指针 */
                ret = get_user(status ,(int *) arg);
                status = (status << 1) | portnum ;
                oldstatus &= (TIMER_HIGH | TIMER_LOW);
                status |= oldstatus;
                outb(status , port);
```

```c
            break;
        case TIMER_IOCTMODE :                    /* Tell:参数来自变量 */
            status = (arg << 1) | portnum ;
            oldstatus &= (TIMER_HIGH | TIMER_LOW);
            status |= oldstatus ;
            outb(status , port);
            ret = 0;
            break;
        case TIMER_IOCGMODE :                    /* Get:通过指针返回 */
            oldstatus &= 0b00001110 ;
            oldstatus >>= 1;
            ret = put_user(oldstatus ,(char *) arg);
            break;
        case TIMER_IOCQMODE :                    /* Query:通过函数返回值 */
            oldstatus &= 0b00001110 ;
            ret = oldstatus >> 1;
            break;
        case TIMER_IOCXMODE :                    /* eXchange:新旧参数通过指针交换 */
            ret = get_user(status ,(int *) arg);
            if(ret == 0) {
                tmp = (oldstatus & 0b00001110 ) >> 1;
                ret = put_user(tmp ,(int *) arg);
                oldstatus &= (TIMER_LOW | TIMER_HIGH);
                status = (status << 1) | portnum ;
                status |= oldstatus ;
                outb(status , port);
            }
            break;
        case TIMER_IOCHMODE : /* sHift: Tell + Query */
            status = (arg << 1) | portnum ;
            status |=(oldstatus &(TIMER_HIGH | TIMER_LOW ));
            outb(status , port);
            oldstatus &= 0b00001110 ;
            ret = oldstatus >> 1;
            break;
        /* 以下用于高低字节控制 */
        case TIMER_IOCSBYTE :
            ret = get_user(status ,(int *) arg);
            status |= portnum ;
            oldstatus &= 0b00001110 ;
            status |= oldstatus ;
            outb(status , port);
            break;
        case TIMER_IOCTBYTE :
            status = arg | portnum ;
            oldstatus &= 0b0001110 ;
            status |= oldstatus ;
```

```c
            outb(status , port);
            ret = 0;
            break;
        case TIMER_IOCGBYTE :
            oldstatus &= (TIMER_HIGH | TIMER_LOW);
            ret = put_user(oldstatus ,(char *) arg);
            break;
        case TIMER_IOCQBYTE :
            ret = oldstatus &(TIMER_HIGH | TIMER_LOW);
            break;
        case TIMER_IOCXBYTE :
            ret = get_user(status ,(int *) arg);
            if(ret == 0) {
                tmp = oldstatus &(TIMER_HIGH | TIMER_LOW);
                ret = put_user(tmp ,(int *) arg);
                oldstatus &= 0b00001110 ;
                status |= portnum ;
                status |= oldstatus ;
                outb(status , port);
            }
            break;
        case TIMER_IOCHBYTE :
            status = arg | portnum ;
            status |=(oldstatus & 0b00001110);
            outb(status , port);
            ret = oldstatus &(TIMER_HIGH | TIMER_LOW);
            break;
        default:
            return - ENOTTY ;
    }
    return ret ;
}
```

6.4.5 阻塞型 I/O

1. 睡眠和唤醒

当进程等待一个事件（如数据到达或其他进程终止）时，它应该进入睡眠。睡眠使该进程暂时挂起，腾出处理器给其他进程使用。在将来的某个时间，等待的事件发生了，进程被唤醒并继续执行。

Linux 中有几种处理睡眠和唤醒的方法，每一种分别适合于不同的需求。不过，所有方法都要处理同一个基本数据类型：等待队列（wait_queue_head_t）。确切地说，等待队列（wait queue）其实是由正等待某事件发生的进程组成的一个队列。下面是等待队列的声明和初始化部分：

```c
#include <linux/wait.h>
wait_queue_head_t my_queue ;
    ...
```

```
init_waitqueue_head (& my_queue);
```

如果一个等待队列被声明为静态的，则可以在编译时对它进行初始化：

```
DECLARE_WAIT_QUEUE_HEAD(my_queue);
```

一旦声明了等待队列，并完成了初始化，进程就可以使用它进入睡眠。根据睡眠深度的不同，可调用 wait_event( ) 的不同变体宏来进入睡眠[①]。

```
wait_event(wait_queue_head_t queue , int condition);
```

把进程放入这个队列睡眠，等待条件 condition 为真。如果进程所等待的事件永远也不发生，进程就醒不过来了。

```
wait_event_interruptible(wait_queue_head_t queue , int condition);
```

除了睡眠可以被信号中断以外，该变体工作方式和 wait_event( ) 类似。

```
wait_event_timeout(wait_queue_head_t queue ,
        int condition , long timeout);
wait_event_interruptible_timeout(wait_queue_head_t queue ,
        int condition , long timeout);
```

与前面相似，不同之处是到了指定时间 timeout 后就不再睡眠。timeout 以 jiffies 为单位（见 6.8.1 节）。

原则上，驱动程序开发人员应该使用这些函数/宏中的"可中断的"形式。

相应地，内核提供的用来唤醒进程的高级函数有：

```
#include <linux/wait.h>
/* 唤醒等待队列中的所有进程 */
void wake_up(wait_queue_head_t * queue);
/* 只唤醒可中断睡眠的进程 */
void wake_up_interruptible(wait_queue_head_t * queue);
```

作为使用等待队列的一个例子，想象一下当进程读设备时进入睡眠而在其他人写设备时被唤醒的情景。清单 6.3 的代码完成此事。

清单 6.4　可中断睡眠 sleepy.c

```
1    #include <linux/module.h>
2    #include <linux/fs.h>
3    #include <linux/sched.h>
4    #include <linux/wait.h>
5
6    #define DEVICE_NAME " sleepy "
7    #define MAJOR_NUM 234
8
9    static DECLARE_WAIT_QUEUE_HEAD(wq);
10   static int flag = 0;
11
```

[①] 2.4 内核版本中使用 sleep_on( ) 的一组函数。

```
12    ssize_t sleepy_read(struct file * filp ,
13                        char * buffer ,
14                        size_t length ,
15                        loff_t * offset )
16    {
17        printk (" Process %i (% s) is going to sleep .\n" ,
18              current -> pid , current -> comm);
19        wait_event_interruptible (wq , flag !=0);
20        flag = 0;
21        printk (" Awoken %i (% s) .\n" , current -> pid , current -> comm);
22        return 0;
23    }
24
25    ssize_t sleepy_write(struct file * filp ,
26                        const char * buffer ,
27                        size_t length ,
28                        loff_t * offset )
29    {
30        printk (" Process %i (% s) is awakening the readers ...\n" ,
31              current -> pid , current -> comm);
32        flag = 1;
33        wake_up_interruptible (& wq);
34        return length ;
35    }
36
37    struct file_operations fops = {
38        read : sleepy_read ,
39        write : sleepy_write
40    };
41
42    int init_module()
43    {
44        int major ;
45        major = register_chrdev(MAJOR_NUM , DEVICE_NAME , & fops);
46        if(major == 0) {
47            printk (" Device registed .\n");
48            return 0;
49        } else
50            return -1;
51    }
52
53    void cleanup_module()
54    {
55        unregister_chrdev(MAJOR_NUM , DEVICE_NAME);
56    }
```

2. 测试睡眠和唤醒

编译清单 6.4 的程序，加载 sleepy.ko，创建一个主设备号为 234 的设备文件/dev/sleepy。在一个终端中输入命令"cat /dev/sleepy"时，命令被挂起，内核打印"Process XXX （cat） is going to sleep."的消息（"cat"命令导致内核 read( )方法被调用）。从另一个终端输入"echo "0" >/dev/sleepy"将结束之前的"cat"命令，并可以看到内核打印"Awoken XXX （cat)."消息，进程"cat"被唤醒（"echo"命令的输出重定向导致内核 write( )方法被调用）。

3. 阻塞型和非阻塞型操作

在分析 read( )和 write( )方法之前，我们先要了解 filp->f_flags 中的 O_NONBLOCK 标志的作用。这个标志在 linux/fcntl.h 中定义，而此头文件自动被包含在 linux/fs.h 中。

这个标志的名字取自"非阻塞打开"（open-nonblock）[①]。这个标志在默认时要被清除，因为等待数据的进程一般只是睡眠。

执行阻塞型操作时，应该实现下列动作以保持和标准语义一致：

- 如果一个进程调用了 read( )，但是还没有数据可读，就必须阻塞此进程。数据一旦到达，进程随即被唤醒，并把数据返回给调用者。
- 如果一个进程调用了 write( )，但缓冲区没的空间，就必须阻塞此进程。而且，必须睡眠在与读进程不同的等待队列上。当向硬件设备写入一些数据，从而腾出了部分输出缓冲区后，进程即被唤醒，write( )调用成功。

如果指定了 O_NONBLOCK 标志，read( )和 write( )的行为就会有所不同。如果在数据没有就绪时调用 read( )或在缓冲区没有空间时调用 write( )，则该调用简单地返回-EAGAIN。

非阻塞型操作会立即返回，使得应用程序可以查询数据。

6.5 设备驱动程序的使用

6.5.1 驱动程序与应用程序

在计算机应用系统中，设备驱动为应用程序提供访问设备的接口，它必须通过应用程序发挥作用。根据前面提到的设计原则，设备驱动程序本身不实现设备的具体功能。例如，在编写声卡的设备驱动时，我们不应考虑是用它来播放"mp3"文件还是"wma"文件，而只需要考虑如何用它将数字量转换成模拟量。至于数字量是通过 mp3 格式的解码还是 wma 格式的解码得到，则应交给应用程序完成。

应用程序访问设备驱动的唯一途径是设备文件；实现设备功能最终将落实在对设备端口的读写操作上。一个标准的应用程序形式通常包含下面的代码：

```
int fd = open ("/dev/device", O_RDWR);
/* get "len" bytes from device. */
n = read (fd , buf , len);
...
/* send "len" bytes to device. */
```

[①] 内核和一些应用软件中可能还会有 O_NDELAY 标志的引用，这是 O_NONBLOCK 的另一个名字，它是为保持和 System V 代码的兼容性而设计的。

```
                n = write (fd , buf , len);
```

如果驱动程序通用性好，上面的 read( )、write( ) 系统调用也可以使用系统的基本命令实现。例如，"cat" 命令会读取文件（包括设备文件）；将设备文件作为输出重定向目标则会调用 write( ) 函数。如果没有对输入/输出数据的特殊处理要求，无须特地编写程序，直接使用系统命令就可以实现设备的功能。

6.5.2 内核源码中的模块结构

本章讨论的模块（或设备驱动）是独立于内核之外编写的，并未纳入官方维护的内核源码。内核开发人员会将具有一定普遍意义的、其重要性值得为内核引入的代码加入内核树，为新的内核版本增加新的特性。内核源码中的配置文件 Kconfig 为扩展内核功能提供了接口。

配置文件 Kconfig 包含为内核提供的模块配置选项和其他目录的配置。其他目录的配置通过 "source" 包含另一个 Kconfig 完成。drivers//char/Kconfig 如清单 6.5 所示。

清单 6.5　drivers/char/Kconfig

```
 1    #
 2    # Character device configuration
 3    #
 4
 5    menu " Character devices "
 6    ...
 7    source "drivers/tty/Kconfig"
 8    ...
 9    config TTY_PRINTK
10        tristate " TTY driver to output user messages via printk "
11        depends on EXPERT && TTY
12        default n
13        --- help ---
14            If you say Y here , the support for writing user messages (i.e.
15            console messages ) via printk is available.
16
17            The feature is useful to inline user messages with kernel
18            messages.
19            In order to use this feature , you should output user messages
20            to /dev/ttyprintk or redirect console to this TTY.
21
22            If unsure , say N.
23    ...
24    endmenu
```

"config" 定义模块的名称，该模块名加上前缀 "CONFIG_" 后被添加到最后生成的配置文件 ".config" 中，作为定义变量提供给 Makefile。如果模块的属性是 "bool"，该变量的值有两个选择："y" 或 "n"，分别表示"是"与"否"；如果模块的属性是 "tristate"，则它有三个选择："y"、"n" 或 "m"，"m" 表示"模块"。实际上，"n" 并不出现在 ".config" 中，而是在 "CONFIG_" 前面加上 "#" 符号将其注释掉，相当于这个变量不存在。"help

下面的文字会出现在配置内核的帮助界面中,帮助用户理解该模块的作用。

源码树中每一个子目录的 Makefile 通过定义一系列的"obj-$(CONFIG_*)"变量告诉内核编译器,哪些模块应编入内核("obj-y"),哪些模块应编译成模块("obj-m"),编译时依赖哪些文件。顶层 Makefile 会根据各级子目录 Makefile 定义的变量形成最后的编译规则。

6.5.3 将模块加入内核

如果需要将我们自己编写的模块加入内核,则需要完成下面的工作。

(1)确定模块的名称,避免与内核已经定义的模块宏名冲突。这里,我们将模块宏定义为"MYDEVICE"。

(2)修改 Makefile,以适应内核树的格式。

将清单 6.2 中的"obj-m"改成"obj-$(CONFIG_MYDEVICE)",并根据模块的性质,选择一个适当的目录,将我们自己编写的模块(或称设备驱动)目录整体复制到该目录下。

(3)添加 Kconfig:

```
#
#Add DEVICE to kernel source tree
#
menu "My Device"                    #向上级菜单提示

config MYDEVICE                     #对应 Makefile 中 CONFIG_MYDEVICE
    tristate "my device"            #tristate or bool
    default m
    help
        This module will be added to kernel
endmenu
```

(4)上级 Makefile 增加 CONFIG_MYDEVICE 选项,使其指向该模块目录:

```
obj-$(CONFIG_MYDEVICE) += mydevice/
```

(5)上级 Kconfig 增加入口:

```
source "drivers/char/mydevice/Kconfig"
```

这里,假定将我们编写的模块目录"mydevice"置于内核源码的"drivers/char"子目录中。

完成上述工作后,在内核的配置选项"My Device"就会出现在"Character Devices"菜单中。

6.6 调 试 技 术

内核是一个比较特殊的程序,它与特定的进程无关,不宜使用普通的调试器跟踪和调试。内核的错误常常会导致系统宕机,调试器也无能为力。本节讨论一些监控内核代码运行的方法,试图跟踪可能出现错误的场合。

6.6.1 输出调试

1. printk

通过附加不同日志级别（loglevel）或者消息优先级，可让 printk( )根据这些级别所标示的严重程度对消息进行分类。一般采用宏来指示日志级别。例如 KERN_INFO，我们在前面已经看到它被添加在一些打印语句的前面，就是一个可以使用的消息日志级别。日志级别宏展开为一个字符串，在编译时由预处理器将它和消息文本拼接在一起。这也就是为什么下面的例子中优先级和格式字串间没有逗号的原因。

下面有两个 printk( )的例子：一个是调试信息，另一个是临界信息。

```
printk(KERN_DEBUG " Here I am : %s: %i\n", __FILE__ , __LINE__);
printk(KERN_CRIT "I 'm trashed ; giving up on %p\n" , ptr);
```

在头文件 linux/kernel.h 中定义了 8 种可用的日志级别字符串。
- KERN_EMERG：用于紧急事件消息，它们一般是系统崩溃之前提示的消息。
- KERN_ALERT：用于需要立即采取动作的情况。
- KERN_CRIT：临界状态，通常涉及严重的硬件或软件操作失败。
- KERN_ERR：用于报告错误状态。设备驱动程序会经常使用 KERN_ERR 报告来自硬件的问题。
- KERN_WARNING：对可能出现问题的情况进行警告，这类情况通常不会对系统造成严重问题。
- KERN_NOTICE：有必要进行提示的正常情形。许多与安全相关的状况用这个级别进行汇报。
- KERN_INFO：提示性信息。很多驱动程序在启动的时候，以这个级别打印出它们找到的硬件信息。
- KERN_DEBUG：用于调试信息。每个字符串（以宏的形式展开）代表一个尖括号中的整数，整数值的范围为 0～7。数值越小，优先级越高。

没有指定优先级的 printk( )语句默认采用的级别是 DEFAULT_MESSAGE_LOGLEVEL，这个宏在文件 kernel/printk/printk.c 中指定为一个整数值。在内核源码配置选项菜单 "Kernel hacking -> printk and dmesg options" 可以看到这样的选项：

```
[*] Show timing information on printks
(7) Default console loglevel (1-15)
(4) Default message log level (1-7)
[*] Delay each boot printk message by N milliseconds
[ ] Enable dynamic printk( ) support
```

这个配置下的内核，默认的消息日志级别是 4。根据日志级别，内核可能会把消息打印到当前控制台上。这个控制台可以是一个字符模式的终端、一个串口打印机或一个并口打印机。如果优先级小于控制台日志级别 console_loglevel 这个整数值（上面选项中同时也设定了控制台日志级别是 7），消息才能显示出来。如果系统同时运行了 klogd 和 syslogd，则无论为何值，内核消息都将追加到/var/log/messages 中，而与控制台日志级别的设置无关。如果 klogd 没有运行，这些消息就不会传递到用户空间，这种情况下，就只好查看/proc/kmsg 了。

变量 console_loglevel 的初始值是 DEFAULT_CONSOLE_LOGLEVEL，而且还可以通过 sys_syslog( )系统调用进行修改。调用 klogd 时可以指定 "-c" 开关选项来修改这个变量，klogd 的帮助手册对此有详细说明。如果要修改它的当前值，必须先终止守护进程 klogd，再用 "-c" 选项重新启动它。

如果在控制台上工作且常常遇到内核错误，则有必要降低日志级别。因为出错处理代码会把 console_loglevel 增加到它的最大数值，导致随后的所有消息都显示在控制台上。如果需要查看调试信息，则有必要提高日志级别。这在远程调试内核且在交互会话未使用文本控制台的情况下是很有帮助的。

proc 文件系统的/proc/sys/kernel/printk 提供了读取和修改控制台的日志级别的功能。这个文件包含 4 个整数值，分别对应控制台的当前日志级别、默认日志级别、最小允许日志级别和系统启动时的默认级别。可以通过简单地输入下面的命令使所有的内核消息得到显示：

```
# echo 8 > /proc/sys/kernel/printk
```

注意，不能使用普通的文本编辑器修改 proc 系统上的文件。到此应该解释了为什么在本章的第一个范例（见清单 6.1）中使用 "< 1 >" 这个标记。它确保这些消息能在控制台上显示出来。

2．消息如何被记录

printk( )函数将消息写到一个长度为 __LOG_BUF_LEN（定义在 kernel/printk/printk.c 中）字节的循环缓冲区中，然后唤醒任何正在等待消息的进程，即那些睡眠在 syslog 系统调用上的进程，或者读取/proc/kmsg 的进程。这两个访问日志引擎的接口几乎是等价的，不过请注意，对/proc/kmsg 进行读操作时，日志缓冲区中被读取的数据就不再保留，而 syslog 系统调用却能随意地返回日志数据，并保留这些数据以便其他进程也能使用。一般而言，读/proc 文件要容易些，这使它成为 klogd 的默认方法。

手工读取内核消息时，在停止 klogd 之后，可以发现/proc 文件很像一个 FIFO，读进程会阻塞在里面以等待更多的数据。显然，如果已经有 klogd 或其他的进程正在读取相同的数据，就不能采用这种方法进行消息读取，因为会与这些进程发生竞争。

如果循环缓冲区填满了，printk( )就绕回缓冲区的开始处填写新数据，覆盖最陈旧的数据，于是记录进程就会丢失最早的数据。但与使用循环缓冲区所带来的好处相比，这个问题可以忽略不计。例如，循环缓冲区可以使系统在没有记录进程的情况下照样运行，同时覆盖那些不再会有人去读的旧数据，从而使内存的浪费减到最少。Linux 消息处理方法的另一个特点是，可以在任何地方调用 printk( )，甚至在中断处理函数里也可以调用，而且对数据量的大小没有限制。这个方法的唯一缺点是可能丢失某些数据。

klogd 运行时，会读取内核消息并将它们分发到 syslogd。syslogd 随后查看/etc/syslog.conf，找出处理这些数据的方法。syslogd 根据设施和优先级对消息进行区分。这两者的允许值均定义在<sys/syslog.h>中。内核消息由 LOG_KERN 设施记录，并以 printk( )中使用的优先级记录（例如，在 printk( )中使用的 KERN_ERR 对应于 syslogd 中的 LOG_ERR）。如果没有运行 klogd，数据将保留在循环缓冲区中，直到某个进程读取或缓冲区溢出为止。

如果想避免因为来自驱动程序的大量监视信息而扰乱系统日志，则可以为 klogd 指定 "-f" 选项（file），指示 klogd 将消息保存到某个特定的文件，或者修改/etc/syslog.conf 来适应自己的需求。另一种可能的办法是采取强硬措施：停止 klogd 守护进程，而将消息详细地打印到空闲的虚拟终端上。

3. 开启和关闭消息

在驱动程序开发过程中，printk( )为调试和测试代码带来了很大的方便。但当程序正式发布时，可能需要删除这些打印语句，以降低系统的资源消耗，提高性能，减小代码规模。但在代码需要增加新的功能继续升级，或发现了其中的错误需要修改时，有可能希望恢复之前删除的打印消息的功能。下面是解决这个问题的一个思路。

这里给出了一个编写 printk( )调用的方法，可以单独或者全部地对它们进行开关。这个技巧是定义一个宏，在需要时，这个宏被展开为一个 printk( )或 printf( )调用。改变这个宏的名字（只要增减一个字母）将使宏展开失效。这种技巧不限于内核空间，用户空间的程序同样也可以借鉴。

下面这些来自 timer.h 的代码实现了这些功能。

```
/* timer.h */
...
#undef PDEBUG                           /* undef it, just in case */
#ifdef TIMER_DEBUG
#    ifdef __KERNEL__
       /* This one if debugging is on, and kernel space */
#      define PDEBUG(fmt , args ...) \
         printk(KERN_DEBUG " timer : " fmt , ## args )
#    else
       /* This one for user space */
#      define PDEBUG(fmt , args ...) fprintf(stderr , fmt , ## args )
#    endif
#else
#    define PDEBUG(fmt , args ...)     /* not debugging: nothing */
#endif

#undef PDEBUGG
#define PDEBUGG(fmt , args ...)         /* nothing: it's a placeholder */
```

符号 PDEBUG 依赖于是否定义了 TIMER_DEBUG，它能根据代码所运行的环境选择合适的方式显示信息：内核态运行时使用 printk( )系统调用；用户态下则使用 libc 调用 fprintf( )，向标准错误设备进行输出。符号 PDEBUGG 则什么也不做，它可以用来将打印语句注释掉，而不必把它们完全删除。由于预处理程序的条件语句（以及代码中的常量表达式）只在编译时执行，要再次打开或关闭消息必须重新编译。

另一种方法就是在程序中使用条件判断语句，它在运行时执行，因此可以在程序运行期间打开或关闭打印功能，无须重新编译。这一功能带来的问题是，每次代码执行时，系统都要进行额外的处理，甚至在消息关闭后仍然会影响性能。由此引入的处理器分支指令，有时候给处理器带来的开销还是比较可观的。

每一个驱动程序都会有自身的功能和监视需求。良好的编程技术在于选择灵活性和效率的最佳折中点。

6.6.2 查询调试

由于 syslogd 会一直保持对其输出文件的同步刷新，每打印一行都会引起一次磁盘操作，因此大量使用 printk( ) 会严重降低系统性能。从 syslogd 的角度来看，这样的处理是正确的。它试图把每件事情都记录到磁盘上，以防系统万一崩溃时，最后的记录信息能反映崩溃前的状况。然而，因处理调试信息而使系统性能减慢，是我们所不希望的。

驱动程序开发人员对系统进行查询时，可以采用两种主要的技术：在 proc 文件系统中创建文件，或者使用驱动程序的 ioctl( ) 方法。这里重点讨论通过 proc 文件系统查询信息的方法。

proc 文件系统是一种特殊的文件系统（伪文件系统），系统启动后通过下面的命令（在启动脚本中）将其挂载到/proc 目录：

```
# mount -t proc proc /proc
```

内核使用它向外界输出信息。/proc 下面的每个数字名称的目录都对应一个进程，其他每个文件都绑定于一个内核函数，这个函数在文件被读取时，动态地生成文件的"内容"。我们已经见到过这类文件的一些输出情况，例如，/proc/modules 列出的是当前载入模块的列表。

Linux 系统对/proc 的使用很频繁。现代 Linux 系统中的很多工具都通过/proc 来获取它们的信息，例如 ps、top 和 uptime 这些命令。我们在编写设备驱动程序时也可以通过/proc 输出信息。因为/proc 文件系统是动态的，所以驱动程序模块可以在任何时候添加或删除其中的文件项。

proc 文件不仅可以用于读出数据，也可以用于写入数据，只是在大多数应用场合，/proc 文件项是只读文件。本节将只涉及简单的只读情形。所有使用/proc 的模块必须包含 linux/proc_fs.h，通过这个头文件定义正确的函数。

为创建一个只读/proc 文件，驱动程序必须实现一个函数，用于在文件读取时生成数据。当某个进程读这个文件时（使用 read( ) 系统调用），该请求会通过接口函数发送到驱动程序模块。使用哪个接口取决于注册情况。2.4 版本以后的内核通过 create_proc_read_entry( ) 注册 read_proc( ) 方法[①]：

```
int (* read_proc )( char * page , char ** start , off_t offset ,
                    int count , int * eof , void * data);
```

参数表中的 page 指针指向将写入数据的缓冲区，start 被函数用来说明有意义的数据写在页面的什么位置，offset 和 count 这两个参数与在 read( ) 实现中的用法相同。eof 参数指向一个整型数，当没有数据可返回时，驱动程序必须设置这个参数；data 参数是一个驱动程序特有的数据指针，可用于内部记录。

无论采用哪个接口，内核都会分配一页内存（也就是 PAGE_SIZE 个字节，在一个标准的 32 位系统中一般是 4KB），驱动程序向这片内存写入将返回给用户空间的数据。

对于/proc 文件系统的用户扩展，其最初实现中的主要问题是，数据传输只使用单个内存页面。这样，就把用户文件的总体尺寸限制在了 4KB 以内（或者是适合于主机平台的其他值）。start 参数在这里就是用来实现大数据文件的，不过该参数可以被忽略。

如果 read_proc( ) 函数不对*start 指针进行设置（它最初为 NULL），内核就会假定 offset

---

① 更老的还有一个名为 get_info( )的接口。

参数被忽略,并且数据页包含了返回给用户空间的整个文件。反之,如果需要通过多个片段创建一个更大的文件,则可以把*start 赋值为页面指针,从而调用者也就知道了新数据放在缓冲区的开始位置。当然,应该跳过前 offset 个字节的数据,因为这些数据已经在前面的调用中返回。

一旦定义好了一个 read_proc( )函数,就需要把它与一个/proc 文件项关联起来。下面的调用以/proc/proctest 的形式来提供/proc 功能。

```
create_proc_read_entry (" proctest ",
0       /* default mode */,
NULL    /* parent dir */,
procfile_read ,
NULL    /* client data */);
```

这个函数的参数表包括:/proc 文件项的名称、应用于该文件项的文件许可权限(0 是个特殊值,会被转换为一个默认的、完全可读模式的掩码)、文件父目录的 proc_dir_entry 指针(我们使用 NULL 值使该文件项直接定位在/proc 下)、指向 read_proc 的函数指针,以及将传递给 read_proc( )函数的数据指针。

目录项指针(proc_dir_entry)可用来在/proc 下创建完整的目录层次结构。不过请注意,将文件项置于/proc 的子目录中有更简单的方法,即把目录名称作为文件项名称的一部分——只要目录本身已经存在。例如,有个新的约定,要求设备驱动程序对应的/proc 文件项应转移到子目录 driver/中。驱动程序可以简单地指定它的文件项名称为 driver/proctest,从而把它的/proc文件放到这个子目录中。

内核 3.10 版本以后,直接使用和设备注册相同的方式注册一个 file_operations 结构:

```
struct proc_dir_entry * proc_create (
    const char * name , umode_t mode ,
    struct proc_dir_entry * parent ,
    const struct file_operations * proc_fops
    );
```

模块初始化创建一个/proc 项:

```
/* procfs.c */
...
#define PROCFS_NAME    " proctest "
static struct proc_dir_entry * myprocfile ;
int init_module()
{
    /* create the /proc file */

    myprocfile = proc_create(PROCFS_NAME , 0666 , NULL , & fops);
    if(myprocfile == NULL ) {  /* create fail */
        remove_proc_entry(PROCFS_NAME , myprocfile);
        printk(KERN_ALERT " Error : Could not initialize / proc /% s\n" ,
            PROCFS_NAME);
        return - ENOMEM ;
    }
```

```c
    printk(KERN_INFO "/proc/%s created\n", PROCFS_NAME);
    return 0;    /* everything is ok */
}
```

下面是模块中 read( )和 write( )函数的简单实现：

```c
/* procfs.c */
...
static char procfs_buffer[1024];

ssize_t procfile_read(struct file * file,
                      char * buffer,
                      size_t count,
                      loff_t * f_pos)
{
    int ret;

    printk(KERN_INFO "procfile_read(/proc/%s)called\n", PROCFS_NAME);

    if(f_pos > 0){
        /* we have finished to read, return 0 */
        ret = 0;
    } else {
        /* fill the buffer, return the buffer size */
        memcpy(buffer, procfs_buffer, procfs_buffer_size);
        ret = procfs_buffer_size;
    }

    return ret;
}
ssize_t procfile_write(struct file * file,
                       const char * buffer,
                       size_t count,
                       loff_t * f_pos)
{
    printk(KERN_INFO "procfile_write(/proc/%s)called\n", PROCFS_NAME);
    /* get buffer size */
    procfs_buffer_size = count;

    if(procfs_buffer_size > PROCFS_MAX_SIZE )
        procfs_buffer_size = PROCFS_MAX_SIZE;

    /* write data to the buffer */
    if( copy_from_user(procfs_buffer, buffer, procfs_buffer_size ))
        return -EFAULT;

    return procfs_buffer_size;
}
```

在模块卸载时，/proc 中的文件项也应被删除。remove_proc_entry( )就是用来撤销 create_proc_read_entry( )或 proc_create( )所做工作的函数。

void remove_proc_entry(**const char** *, **struct** proc_dir_entry *);

6.6.3 监视调试

有时，通过监视用户空间中应用程序的运行情况，可以捕捉到一些小问题。监视程序同样也有助于确认驱动程序工作是否正常。例如，看到 timer 的 read( )实现如何响应不同数据量的 read( )请求后，我们就可以判断它是否工作正常。

有许多方法可监视用户空间程序的工作情况。可以用调试器一步步地跟踪它的函数，插入打印语句，或者在 strace 状态下运行程序。在检查内核代码时，最后一项技术最值得关注。我们将在此对它进行讨论。

strace 命令是一个功能非常强大的工具，它可以显示程序所调用的所有系统调用。它不仅可以显示调用，而且还能显示调用参数，以及用符号方式表示的返回值。当系统调用失败时，错误的符号值（如 ENOMEM）和对应的字符串（如 Out of memory）都能被显示出来。strace 有许多命令行选项，下面是几个常用的。

-t：显示调用发生的时间。
-T：现实调用花费的时间。
-e：限定被跟踪的调用类型。
-o：输出到一个文件中。默认的情况下，strace 将跟踪信息打印到标准错误输出设备上。

strace 从内核中接收信息。这意味着一个程序无论是否按调试方式编译（用 gcc 的"-g"选项）或被去掉了符号信息都可以被跟踪。与调试器可以连接到一个运行进程并控制它一样，strace 也可以跟踪一个正在运行的进程。

跟踪信息通常用于生成错误报告，然后发给应用开发人员，它对内核开发人员调试设备驱动也非常有用，它可以帮助检查系统调用中输入和输出数据的一致性。例如，在一个使用了"open(fd, buf, 2000)"语句的应用程序中，调用驱动程序 timer 读取设备文件/dev/timer，"strace ./readfunc"可以看到下面这些相关信息：

```
...
open("/dev/timer", O_RDWR)              = 3
read(3, "\240\23\235\23\231\23"..., 2000) = 1024
exit_group(0)                           = ?
```

设备文件"/dev/timer"被打开，返回文件描述符 3，试图从 3 号文件读取 2000 字节，实际返回值 1024，这正是驱动程序限制的。

有经验的开发人员可以在 strace 的输出中发现很多有用信息。如果觉得这些符号过于拖累的话，则可以仅限于监视文件方法（open( )、read( )等）是如何工作的。strace 能够确切查明系统调用的哪个参数引发了错误，这一点对调试是大有帮助的。

6.6.4 故障调试

大部分错误来源于不正确的指针使用上。在用户空间的应用程序也是如此。用户空间错误的指针引用通常会导致"Segment Fault"，在内核空间同样会导致严重问题，内核出问题时更难调试。尽可能多地收集错误信息对于解决问题是有帮助的，内核的 oops 消息起到的就是这样的作用。

由于处理器使用的地址都是虚拟地址，所以任何一个逻辑地址都需要通过页表转换映射到物理地址。当引用一个未经页表记录的逻辑地址时，页面映射机制就不能将地址映射到物理地址。此时，处理器就会向操作系统发出一个"页面失效"的信号。如果地址非法，内核就无法"换页"到并不存在的地址上。如果此时处理器处于超级用户模式，系统就会触发一个"oops"。

klogd 守护进程能在 oops 消息到达记录文件之前对它们解码，并记录下故障发生时的地址（通常是非法的地址）和寄存器的状态，这些是开发人员定位错误的重要信息。有时候，这些信息还不够，而且在内核出错的时候，klogd 崩溃也是常事。一个更为强大的分析工具 ksymoops 有助于开发人员进一步解决问题。Ksymoops 由 Linux 开发团队维护，可以在 https://www.kernel.org/pub/linux/utils/kernel/ksymoops/获得它的源码和各发行版的可执行程序。

6.6.5 使用 gdb 调试工具

使用 gdb 调试内核时，必须把内核看成一个应用程序。除了指定未压缩的内核镜像文件名外，还应该在命令行中提供"core 文件"的名称。对于正运行的内核，所谓 core 文件就是这个内核在内存中的核心镜像/proc/kcore。典型的 gdb 调试命令采用如下方式启动：

```
$ gdb /usr/src/linux/vmlinux /proc/kcore
```

第一个参数是未经压缩的内核可执行文件的名字，而不是 zImage 或 bzImage 以及其他任何压缩过的内核。gdb 命令行的第二个参数是 core 文件的名字。与其他/proc 中的文件类似，/proc/kcore 也是在被读取时产生的。当在/proc 文件系统中执行 read( )系统调用时，它会映射到一个用于数据生成而不是数据读取的函数上。kcore 用来按照 core 文件的格式表示内核"可执行文件"。由于它要表示对应于所有物理内存的整个内核地址空间，所以是一个非常巨大的文件。在 gdb 的使用中，可以通过标准 gdb 命令查看内核变量。例如，p jiffies 可以打印从系统启动到当前时刻的时钟嘀嗒数。

gdb 打印数据时，内核仍在运行，不同数据项的值会在不同时刻有所变化。gdb 为了优化调试过程，会将已经读到的数据缓存起来。如果再次读取这些数据，会得到和之前所看到的相同的值。对普通应用程序来说，这个结果没有问题，但对于正在运行的内核来说，再次打印出与上次相同的 jiffies 值就是错的。解决的方法是，在需要刷新 gdb 缓冲区的时候，执行命令 core-file/proc/kcore，调试器将使用新的 core 文件并丢弃所有的旧信息。不过，读新数据时并不总是需要执行 core-file 命令，gdb 以几 KB 大小的小数据块形式读取 core 文件，缓存的仅是已经引用的若干小块。

对内核进行调试时，gdb 通常能提供的许多功能都不可用。例如，gdb 不能修改内核数据，因为在处理其内存镜像之前，gdb 期望把待调试程序运行在自己的控制之下。同样，也不能设置断点或观察点，或者单步跟踪内核函数。

编译内核时，也可以启用调试选项"-g"为 gdb 提供有用的源程序符号，产生的 vmlinux 更适合于 gdb。当用"-g"选项编译内核并且和/proc/kcore 一起使用 vmlinux 运行调试器时，gdb 可以返回很多内核内部信息。例如，可以使用下面的命令来转储结构数据，如 p *module_list、p *module_list->next 和 p *chrdevs[4]->fops 等。为了在使用 p 命令时取得最好效果，有必要保留一份内核映射表和随手可及的源码。

不过要注意，用"-g"选项编译出的内核镜像比不使用"-g"选项编译出来的大得多。在第 2 章介绍 strip 命令时，我们已从相反的过程看到了，调试信息在程序里占有多大的空间。

利用 gdb 的另一个有用的功能是反汇编，用 disassemble 反汇编代码，用 x/i 检查十六进制指令或数据。但 gdb 不能反汇编一个模块的函数，因为调试器作用的是 vmlinux，它并不知道模块的情况。如果试图通过地址反汇编模块代码，gdb 很有可能会返回"Cannot access memory at xxxx"这样的信息。基于同样的原因，也不能查看属于模块的数据项。如果已知变量的地址，则可以从/dev/mem 中读出它们的值。但要弄明白从系统内存中分解出的原始数据的含义，其难度是相当大的。

如果需要反汇编模块函数，最好对模块的目标文件用 objdump 工具进行处理。遗憾的是，该工具只能对磁盘上的文件副本进行处理，而不能对运行中的模块进行处理。因此，由 objdump 给出的地址都是未经重定位的地址，与模块的运行环境无关。对未经链接的目标文件进行反汇编的另一个不利因素是，其中的函数调用仍是未做解析的，所以就无法轻松地区分是对 printk( )的调用还是对 kmalloc( )的调用。

正如上面看到的，当目的在于查看内核的运行情况时，gdb 是一个有用的工具。但对于设备驱动程序的调试，它还缺少一些至关重要的功能。

6.6.6 使用内核调试工具

另外两个有用的工具是 kdb 和 kgdb，可以把它们看成内核的调试器前端。kdb 可以用于检查内核运行时的存储器、寄存器、进程列表，甚至也可以在指定位置设置断点。如果编译内核时开启了 CONFIG_KALLSYMS，还可以以名称访问内建的一些符号。但它不是一个源码级的调试器。源码级调试器是 kgdb 设计的初衷。

调试内核时，kgdb 要与 gdb 配合使用，它让 gdb 可以进入内核，监视存储器和变量，查看调用栈的信息，在内核中设置断点，执行一些有限的单步调试，就像调试应用程序的效果一样。

使用 kgdb 时同样也需要配置内核的相关选项。使能 kgdb 的相关选项也在 kernel hacking 子菜单下：

```
<*> KGDB: use kgdb over the serial console
[*] KGDB: internal test suite
[ ] KGDB: Run tests on boot
[*] KGDB_KDB: include kdb frontend for kgdb
(0x1) KDB: Select kdb command functions to be enabled by default
[ ] KGDB_KDB: keyboard as input device
(0) KDB: continue after catastrophic errors
```

kgdb 调试时，需要两台计算机：一台正常工作的计算机作为主机，运行一个针对目标系统 vmlinux 的 gdb 实例；经过特殊配置的待调试内核运行在另一台作为目标系统的计算机中。二者通过特定的 I/O 连接，连接方式取决于目标系统的支持模块。使用串行终端的是 kgdboc （意为 kgdb over console），如果通过以太网接口调试，则是 kgdboe （kgdb over ethernet）。这两个参数中的一个需要在目标系统启动时通过 BootLoader 传递给内核。例如，通过下面这种方式将监控终端和调试终端都设为 ttySAC2：

```
console=ttySAC2,115200 kgdboc=ttySAC2,115200
```

主机则在 gdb 提示符下通过

```
(gdb) target remote /dev/ttyS0
```

与目标系统连接。/dev/ttyS0 是主机连接串口的设备文件。

6.7 硬件管理与中断处理

6.7.1 I/O 寄存器和常规内存

I/O 寄存器和 RAM 的最主要区别就是 I/O 操作具有边际效应[①]，而内存操作则没有：内存写操作的唯一结果就是在指定位置存储一个数值；内存读操作则仅仅返回指定位置最后一次写入的数值。由于内存访问速度对 CPU 的性能至关重要，而且也没有边际效应，所以可用多种方法进行优化，如使用高速缓存保存数值、重新排序读写指令等。

编译器能够将数值缓存在 CPU 寄存器中而不写入内存，即使存储数据，读写操作也都能在高速缓存中进行而不用访问物理 RAM。无论在编译器一级或硬件一级，指令的重新排序都有可能发生：一个指令序列如果以不同于程序文本中的次序运行，常常能执行得更快。例如，在防止 RISC 处理器流水线的互锁时就是如此。在 CISC 处理器上，耗时的操作则可以和运行较快的操作并发执行。

在对常规内存进行这些优化的时候，优化过程是透明的，而且效果良好（至少在单处理器系统上是这样）。但对 I/O 操作来说，这些优化很可能造成致命的错误，因为它们会干扰"边际效应"，而这却是驱动程序访问 I/O 寄存器的主要目的。处理器无法预料到某些其他进程（在另一个处理器上运行，或在某个 I/O 控制器中）是否会依赖于内存访问的顺序。因此，驱动程序必须确保不会使用高速缓存，并且在访问寄存器时不会发生读或写指令的重新排序：编译器或 CPU 可能会自作聪明地重新排序所要求的操作，结果是发生奇怪的错误，并且很难调试。

由编译器优化和硬件重新排序引起的问题的解决办法是，在从硬件角度看必须以特定顺序执行的操作之间设置内存屏障。Linux 提供了四个函数（宏）来解决所有可能的排序问题。

```
#include <linux/kernel.h>
void barrier(void);
#include <asm/system.h>
void rmb(void);
void wmb(void);
void mb(void);
```

函数 barrier( )通知编译器插入一个内存屏障,但对硬件无效。编译后的代码会把当前 CPU 寄存器中的所有修改过的数值存到内存，需要这些数据的时候再重新读出来。后三个函数在已编译的指令流中插入硬件内存屏障；具体的插入方法是与平台相关的。rmb( )（读内存屏障）保证了屏障之前的读操作一定会在后来的读操作执行之前完成。wmb( )保证写操作不会

[①] 此处所谓的"边际效应"（side effect），有时又被译为"副作用"。它是指对 I/O 寄存器的读出值与上一次的写入值之间没有关系。

乱序，mb( )指令保证了两者都不会。这些函数都是 barrier( )的超集。

设备驱动程序中使用内存屏障的典型格式如下：

```
writel(dev -> registers.addr , io_destination_address);
writel(dev -> registers.size , io_size);
writel(dev -> registers.operation , DEV_READ);
wmb();
writel(dev -> registers.control , DEV_GO);
```

在这个例子中，最重要的是应确保控制某特定操作的所有设备寄存器一定要在操作开始之前正确设置。其中的内存屏障会强制写操作以必需的次序完成。因为内存屏障会影响系统性能，所以应该只用于真正需要的地方。不同类型的内存屏障影响性能的方面也不同，所以最好尽可能使用针对需要的特定类型。例如在当前的 X86 体系结构上，由于处理器之外的写不会重新排序，wmb( )就没什么用。可是读会重新排序，所以 mb( )会比 wmb( )慢一些。

在有些体系结构上允许把赋值语句和内存屏障进行合并以提高效率。2.4 版本内核提供了几个执行这种合并的宏，它们默认情况下定义如下：

```
#define set_mb(var , value ) do { var = value ; mb();} while 0
#define set_wmb(var , value ) do { var = value ; wmb();} while 0
#define set_rmb(var , value ) do { var = value ; rmb();} while 0
```

在适当的地方，asm/system.h 中定义的这些宏可以利用体系结构特有的指令更快地完成任务。

1. 使用 I/O 端口

I/O 端口是驱动程序与许多设备之间的信息交换通道。6.3.4 节介绍了分配和释放端口的函数。

驱动程序请求了需要使用的 I/O 端口范围后，肯定是需要读或者写这些端口。为此，大多数硬件都把 8 位、16 位和 32 位的端口区分开来。它们不能像访问系统内存那样混淆。因此，C 语言程序必须调用不同的函数来访问大小不同的端口。仅支持存储器映射 I/O 的处理器架构通过把 I/O 端口地址重新映射到内存地址来模拟端口 I/O，并且为了易于移植，内核对驱动程序隐藏了这些细节。Linux 内核与体系结构相关的头文件 asm/io.h 中定义了如下一些访问 I/O 端口的内联函数。

```
unsigned inb(unsigned port);
void outb(unsigned char byte, unsigned port);
unsigned short inw(unsigned port);
void outw(unsigned short word , unsigned port);
unsigned long inl(unsigned port);
void outl(unsigned longword , unsigned port);
```

函数名后缀"b"、"w"、"l"分别表示按 8 位、16 位或者 32 位读写端口。它们与处理器架构相关，在一些平台上可能不支持。

上面这些函数主要是提供给设备驱动程序使用的，但它们也可以在用户空间使用，至少在 PC 类计算机上可以使用。GNU 的 C 库在<sys/io.h>中定义了这些函数。如果要在用户空间代码中使用 inb( )这类函数，则必须满足下面这些条件：

（1）编译该程序时必须带-O 选项来强制内联函数的展开。

（2）必须用 ioperm( )或 iopl( )来获取对端口进行 I/O 操作的许可。ioperm( )用来获取对单个端口的操作许可，而 iopl( )用来获取对整个 I/O 空间的操作许可。这两个函数都是 Intel 平台特有的。

（3）必须以 root 身份运行该程序才能调用 ioperm( )或 iopl( )。或者，该程序的某个祖先已经以 root 身份获取了对端口操作的权限。

如果宿主平台没有 ioperm( )和 iopl( )系统调用，用户空间程序仍然可以使用/dev/port 设备文件访问 I/O 端口。不过要注意，该设备文件的含义和平台的相关性是很强的，并且除 PC 上以外，它几乎没有用处。

清单 6.6 中的程序是在 PC 上用户空间直接读写端口的例子，它利用 PC 的可编程计数器和扬声器输出一个音阶的声音。我们在 6.4 一节实现了它的驱动。这里跳过驱动层直接操作端口。在本例中，2 号计数器是一个分频器（工作方式三），对 1.19MHz 时钟进行分频，输出一个方波，通往扬声器；端口 0x61 是一组控制开关，其中最低位是控制 2 号计数器的开关，次低位是控制扬声器的开关。

清单 6.6　直接读写端口输出声音 notes.c

```
1    /* notes.c */
2    #include <sys/io.h>
3    #include <unistd.h>
4
5    int main(int argc , char * argv [])
6    {
7        int notes [] = {
8            131 , 147 , 165 , 175 , 196 , 220 , 247 , 262};
9        int i , cnt ;
10       unsigned char hi , lo ;
11
12       /* setuid(getuid( )); */
13       ioperm (0x42 , 0x2 , 0xffff);
14       ioperm (0x61 , 1, 0xffff);
15       outb (0xb6 , 0x43);
16       outb (0x3 , 0x61); /* Enable Speaker */
17       for(i = 0; i < 8; i ++) {
18           cnt = 1193182 / notes [i ];
19           hi = cnt / 256;
20           lo = cnt % 256;
21           outb (lo , 0x42);
22           outb (hi , 0x42);
23           usleep (200000);
24       }
25       outb(0, 0x61);            /* Disable Speaker */
26       return 0;
27   }
```

如果想冒险，可以将它们设置上 SUID 位。这样，不用显式地获取特权就可以使用硬件了。

以上的 I/O 操作都是一次传输一个数据。作为补充，有些处理器上实现了一次传输一个数据序列的特殊指令（例如 X86 的串操作指令），序列中的数据单位可以是字节、双字节或字（四字节）。这些指令称为串操作指令，它们执行这些任务时比 C 语言写的循环语句快得多。下面列出的宏实现了串 I/O，它们或者使用一条机器指令实现，或者在没有串 I/O 指令的平台上使用紧凑循环实现。

```
void insb(unsigned port , void * addr , unsigned long count);
void outsb(unsigned port , void * addr , unsigned long count);
void insw(unsigned port , void * addr , unsigned long count);
void outsw(unsigned port , void * addr , unsigned long count);
void insl(unsigned port , void * addr , unsigned long count);
void outsl(unsigned port , void * addr , unsigned long count);
```

函数名后缀 "b"、"w"、"l" 分别表示对数据总线 8 位、16 位和 32 位的端口操作。

2. 使用 I/O 内存

I/O 内存仅仅是类似 RAM 的一个区域，处理器在该区域中可以通过总线访问设备。这种内存有很多用途，比如存放视频数据或网络包。这些用设备寄存器也能实现，其行为类似于 I/O 端口（比如，读写时有边际效应）。

访问 I/O 内存的方法和计算机体系结构、总线，以及设备是否正在使用有关，不过原理都是相同的。这里只讨论 ISA 和 PCI 内存。

根据计算机平台和所使用总线的不同，I/O 内存可能是通过页表访问的，但也可能不是通过页表。如果访问是经由页表进行的，内核必须首先安排物理地址使其对设备驱动程序可见。（这通常意味着在进行任何 I/O 之前必须先调用 ioremap( )）。如果访问不需要页表，那么 I/O 内存区域就很像 I/O 端口，可以使用适当形式的函数读写它们。

不管访问 I/O 内存时是否需要调用 ioremap( )，都不建议直接使用指向 I/O 内存的指针，尽管 I/O 内存在硬件一级是像普通 RAM 一样寻址的。使用 "包装的" 函数访问 I/O 内存，一方面，在所有平台上都是安全的；另一方面，在可以直接对指针指向的内存区域执行操作的时候，这类函数是经过优化的。因此，即使在 x86 平台允许使用指针的情况下，用指针代替宏的做法也会影响驱动程序的可移植性和可读性。

前已述及（见 6.3.4 节）设备内存区域在使用前应先分配。这和 I/O 端口注册过程类似。在不同的处理器平台上，内核对 I/O 区域的内存映射有不同的策略。一些计算机平台上保留了部分内存地址空间留给 I/O 区域，并且自动禁止对该内存范围内的虚拟地址的映射。用在个人数字助理（Personal Digital Assistant，PDA）中的 MIPS 处理器就是这种配置的一个有趣的实例。两个各为 512MB 的地址段直接映射到物理地址，对这些地址范围内的任何内存访问都绕过 MMU（Memory Management Unit，存储器管理单元），也绕过缓存。这些 512MB 地址段中的一部分是为外设保留的，驱动程序可以用这些无缓存的地址范围直接访问设备的 I/O 内存。

还有一些使用特殊的地址空间来解析物理地址，另一些则使用虚拟地址，这些虚拟地址被设置成访问时绕过处理器缓存。

当需要访问直接映射的 I/O 内存区时，仍然不应该直接使用 I/O 指针指向的地址——即使在某些体系结构中这么做也能正常工作。为了编写出的代码在各种系统和内核版本中都能工作，应该避免使用直接访问的方式，而代之以下列的宏：

```
#include <asm/io.h>
unsigned readb(address);
unsigned readw(address);
unsigned readl(address);
void writeb(unsigned value , address);
void writew(unsigned value , address);
void writel(unsigned value , address);
```

上述 read*( )、write*( )宏用来从 I/O 内存读写 8 位、16 位和 32 位的数据。使用宏的好处是不用考虑参数的类型：参数 address 是在使用前才强制转换的，因为这个值不清楚是整数还是指针，所以两者都要接收。读函数和写函数都不会检查参数 address 是否合法，因为这在解析指针指向区域的同时就能知道（我们已经知道有时它们确实扩展成指针的反引用操作）。

```
memset_io(address , value , count);
```

当需要在 I/O 内存上调用 memset( )时，这个函数可以满足需要，同时它保持了原来的 memset( )的语义。

```
memcpy_fromio(dest , source , num);
memcpy_toio(dest , source , num);
```

这两个函数用来和 I/O 内存交换成块的数据，功能类似于 C 库函数 memcpy( )。在较新的内核版本中，这些函数在所有体系结构中都是可用的。当然，具体实现会有不同：在一些平台上是扩展成指针操作的宏，在另一些平台上是真正的函数。不过，作为驱动程序开发人员，不需要关心它们具体是怎样工作的，只要会用就行了。

3．通过软件映射的 I/O 内存

尽管 MIPS 类的处理器使用直接映射的 I/O 内存，但这种方式在现在的平台中是相当少见的，特别是当使用外设总线处理映射到内存的设备时更是如此。

使用 I/O 内存时最普遍的硬件和软件处理方式是这样的：设备对应于某些约定的物理地址，但是 CPU 并没有预先定义访问它们的虚拟地址。这些约定的物理地址可以是硬连接到设备上的，也可以是在启动时由系统固件（如 BIOS）指定的。前一种的例子有 ISA 设备，它的地址或者是固化在设备的逻辑电路中，因而已经在局部设备内存中静态赋值，或者是通过物理跳线设置；后一种的例子有 PCI 设备，它的地址是由系统软件赋值并写入设备内存的，只在设备加电初始化后才存在。

不管哪种方式，为了让软件可以访问 I/O 内存，都必须有一种把虚拟地址赋予设备的方法。这个任务是由 ioremap( )函数完成的。这个函数因为与内存的使用相关，在前面已经提到过，它就是为了把虚拟地址指定到 I/O 内存区域而专门设计的。此外，由内核开发人员实现的 ioremap( )在用于直接映射的 I/O 地址时不起任何作用。

iounmap( )用于解除 ioremap( )的映射。一旦有了 ioremap( )和 iounmap( )，设备驱动程序就能访问任何 I/O 内存地址，而不管它是否直接映射到虚拟地址空间。不过要记住，这些地址不能直接引用，而应该使用像 readb( )这样的函数。

```
#include <asm/io.h>
void * ioremap(unsigned long phys_addr , unsigned long size);
void * ioremap_nocache(unsigned long phys_addr , unsigned long size);
void iounmap(void * addr);
```

函数 ioremap_nocache( )与硬件相关。如果有某些控制寄存器在这个区域，并且不希望发生写操作合并或读缓存的话，可以使用它。实际上，大多数计算机平台上这个函数的实现和 ioremap( )是完全一样的，因为在所有 I/O 内存都已经可以通过非缓存地址访问的情况下，没有必要再实现一个单独的、非缓存的 ioremap( )。

6.7.2 中断

1．中断的整体控制

由于设计上和硬件上的改变，Linux 处理中断的方法近几年来有所变化。早期 PC 中的中断处理很简单，中断的处理仅仅涉及一个处理器和 16 条中断信号线。而现代硬件则可以有更多的中断，并且还可能装配价格高昂的高级可编程中断控制器（APIC），控制器可以以一种智能（和可编程）的方式在多个处理器之间分发中断。

中断处理函数面临的一个问题是如何处理较长时间的中断服务。大量的中断需要及时响应，同时每个中断也不应该占用太长的时间。Linux 系统解决这个问题的办法是将中断任务分成两个"半部"——顶半（top half）和底半（bottom half）。顶半是响应中断的子程序，也就是用 request_irq( )注册的中断句柄。典型的应用中，顶半中将耗时的任务纳入调度器，以便稍后在方便的时候处理，这部分任务就是底半。顶半完成一些必要的工作后迅速结束。这两个半部的最大差别是，底半是在中断允许模式下运行的，不会耽误其他中断请求继续得到响应。

2．中断处理程序

如果读者确实想"看到"产生的中断，则仅仅通过向硬件设备写入是不够的，必须在系统中安装一个软件处理程序。如果 Linux 内核没有被通知硬件中断的发生，那么内核只会简单应答并忽略该中断。

中断信号线是非常珍贵且有限的资源，尤其是在系统上只有 15 根或 16 根中断信号线时更是如此。内核维护了一个中断信号线的注册表，它类似于 I/O 端口的注册表。模块在使用中断前要先申请一个中断通道（或者中断请求 IRQ），然后在使用后释放该通道。我们将会在后面看到，在很多场合下，模块也希望可以和其他的驱动程序共享中断信号线。下列函数实现了该接口：

```
#include <linux/sched.h>
int request_irq(unsigned int irq ,
    irqreturn_t (* handler )( int, void *) , unsigned long flags ,
    const char * dev_name ,
    void * dev_id);

void free_irq(unsigned int irq , void * dev_id);
```

通常，从 request_irq( )函数返回到调用函数的值为 0 时表示请求成功，负值表示错误码。

函数返回-EBUSY 表示已经有另一个驱动程序占用了正在申请的中断信号线。该函数的参数如下：

```
unsigned int irq ; /* 这是要申请的中断号 */
```

```
irqreturn_t (* handler )( int irq , void * dev_id);
```

这是要安装的中断处理函数指针。

```
unsigned long flags ;
```

这是一个与中断管理有关的位掩码选项。可以在标志中设置的位如下。

- SA_INTERRUPT
  当该位被设置时，表明这是一个"快速"的中断处理程序，快速处理程序是运行在中断禁止状态下的。
- SA_SHIRQ
  该位表示中断可以在设备之间共享。
- SA_SAMPLE_RANDOM
  该位指出产生的中断能对/dev/random 设备和/dev/urandom 设备使用的熵池有贡献。从这些设备读取数据，将会返回真正的随机数，从而有助于应用软件选择用于加密的安全密钥。这些随机数是从一个熵池中得到的，各种随机事件都会对该熵池有贡献，如果读者的设备以真正随机的周期产生中断，就应该设置该标志位。另一方面，如果中断是可预期的（例如，帧捕获卡的垂直消隐），就不值得设置这个标志位——它对系统的熵没有任何贡献。能受到攻击者影响的设备不应该设置该位，例如，网络驱动程序会被外部的事件影响到预定的数据包的时间周期，因而也不会对熵池有贡献。

```
const char * dev_name ;
```

传递给 request_irq( )的字符串，用来在/proc/interrupts 中显示中断的所属设备。

```
void * dev_id ;
```

这个指针用于共享的中断信号线。在释放中断信号线时，它是标识设备的唯一标识符。驱动程序也可以使用它指向驱动程序自己的私有数据区（用来识别哪个设备产生中断）。在没有强制使用共享方式时，dev_id 可以设置为 NULL，用它来指向设备的数据结构是一个比较好的思路。

中断处理程序可在驱动程序初始化时或者设备第一次打开时安装。虽然在模块初始化函数中安装中断处理程序似乎是个好主意，但实际上并非如此。因为中断信号线的数量是非常有限的，我们不会想着肆意浪费。计算机拥有的设备通常要比中断信号线多得多，如果一个模块在初始化时请求了 IRQ，即使驱动程序只是占用它而从未使用，也将会阻止任意一个其他的驱动程序使用该中断。而在设备打开的时候申请中断，则可以共享这些有限的资源。

出现这样的情况并非鲜见。例如，在运行一个与调制解调器公用同一中断的帧捕获卡驱动程序时，只要不同时使用两个设备就可以。用户在系统启动时装载特殊的设备模块是一种普遍做法，即使该设备很少使用。数据捕获卡可能会和第二个串口使用相同的中断。我们可以在捕获数据时，避免使用调制解调器连接到互联网服务供应商。但是，如果为了使用调制解调器而不得不卸载一个模块，则毕竟是一件麻烦的事。

调用 request_irq( )的正确位置应该是在设备第一次打开、硬件被告知产生中断之前；调用 free_irq( )正确的位置是在最后一次设备关闭、硬件被告知不要再中断处理器之后。这种技术的缺点是，必须为每个设备保存一个打开计数。如果使用一个模块控制两个或者更多的设备，那么仅仅使用模块计数是不够的。

下面这段代码片段演示了对 PC 并口的驱动。要申请的中断是 parport_irq。对这个变量的实际赋值与硬件结构有关。parport_base 是并口使用的 I/O 地址空间的基地址（在早期的 PC 中可能是 0x378 或 0x278）。向并口的 2 号寄存器（控制寄存器）的 bit4 写入 1，可以打开中断使能。

```
/* parport.c */
...
    if(parport_irq >= 0) {
        result = request_irq(parport_irq , parport_interrupt ,
                        SA_INTERRUPT , " parport " , NULL);
    if(result ) {
        printk(KERN_INFO " parport : can 't get assigned irq %i\n" ,
            parport_irq);
        parport_irq = -1;
    }
    else { /* bit4=并口中断允许位 */
        outb (0x10 , parport_base +2);
    }
}
```

从代码能够看出，已经安装的中断处理程序是一个快速的处理程序（SA_INTERRUPT），不支持中断共享（没有设置 SA_SHIRQ），并且对系统的熵没有贡献（也没有设置 SA_SAMPLE_RANDOM）。最后，代码执行 outb( )调用允许中断。

6.8 内核的定时

本节讨论如何理解内核定时机制：如何获得当前时间，如何将操作延迟指定的一段时间，如何调度异步函数经过指定的时间之后再执行。

6.8.1 时间间隔

1. 时钟中断

时钟中断由系统计时硬件以周期性的间隔产生，这个间隔由内核根据 HZ 的值设定。HZ 是一个与体系结构有关的常数，在文件 linux/param.h 中定义。可以将它理解为以 HZ 为单位的时间片任务调度频率。在主频为 1GHz 左右的硬件平台上，这个值在内核中默认设置为 250。HZ 值越大，任务的实时响应越好，但同时也增加了任务切换的开销。驱动程序应尽可能以 HZ 为基础进行计数，而不要使用特定的频率计数值。

内核维护一个全局变量 jiffies，在系统启动时初始化为 0。每次时钟中断发生时，变量

jiffies 的值就会加 1。因此，jiffies 的值就是自操作系统启动以来响应的时钟中断的次数（以 HZ 为计时周期数值）。jiffies 在头文件 linux/sched.h 中被定义为 unsigned long volatile 型变量，这个变量在经过长时间的连续运行后有可能溢出。

如果想改变系统时钟中断发生的频率，可以修改 HZ 值。有人使用 Linux 处理硬实时任务，为此，他们增大了 HZ 值以获得更快的响应时间，而情愿忍受额外的时钟中断产生的系统开销。总而言之，时钟中断的最好方法是保留 HZ 的默认值，我们有理由相信内核的开发者，他们选择的 HZ 值是合理的。

2. TSC 寄存器

如果需要度量非常短的时间，或是需要极高的时间精度，可以使用与特定平台相关的资源，这是将时间精度的重要性凌驾于代码的可移植性之上的做法。

绝大多数现代处理器都包含一个随时钟周期不断递增的计数寄存器。基于不同的平台，在用户空间，这个寄存器可能是可读写的，也可能是不可读写的；可能是 64 位的，也可能是 32 位的。如果是 32 位的，还得注意处理溢出的问题。无论该寄存器是否可写，我们都强烈建议不要重置它，即使硬件允许这么做。因为总可以通过先后两次读取该寄存器并比较其数值的差异来达到我们的目的，无须要求独占该寄存器并修改它的当前值。

最有名的计数器寄存器就是 TSC（Time Stamp Counter，时间戳计数器）。Intel X86 系列从 Pentium 处理器开始提供该寄存器，并包含在以后的所有 CPU 中。它是一个 64 位的寄存器，记录 CPU 时钟周期数。内核空间和用户空间都可以读取它。在 32 位 X86 系统中，指令"rdtsc"将该计数器的值读入两个 32 位的寄存器 EDX 和 EAX 中，在 X86-64 中则是读入 RDX 和 RAX 的低 32 位中。其他处理器架构也都有实现类似功能的计数器，只是名称不同。包含了头文件 asm/msr.h（意指 machine-specific registers，机器特有的寄存器）之后，就可以使用如下的宏获得计数器：

```
rdtsc(low , high);
rdtscl(low);
```

"high"、"low"是对应 TSC 寄存器的高、低 32 位的变量。由于是用宏实现的，作为返回值的参数可以不使用指针。前一个宏把 64 位的数值读到两个 32 位变量中，后一个只把寄存器的低 32 位读入一个 32 位变量。在大多数情况下，32 位计数已经够用了。举例来说，一个 1GHz 的系统使一个 32 位计数器溢出需 4.2s（$2^{32} \times 10^{-9}$）。如果要处理的时间比这短的话，就没有必要读出整个寄存器（但需要考虑一个 32 位寄存器回绕问题）。

在 X86 平台，下面的宏使用内联汇编实现读取 64 位 TSC 的功能：

```
#define rdtsc(low , high) \
    __asm__ __volatile__ (" rdtsc " : "=a"(low ), "=d"(high ))
```

下面这段代码可以测量该指令自身的运行时间：

```
unsigned long ini , end ;

rdtscl(ini); rdtscl(end);
printk (" time lapse : % li \n" , end - ini);
```

6.8.2 获取当前时间

内核一般通过 jiffies 值来获取当前时间。该数值表示的是自最近一次系统启动到当前的时间间隔，它和设备驱动程序不怎么相关，因为它的生命期只限于系统的运行期（uptime）。但驱动程序可以利用 jiffies 的当前值来计算不同事件间的时间间隔（比如在输入设备驱动程序中就用它来分辨鼠标的单击和双击）。

如果驱动程序真的需要获取当前的日历时间，可以使用 do_gettimeofday( ) 函数。该函数并不直接返回今天是几月几号星期几这样的日历信息，它是用秒和微秒值来填充一个指向 struct timeval 的指针变量，计时零点是 1970 年 1 月 1 日 0 时。用户空间的 gettimeofday( ) 系统调用函数中用的也是同一变量。do_gettimeofday( ) 的原型如下：

```
#include <linux/time.h>
void do_gettimeofday(struct timeval * tv);
```

下面是一段获取当前时间的内核代码，参考自 Jonathan Corbet 等人所著的 *Linux Device Drivers* 一书中的示例模块 jit（Just In Time），源代码可以从 O'Reilly 的 FTP 站点获得。

jit 模块将创建 /proc/currenttime 文件，读取该文件将以 ASCII 码的形式返回以下三项：
- jiffies 的当前值。
- 由 do_gettimeofday 返回的当前时间。
- 从 xtime 获得的当前时间。

我们选择动态的 /proc 文件，是因为可使模块代码量小些，不值得为返回三行文本而写一个完整的设备驱动程序。

清单 6.7 获取当前时间的内核代码 jit_current.c

```
1    /* jit_current.c */
2    ...
3    static int opened = 0;
4    int currenttime_open(struct inode * inode ,
5                          struct file * filp )
6    {
7        opened = 1;   /* read only once for each open */
8        return 0;
9    }
10
11   ssize_t currenttime_read(struct file * file ,
12                             char * buffer ,
13                             size_t count ,
14                             loff_t * f_pos )
15   {
16       int len ;
17       struct timeval tv1 ;
18       struct timespec tv2 ;
19       unsigned long j1 ;
20
```

```
21      if(opened  == 0)
22          return 0;
23
24      opened  = 0;
25      j1 = jiffies ;
26      do_gettimeofday (& tv1);
27      tv2 = current_kernel_time();
28
29      /* print */
30
31      len = sprintf(buffer ,"0x%08lx %10i.%06i\n"
32                           " %22i.%09i\n" ,
33                           j1 ,
34                           (int) tv1.tv_sec ,(int) tv1.tv_usec ,
35                           (int) tv2.tv_sec ,(int) tv2.tv_nsec);
36
37      return len ;
38  }
39
40  struct file_operations fops =  {
41      owner : THIS_MODULE ,
42      open : currenttime_open ,
43      read : currenttime_read ,
44  };
45
46  int init_module()
47  {
48      proc_create (" currenttime " , 0666 , NULL , & fops);
49      return 0;   /* everything is ok */
50  }
51
52  void cleanup_module()
53  {
54      remove_proc_entry (" currenttime " , NULL);
55  }
```

如果用 cat 命令在一个时钟嘀嗒内多次读该文件,就会发现 xtime 和 do_gettimeofday( ) 两者的差异了:xtime 更新的次数不那么频繁。

```
$ cd /proc; cat currenttime currenttime currenttime

0x100066d66      1504249131.380391       (gettimeofday)
                 1504249131.375766908    (kernel_time)
0x100066d66      1504249131.380480       (gettimeofday)
                 1504249131.375766908    (kernel_time)
0x100066d66      1504249131.380548       (gettimeofday)
                 1504249131.375766908    (kernel_time)
```

6.8.3 延迟执行

设备驱动程序经常需要将某些特定代码延迟一段时间后执行，通常是为了让硬件能完成某些任务。

1. 长延迟

如果想把执行延迟若干个时钟嘀嗒，或者对延迟的精度要求不高（比如毫秒到秒量级的延时等待），最简单的实现方法就是所谓的"忙等待"：

```
unsigned long j = jiffies + jit_delay * HZ ;

while(jiffies < j)
            /* nothing */;
```

它的工作原理很简单：因为内核的头文件中 jiffies 被声明为 volatile 型变量，每次访问它时都会重新读取，而该变量会在每次时钟中断时更新，因此该循环可以起到延迟的作用。尽管也是"正确"的实现，但应尽量避免使用，无论是在用户空间还是内核空间，用这类方法实现延迟都不是好办法。忙等待循环在延迟期间会锁住处理器，对于不可抢占内核，调度器不会中断运行在内核空间的进程。如果碰巧在进入循环之前又关闭了中断，jiffies 值就不会得到更新，while 循环的条件就永远为真，这时就不得不重启计算机了。

同样使用 jiffies，下面的例子是实现延迟较好的方法，它允许其他进程在延迟的时间间隔内运行，尽管这种方法不能用于硬实时任务或者其他对时间要求很严格的场合：

```
while(jiffies < j)
    schedule();
```

这种循环延迟方法仍不是最好的。程序通过 schedule( ) 让出了 CPU，运行系统调度其他任务，但当前任务本身仍在队列中，schedule( ) 会被反复执行多次。如果它是系统中唯一的可运行的进程，系统仍处于相当忙碌的状态（系统调用调度器，调度器选择同一个进程运行，此进程又再调用调度器，…），idle 进程（进程号为 0。由于历史原因被称为 swapper）绝不会被运行。系统空闲时运行 idle 进程可以减轻处理器负载、降低处理器温度、降低功耗、延长处理器寿命，对于电池供电的设备，还能延长电池的使用时间。而且，在延迟期间，实际上进程是在执行的，因此进程在延迟中消耗的所有时间都会被记录。反之，如果系统很忙，驱动程序等待的时间可能会比预计的长得多。一旦一个进程在调度时让出了处理器，则无法保证在 jiffies 到达预计时间时能很快获得处理器的资源。如果对时间响应延迟有要求的话，这种方式调用 schedule( ) 对驱动程序来说并不是一个安全的解决方案。

获得延迟的最好方法是请求内核为我们实现延迟。如果驱动程序使用等待队列等待某个事件，而又想确保在一段时间后一定运行该驱动程序，可以使用 wait_event( ) 函数的超时版本，即在 6.4.5 节中介绍的 wait_event_timeout( ) 和 wait_event_interruptible_timeout( )。这两个函数都能让进程在指定的等待队列上睡眠，并在超时期限到达时返回。由此，它们就实现了一种有上限的不会永远持续下去的睡眠。这里设置的超时值仍是要等待的 jiffies 数，而不是绝对的时间值。

如果驱动程序无须等待其他事件，可以用一种更直接的方式获取延迟，即使用 schedule_timeout( )：

```
set_current_state(TASK_INTERRUPTIBLE);
schedule_timeout(jit_delay * HZ);
```

上述代码行使进程进入睡眠直到指定时间。schedule_timeout( )处理一个时间增量而不是一个 jiffies 的绝对值。

2. 短延迟

有时，驱动程序需要用非常短的延迟与硬件同步。此时，使用 jiffies 值无法达到目的（HZ 为 250 时，一个 jiffies 单位的时间是 4ms）。这时，可以使用内核函数 ndelay( )、udelay( ) 和 mdelay( )。它们的原型如下：

```
#include <linux/delay.h>
void ndelay(unsigned long nanoseconds);
void udelay(unsigned long microseconds);
void mdelay(unsigned long milliseconds);
```

这些函数在绝大多数体系结构上是作为内联函数编译的。所有平台都实现了 udelay( )，而其他两个则未必。udelay( )使用软件循环延迟指定数目的微秒数，mdelay( )以 udelay( )为基础做循环，用于方便程序开发。udelay( )函数里要用到 BogoMips[①]值，它的循环基于整数值 loops_per_second。这个值是在系统引导阶段计算 BogoMips 时得到的结果。目前，大多数平台还没有实现纳秒级的延迟。

udelay( )函数只能用于获取较短的时间延迟，因为 loops_per_second 值的精度只有 8 位，所以当计算更长的延迟时会积累出相当大的误差。尽管最大能允许的延迟将近 1s（因为更长的延迟就要溢出），推荐的 udelay( )函数的参数的最大值是取 1000μs（1ms）。延迟大于 1ms 时可以使用函数 mdelay( )。

要特别注意的是，udelay( )是个忙等待函数（所以 mdelay( )也是忙等待），在延迟的时间段内无法运行其他的任务，因此要十分小心，尤其是 mdelay( )。除非别无他法，否则要尽量避免使用。

以上方法都在 jit 模块中实现，有兴趣的读者可阅读源代码。

6.8.4 定时器

内核中最终的计时资源还是定时器。定时器用于调度函数（定时器处理程序）在未来某个特定时间执行。

内核定时器被组织成双向链表（struct hlist_node）。这意味着我们可以加入任意多的定时器。定时器包括它的超时值（单位是 jiffies）和超时时要调用的函数。定时器处理程序需要接收一个参数，该参数和处理程序函数指针本身一起存放在一个数据结构中。

定时器的数据结构如下（linux/timer.h）：

```
struct hlist_node {
    struct hlist_node * next , ** pprev ;
};
```

[①] "bogus" 和 MIPS 的组合，一种不太严谨的计算机速度评估指标。

```c
struct timer_list {
    /*
     * All fields that change during normal runtime
     * grouped to the same cacheline
     */
    struct hlist_node   entry ;
    unsigned long       expires ;
    void                (* function )( unsigned long);
    unsigned long       data ;
    u32                 flags ;

#ifdef CONFIG_TIMER_STATS
    Int                 start_pid ;
    void                * start_site ;
    char                start_comm [16];
#endif
#ifdef CONFIG_LOCKDEP
    struct lockdep_map lockdep_map ;
#endif
};
```

定时器的超时值是个 jiffies 值。当 jiffies 值大于等于 timer->expires 时，就要运行 timer->function( )函数。

一旦完成对 timer_list 结构的初始化，add_timer( )函数就将它插入一张有序链表中，该链表每秒会被查询 100 次左右。即使某些系统（如 Alpha）使用更高的时钟中断频率，也不会更频繁地检查定时器列表。因为如果增加定时器分辨率，遍历链表的代价也会相应地增加。

用于操作定时器的有如下函数：

    void init_timer(**struct** timer_list * timer);

该内联函数用来初始化定时器结构。目前，它只将链表前后指针清零（在 SMP 系统上还有运行标志）。强烈建议程序员使用该函数来初始化定时器而不要显式地修改结构内的指针，以保证向前兼容。

    void add_timer(**struct** timer_list * timer);

该函数将定时器插入活动定时器的全局队列。

    int mod_timer(**struct** timer_list * timer , **unsigned long** expires);

如果要更改定时器的超时时间则调用它，调用后，定时器使用新的 expires 值。

    int del_timer(**struct** timer_list * timer);

如果需要在定时器超时前将它从列表中删除，则应调用 del_timer( )函数。但当定时器超时时，系统会自动地将它从链表中删除。

    int del_timer_sync(**struct** timer_list * timer);

该函数的工作类似 del_timer( )，不过它还确保了当它返回时，定时器函数不在任何 CPU 上运行。当一个定时器函数在无法预料的时间运行时，使用 del_timer_sync( )可避免产生竞争。大多数情况下都应该使用这个函数。调用 del_timer_sync( )时还必须保证定时器函数不会使用 add_timer( )把它自己重新加入队列。

jiq 示例模块是使用定时器的一个例子。/proc/jitimer 文件使用一个定时器来产生两行数据，所使用的打印函数和前面任务队列中用到的是同一个。第一行数据是由 read( )调用产生的（由查看/proc/jitimer 的用户进程调用），而第二行是 1 秒后定时器函数打印出的。

用于/proc/jitimer 文件的代码如清单 6.8 所示。

清单 6.8　内核使用定时器的例子 jitimer.c

```
1    /* jitimer.c */
2    ...
3    #define LIMIT    ( PAGE_SIZE -128)
4
5    static DECLARE_WAIT_QUEUE_HEAD(jiq_wait);
6
7    static struct clientdata {
8        struct seq_file *m;
9        unsigned long jiffies ;
10       int wait_cond ;
11   } jiq_data ;
12
13   /*
14    * 打印；任务重新调度时返回非零
15    */
16   static int jiq_print(void * ptr )
17   {
18       struct clientdata * data = ptr ;
19       struct seq_file *m = data ->m;
20       unsigned long j = jiffies ;
21
22       if (m -> count > LIMIT ) {
23           data -> wait_cond = 1;
24           wake_up_interruptible (& jiq_wait);
25           return 0;
26       }
27
28       if (m -> count ==  0)
29           seq_puts (m ,"     time    delta preempt   pid cpu command \n");
30
31       seq_printf (m , "  %9 li     %4 li   %3 i %5 i %3 i %s\n" ,
32                   j , j - data -> jiffies ,
33                   preempt_count() , current -> pid , smp_processor_id() ,
34                   current -> comm);
35
36       data -> jiffies = j;
37       return 1;
```

```c
38  }
39
40  static void jiq_timedout(unsigned long ptr )
41  {
42      struct clientdata * data = (void*) ptr ;
43      jiq_print (( void *) data);              /* print a line */
44
45      data -> wait_cond = 1;                   /* 睡眠结束的条件 */
46      wake_up_interruptible (& jiq_wait);      /* 唤醒 */
47  }
48
49  static int jiq_read_run_timer(struct seq_file *m , void *v)
50  {
51      struct timer_list jiq_timer ;
52
53      jiq_data.m = m;
54      jiq_data.jiffies = jiffies ;
55      jiq_data.wait_cond = 0;
56
57      init_timer (& jiq_timer);                /* 初始化定时器结构 */
58      jiq_timer.function = jiq_timedout ;
59      jiq_timer.data = (unsigned long)& jiq_data ;
60      jiq_timer.expires = jiffies + HZ ;       /* 准备睡眠1s */
61
62      jiq_print (& jiq_data);                  /* 打印数据，睡眠 */
63      add_timer (& jiq_timer);
64      wait_event_interruptible(jiq_wait , jiq_data . wait_cond);
65      del_timer_sync (& jiq_timer);            /* 删除定时器 */
66
67      return 0;
68  }
69
70  static int jiq_read_run_timer_proc_open(struct inode * inode ,
71                                          struct file * file )
72  {
73      return single_open(file , jiq_read_run_timer , NULL);
74  }
75
76  struct file_operations jiq_proc_fops = {
77      open:jiq_read_run_timer_proc_open ,
78      read:seq_read ,
79  };
80
81  int init_module(void)
82  {
83      proc_create (" jitimer " , 0, NULL , & jiq_proc_fops);
84      return 0; /* succeed */
```

```
85    }
86    ...
```

模块加载后,运行命令 cat /proc/jitimer 得到如下输出结果:

```
     time   delta preempt       pid cpu  command
4296512102    0         0     12459   0  cat
4296512352  250       256         0   0  swapper/0
```

注意 command 一列,第一行是访问/proc/jitimer 的命令(可以换成 head、more 命令尝试一下),而第二行与用户进程无关。

    定时器是竞争资源,即使是在单处理器系统中。对定时器函数访问的任何数据结构都要进行保护以防止并发访问,保护方法可以用原子类型或者用自旋锁。删除定时器时也要小心避免竞争。考虑这样一种情况:某一模块的定时器函数正在一个处理器上运行,这时在另一个处理器上发生了相关事件(文件被关闭或模块被删除)。结果是,定时器函数等待一种已不再出现的状态,从而导致系统崩溃。为避免这种竞争,模块中应该用 del_timer_sync( )代替 del_timer( )。如果定时器函数还能够重新启动自己的定时器(这是一种普遍使用的模式),则应该增加一个"停止定时器"标志,并在调用 del_timer_sync( )之前设置。这样,定时器函数执行时就可以检查该标志。如果已经设置,就不会用 add_timer( )重新调度自己了。

    还有一种会引起竞争的情况是修改定时器:先用 del_timer( )删除定时器,再用 add_timer( )加入一个新的定时器以达到修改目的。其实,在这种情况下简单地使用 mod_timer( )是更好的方法。

本 章 练 习

1. 内核模块和应用程序在结构上有什么不同?
2. 内核模块 init_module( )强行返回-1,还可以继续使用 rmmod 将其移除吗?为什么?
3. 在开发设备驱动程序的过程中,错误的操作常常导致驱动模块崩溃,占用的设备号无法释放。在不重启设备的前提下,有办法释放这种情况被占用的设备号吗?
4. 当一个设备驱动程序被安装(insmod)后,怎样查到该设备对应的设备号?
5. 能否将/dev 目录下的一个设备文件通过 cp 命令复制到个人的目录?如果不能,原因是什么?
6. 不使用 ioctl( )方法,如何实现用户程序与设备驱动之间的数据和控制/状态字的交换?仍以定时器 Intel8254 为例,简述实现方案。
7. 试分别用 jiffies、TSC 和 udelay( )或 mdelay( )设计 60min 的计时,测试它们的精度。

本章参考资源

1. 关于 Linux 系统设备驱动结构,参考《Linux 设备驱动(第 3 版)》(英文版:Linux Device Drivers, Third Edition,其作者是 Jonathan Corbet、Alessandro Rubini 和 Greg Kroah-Hartman;东南大学出版社影印版,2005 年 6 月。中文版:译者是魏永明、耿岳、钟书毅,由中国电力出版社于 2006 年出版)。
2. 关于定时器设备功能实现,参考 Intel8254 数据手册。

第 7 章 嵌入式 Linux 系统开发

Linux 已广泛用于各类计算应用，不仅包括 IBM 的微型 Linux 腕表、手持设备（PDA 和蜂窝电话）、Internet（因特网）装置、瘦客户机、防火墙、工业机器人和电话基础设施设备，甚至还包括基于集群的超级计算机。

嵌入式系统开发涉及大量可用的引导装载程序（BootLoader）、可裁剪的内核发行版（distribution）、文件系统和 GUI 等内容。这些丰富的选项允许用户调整开发或用户环境以适应不同的需要。对 Linux 嵌入式开发的概述将帮助读者理解这些过程。

Linux 使用采用 GPL 版权协议，所以任何对将 Linux 定制于 PDA、掌上机或者便携设备感兴趣的人都可以从网上免费下载其内核和应用程序，并进行移植和开发。Linux 正在嵌入式开发领域中稳步发展。许多 Linux 改良品种迎合了嵌入式/实时市场，包括 RTLinux（新墨西哥州数据挖掘和技术研究所开发）、Real-Time Linux（Linux 基金会项目）、μCLinux（用于非 MMU 设备的 Linux）、Monta vista Linux（用于 ARM、MIPS、PPC 的 Linux）、ARM-Linux（ARM 上的 Linux）和其他 Linux 系统。

嵌入式 Linux 开发大致涉及三个层次：引导装载程序、Linux 内核和嵌入式应用，其中嵌入式应用包含大量的图形用户接口（GUI）程序。本章将集中讨论涉及这三层的一些基本概念，介绍引导装载程序、内核和文件系统是如何交互的，并将研究可用于文件系统、GUI 和引导装载程序的众多选项中的一部分。

7.1 引导装载程序

引导装载程序通常是在任何硬件上执行的第一段代码。在像台式机这样的常规系统中，通常将引导装载程序装入硬盘的主引导记录 MBR（Master Boot Record）中，或者装入 Linux 驻留的磁盘的第一个扇区中。通常，在台式机或类似系统上，BIOS 将控制移交给引导装载程序。这就提出了一个有趣的问题：谁将引导装载程序装入在大多数情况下没有 BIOS 的嵌入式设备上呢？

解决这个问题有两种常规技术：专用软件和微引导代码（tiny bootcode）。专用软件可以直接与远程系统上的闪存设备进行交互，并将引导装载程序安装在闪存的给定位置中。这个软件使用目标机上的 JTAG（Joint Test Action Group，联合测试行为组织，以该组织名称命名的一种接口标准）端口，它是用于执行外部输入（通常来自主机）的指令的接口。Jflash-linux 是一种用于直接写闪存的流行工具。它支持为数众多的闪存芯片，它在主机上执行并通过 JTAG 接口使用并行端口访问目标的闪存芯片。当然，这意味着目标机需要有一个接口使它能与主机通信。Jflash-linux 在 Linux 和 Windows 版本中都可使用，可以在命令行中用以下命令启动它：

```
$ Jflash-linux <bootloader>
```

某些种类的嵌入式设备具有微引导代码（根据几个字节的指令）它将初始化一些 DRAM 设置并启用目标机上的一个串行（或者是 USB，或者是以太网）端口与主机程序通信。然后，主机程序或装入程序可以使用这个连接将引导装载程序传送到目标机上，并将它写入闪存。

在安装它并给予其控制后，这个引导装载程序执行下列各类功能：

- 初始化 CPU 速度。
- 初始化内存，包括启用内存库、初始化内存配置寄存器等。
- 初始化串行端口（如果在目标机上有的话）。
- 启用指令/数据高速缓存。
- 设置堆栈指针。
- 设置参数区域并构造参数结构和标记（这是重要的一步，因为内核在标识根设备、页面大小、内存大小以及更多内容时要使用引导参数）。
- 执行 POST（加电自检）来标识存在的设备并报告任何问题。
- 为电源管理提供挂起/恢复支持。
- 跳转到内核的开始。

带有引导装载程序、参数结构、内核和文件系统的典型内存布局可能如清单 7.1 所示。

清单 7.1　典型内存布局

```
/* Top Of Memory */
    Bootloader
    Parameter Area
    Kernel
    Filesystem
/* End Of Memory */
```

嵌入式设备上一些可免费使用的 Linux 引导装载程序有 Blob、Redboot、U-Boot 和 Bootldr 等。一些引导装载程序支持多种体系结构和多种闪存芯片。目前，在嵌入式 Linux 系统中使用较为广泛的是 U-Boot。

一旦将引导装载程序安装到目标机的闪存中，它就会执行上面提到的所有初始化工作。然后，它准备接收来自主机的内核和文件系统。一旦加载了内核，引导装载程序就将控制权转交给内核。

在开发工作的初期，还需要在主机平台上设置工具链，创建一个编译环境，用于编译在目标机上运行的内核和应用程序，因为目标机的处理器架构通常不具备与主机兼容的二进制指令集。

7.2 内核设置

Linux 社区正积极地为新硬件添加功能部件和支持、在内核中修正错误并且及时进行常规改进，平均每天会接收到 200 次左右的代码的提交或修改[1]。大约每 6 个月（或近 6 个月）就有一个稳定的 Linux 树的新发行版。不同的维护者维护针对特定体系结构的不同内核树和补丁。当为一个项目选择了一个内核时，用户需要评估最新发行版的稳定性、是否符合项目

---

[1] 2017 年的统计，数据来自 Linux 内核开发报告，https://www.linuxfoundation.org/2017-linux-kernel-report-landing-page。

要求和硬件平台、从编程角度来看它的舒适程度以及其他难以确定的方面。还有一点也非常重要：找到需要应用于基本内核的所有补丁，以便为特定的体系结构调整内核。

7.2.1 内核布局

内核布局分为特定于体系结构的部分和与体系结构无关的部分。内核中特定于体系结构的部分在第一阶段执行，设置硬件寄存器、配置内存映射、执行特定于体系结构的初始化，然后将控制转给内核中与体系结构无关的部分。系统的其余部分在第二阶段进行初始化。内核树下 arch/目录下的每个子目录用于一个不同的体系结构（MIPS、ARM、i386、SPARC、PPC 等）。每一个这样的子目录都包含 kernel/和 mm/子目录，它们包含特定于体系结构的代码来完成像初始化内存、设置 IRQ、启用高速缓存、设置内核页面表等操作。一旦装入内核并给予其控制，就首先调用这些函数，然后初始化系统的其余部分。

根据可用的系统资源和引导装载程序的功能，内核可以编译成 vmlinux、Image 或 zImage。vmlinux 和 zImage 之间的主要区别在于 vmlinux 是实际的（未压缩的）可执行文件，而 zImage 是或多或少包含相同信息的自解压压缩文件，只是压缩它以处理（通常是 Intel 强制的）640KB 引导时的限制。

7.2.2 内核链接和装入

一旦为目标机系统编译了内核，通过使用引导装载程序（它已经被装入目标机的闪存中），内核就被装入目标机系统的内存中（在 DRAM 中或者在闪存中）。通过使用串行、USB 或以太网端口，引导装载程序与主机通信以将内核传送到目标机的闪存或 DRAM 中。在将内核完全装入目标机后，引导装载程序将控制传递给装入内核的地址。

内核可执行文件由许多链接在一起的目标文件组成。目标文件有许多节，如文本、数据、init 数据、bss 等。这些对象文件都是由一个称为链接器脚本的文件链接并装入的。这个链接器脚本的功能是，将输入对象文件的各节映射到输出文件中。换句话说，它将所有输入对象文件都链接到单一的可执行文件中，将该可执行文件的各节装入到指定地址处。vmlinux.lds 是存在于 arch/<target>/目录中的内核链接器脚本，它负责链接内核的各个节并将它们装入内存中特定偏移量处。典型的 vmlinux.lds 文件看起来像清单 7.2 这样。

清单 7.2　典型的 vmlinux.lds 文件 OUTPUT_ARCH（<arch>）

```
/* <arch> includes architecture type */
ENTRY(stext )           /* stext is the kernel entry point */
SECTIONS                /* SECTIONS command describes the layout of the
                           output file */
{
    . = TEXTADDR ;      /* TEXTADDR is LMA for the kernel */
    . init : {          /* Init code and data*/
        _stext = .;     /* First section is stext followed
                           by __init data section */
        __init_begin = .;
        *(. text . init )
        __init_end =  .;
        }
```

```
         . text : {           /* Real text segment section */
             _text = .;
              *(. text )
             _etext = .;       /* End of text section*/
              }
         . data :{
             _data =.;         /* Data section comes after text section */
              *(. data )
             _edata =.;
              }               /* Data section ends here */
         . bss : {             /* BSS section follows symbol table section */
             __bss_start = .;
              *(. bss )
             _end = .;         /* BSS section ends here */
              }
     }
```

LMA 是装入存储器地址，它表示将要装入内核的目标虚拟内存中的地址。TEXTADDR 是内核的虚拟起始地址，并且在 arch/<target>/下的 Makefile 中指定它的值。这个地址必须与引导装载程序使用的地址相匹配。

一旦引导装载程序将内核复制到闪存或 DRAM 中，内核就被重新定位到 TEXTADDR，它通常在 DRAM 中。然后，引导装载程序将控制转给这个地址，以便内核能开始执行。

7.2.3 参数传递和内核引导

stext 是内核入口点，这意味着在内核引导时将首先执行这一节下的代码。它通常用汇编语言编写，并且它通常在 arch/<target>/内核目录下。这个代码设置内核页面目录、创建身份内核映射、标识体系结构和处理器以及执行分支 start_kernel（初始化系统的主例程）。

start_kernel 调用 setup_arch 作为执行的第一步，在其中完成特定于体系结构的设置。这包括初始化硬件寄存器、标识根设备和系统中可用的 DRAM 和闪存的数量、指定系统中可用页面的数目、文件系统大小等。所有这些信息都以参数形式从引导装载程序传递到内核。

将参数从引导装载程序传递到内核有两种方法：parameter_structure 和标记列表。在这两种方法中，不赞成使用参数结构，因为它强加了限制：指定在内存中，每个参数必须位于 param_struct 中的特定偏移量处。最新的内核期望参数作为标记列表的格式来传递，并将参数转化为已标记格式式。param_struct 定义在 include/asm/setup.h 中。它的一些重要字段如清单 7.3 所示。

清单 7.3 样本参数结构

```
    struct param_struct {
        unsigned long page_size;        /* 0: 页面大小 */
        unsigned long nr_pages;         /* 4: 系统页面数量 */
        unsigned long ramdisk;          /* 8: RAM Disk 大小 */
        unsigned long rootdev;          /* 16: 根设备编号 */
        unsigned long initrd_start;     /* 64: RAM Disk 起始地址
                                              可以是在 Flash 或 RAM */
        unsigned long initrd_size;      /* 68: RAM Disk 大小 */
    };
```

请注意，这些数表示定义字段的参数结构中的偏移量。这意味着如果引导装载程序将参数结构放置在地址 0xc0000100，那么 rootdev 参数将放置在 0xc0000100 + 16，initrd_start 将放置在 0xc0000100 + 64 等。否则，内核将在解释正确的参数时遇到困难。

因为对从引导装载程序到内核的参数传递会有一些约束条件，所以大多数 2.4.x 系列内核期望参数以已标记的列表格式传递。在已标记的列表中，每个标记由标识被传递参数的 tag_header 以及其后的参数值组成。标记列表中标记的常规格式可以如清单 7.4 所示。

清单 7.4 样本标记格式

```
#define < ATAG_TAGNAME >     < Some Magic number >

struct < tag_tagname > {
    u32 < tag_param >;
    u32 < tag_param >;
};

/* Example tag for passing memory information */

#define ATAG_MEM    0 x54410002    /* Magic number */

struct tag_mem32 {
    u32 size ;                 /* size of memory */
    u32 start ;                /* physical start address of memory*/
};
```

内核通过<ATAG_TAGNAME>头来标识每个标记。

setup_arch 还需要对闪存存储库、系统寄存器和其他特定设备执行内存映射。一旦完成了特定于体系结构的设置，控制就返回到初始化系统其余部分的 start_kernel 函数。这些附加的初始化任务包含：

- 设置陷阱。
- 初始化中断。
- 初始化计时器。
- 初始化控制台。
- 调用 mem_init，它计算各种区域、高内存区等的页面数量。
- 初始化 slab 分配器并为 VFS、缓冲区高速缓存等创建 slab 高速缓存。
- 建立各种文件系统，如 proc、ext2 和 JFFS2。
- 创建 kernel_thread，它执行文件系统中的 init 命令并显示 login 提示符。如果在/bin、/sbin 或/etc 中没有 init 程序，那么内核将执行文件系统的/bin 中的 shell。

7.3 设备驱动程序

嵌入式系统通常有许多设备用于与用户交互，如触摸屏、小键盘、滚轮、传感器、RS-232 接口、LCD 等。除了这些设备外，还有许多其他专用设备，包括闪存、USB、GSM 等。内核通过各自的设备驱动程序来控制它们，包括 GUI 用户应用程序也通过访问这些驱动程序来访问设备。本节着重讨论一些重要设备的设备驱动程序。

7.3.1 帧缓冲区驱动程序

帧缓冲区驱动程序是人机交互中最重要的驱动程序之一，因为通过这个驱动程序才能使系统屏幕显示内容。帧缓冲区驱动程序通常有三层。

顶层是基本控制台驱动程序 drivers/char/console.c，它提供了文本控制台常规接口的一部分。通过使用控制台驱动程序函数，我们能将文本打印到屏幕上。

第二层驱动程序提供了视频模式中绘图的常规接口。图形或动画需要使用视频模式功能，通常也出现在中间层，也就是 drivers/video/fbcon.c 中。

帧缓冲区是显卡上的内存，需要将它映射到用户空间以便将图形和文本写到这个内存段，然后这个信息将反映到屏幕上。帧缓冲区支持提高了绘图的速度和整体性能。

底层是最依赖于硬件的驱动程序，它需要支持显卡不同的硬件方面，如启用/禁用显卡控制器、深度和模式的支持以及调色板等。

这三层都相互依赖以实现正确的显示功能。与帧缓冲区有关的设备是/dev/fb0，主设备号是 29，次设备号是 0。对于多缓冲设备或多个显示面的，还可能有 fb1、fb2 等。

7.3.2 输入设备驱动程序

触摸板是用于嵌入式设备的最基本的用户交互设备之一。触摸屏、小键盘、传感器和滚轮也包含在许多不同设备中，用于不同的用途。

触摸板设备的主要功能是随时报告用户的触摸，并标识触摸的坐标。这通常在每次发生触摸时，通过产生一个中断来实现。这个设备驱动程序的角色是，每当出现中断时就查询触摸屏控制器，并请求控制器发送触摸的坐标。一旦驱动程序接收到坐标，它就将有关触摸和任何可用数据的信号发送给用户应用程序，如果有数据的话，再将数据发送给应用程序，应用程序根据它的需要处理数据。

几乎所有输入设备（包括小键盘）都以类似原理工作。

内核中，所有以上这些输入设备都可被集成在 Event Interface，由事件驱动层统一管理，提供标准化的用户调用接口。事件驱动的主设备号是 13，次设备号从 64 开始。

7.3.3 MTD 驱动程序

MTD（Memory Technology Device）设备是闪存芯片、小型闪存卡、记忆棒等之类的存储设备，它们大量使用在嵌入式设备中。

MTD 驱动程序是在 Linux 下专门为嵌入式环境开发的新的一类驱动程序。相对于常规块设备驱动程序，使用 MTD 驱动程序的主要优点是，MTD 驱动程序是专门为基于闪存的设备所设计的，所以它们通常有更好的支持、更好的管理、基于扇区的擦除和读写操作的更好的接口。Linux 下的 MTD 驱动程序接口被划分为两类模块：用户模块和硬件模块。

- 用户模块

  这些模块提供从用户空间直接使用的接口：原始字符访问、原始块访问、FTL（Flash Transition Layer ——闪存转换层，用在闪存上的一种文件系统）和 JFS（Journaled File

System——日志文件系统，在闪存上直接提供文件系统而不是模拟块设备）。用于闪存的 JFS 的当前版本是 JFFS2。
- 硬件模块

  这些模块提供对内存设备的物理访问，但并不直接使用它们。通过上述的用户模块来访问它们。这些模块提供了在闪存上读、擦除和写操作的实际例程。

7.3.4 MTD 驱动程序设置

为了访问特定的闪存设备并将文件系统置于其上，需要将 MTD 子系统编译到内核中。这包括选择适当的 MTD 硬件和用户模块。当前，MTD 子系统支持为数众多的闪存设备，并且有越来越多的驱动程序正被添加进来以用于不同的闪存芯片。

有两个流行的用户模块可启用对闪存的访问：MTD_CHAR 和 MTD_BLOCK。

MTD_CHAR 提供对闪存的原始字符访问，而 MTD_BLOCK 将闪存设计为可以在上面创建文件系统的常规块设备（如 IDE 磁盘）。与 MTD_CHAR 关联的设备是/dev/mtd0、mtd1、mtd2 等，而与 MTD_BLOCK 关联的设备是/dev/mtdblock0、mtdblock1 等。由于 MTD_BLOCK 设备提供像块设备那样的模拟，通常更可取的是在这个模拟基础上创建像 FTL 和 JFFS2 那样的文件系统。

为了进行这个操作，可能需要创建分区表将闪存设备分拆到引导装载程序节、内核节和文件系统节中。样本分区表可能包含如清单 7.5 所示的信息。

清单 7.5 MTD 的简单闪存设备分区

```
struct mtd_partition sample_partition = {
    {                                       /* 第一个分区 */
    .name       = "bootloader",             /* Bootloader 分区 */
    .size       = 0x00010000,               /* 大小 */
    .offset     = 0,                        /* 偏移地址 */
    .mask_flags = MTD_WRITEABLE             /* 属性标记 */
    },
    {                                       /* 第二个分区 */
    .name       = "kernel",                 /* 内核分区 */
    .size       = 0x00100000,               /* 大小 */
    .offset     = MTDPART_OFS_APPEND,       /* 跟在上一个分区之后 */
    .mask_flags = MTD_WRITEABLE             /* 属性标记 */
    },
    {                                       /* 第三个分区 */
    .name       = JFFS2,                    /* JFFS2 文件系统 */
    .size       = MTDPART_SIZ_FULL,         /* 占满 Flash 剩余部分 */
    .offset     = MTDPART_OFS_APPEND        /* 跟在上一个分区之后 */
    }
};
```

上面的分区表使用了 MTD_BLOCK 接口对闪存设备进行分区。这些分区的设备节点如表 7.1 所示。

表 7.1 简单闪存分区的设备节点

User	device node	Major number	Minor number
bootloader	/dev/mtdblock0	31	0
kernel	/dev/mtdblock1	31	1
Filesystem	/dev/mtdblock2	31	2

在本例中，引导装载程序必须将有关 root 设备节点（/dev/mtdblock2）和可以在闪存中找到文件系统的地址（本例中是 FLASH_BASE_ADDRESS + 0x04000000）的正确参数传递到内核。一旦完成分区，闪存设备就准备装入或挂装文件系统。

Linux 中 MTD 子系统的主要目标是：在系统的硬件驱动程序和上层或用户模块之间提供通用接口。硬件驱动程序不需要知道像 JFFS2 和 FTL 那样的用户模块的使用方法。它们真正需要提供的是一组对底层闪存系统进行读/写/擦除操作的简单例程。

7.4 嵌入式设备的文件系统

系统需要一种以结构化格式存储和检索信息的方法，这就需要文件系统的参与。RAM Disk 是通过将计算机的 RAM 作为设备来创建和挂装文件系统的一种机制，它通常用于无盘系统（当然包括微型嵌入式设备，它只包含作为永久存储媒质的闪存芯片）。

用户可以根据可靠性、容错性和/或增强的功能的需求来选择文件系统的类型。下面将讨论几个可用选项及其优缺点。

7.4.1 扩展文件系统

1. 特点

EXT 系列的文件系统是 Linux 事实上的标准文件系统，目前在桌面系统中普遍使用的是它的第 4 版 EXT4FS。嵌入式系统基于资源占用方面的因素考虑可以使用 EXT2FS，它的优点如下。
- 支持达 4 TB 的内存。
- 文件名称最长可达 1012 个字符。
- 当创建文件系统时，管理员可以选择逻辑块的大小（通常大小可选择 1024、2048 和 4096B）。
- 实现快速符号链接：不需要为此目的而分配数据块，并且将目标名称直接存储在索引节点（inode）表中。这使性能有所提高，特别是在速度上。

然而，在嵌入式设备中使用 EXT 系列的文件系统时，也有以下缺点。
- EXT2/3/4FS 是为像 IDE 设备那样的块设备设计的，这些设备的逻辑块大小是 512B、1KB 等这样的倍数。这不太适合于扇区大小因设备不同而不同的闪存设备。
- 它们没有提供对基于扇区的擦除/写操作的良好管理。在这类文件系统中，为了在一个扇区中擦除单个字节，必须将整个扇区复制到 RAM 后擦除，然后重写入。考虑到闪存设备具有有限的擦除寿命（约为 10 万~100 万次，超出寿命之后无法再继续使用）。基于磁盘设计的文件系统没有考虑损耗平衡，缩短了扇区/闪存的寿命。所以这不是一个特别好的方法。
- 在出现电源故障时，EXT2FS 不是防崩溃的。从 EXT3FS 以后开始支持文件日志。

出于这些原因，相对于 EXT2FS，在嵌入式环境中使用 MTD/JFFS2 或 YAFFS2 组合是更好的选择。

2. 用 RAM Disk 挂装 EXT2FS（也称 EX2 文件系统）

通过使用 RAM Disk 的概念，可以在嵌入式设备中创建并挂装 EXT2 文件系统（以及用于这一目的的任何文件系统）：

```
$ mke2fs -vm0 /dev/ram 4096
$ mount -t ext2 /dev/ram /mnt
$ cd /mnt
$ (向/mnt 中复制必要的目录和文件)
$ cd ../
$ umount /mnt
$ dd if=/dev/ram bs=1k count=4096 of=ext2ramdisk
```

mke2fs 是用于在任何设备上创建 EXT2 文件系统的实用程序,它创建超级块、索引节点以及索引节点表等。

在上面的用法中,/dev/ram 是上面构建有 4096 个块的 EXT2 文件系统的设备。然后,将这个设备(/dev/ram)挂装在名为/mnt 的临时目录上并且复制所有必需的文件。完成文件复制后将其卸载,通过命令 dd 将设备/dev/ram 的内容转储到一个文件 ext2ramdisk 中,它就是所需的 ramdisk(EXT2 文件系统)。

上面的步骤创建了一个 4 MB 的 RAM Disk 镜像文件 ext2ramdisk,该镜像文件已填充了一些必需的实用程序。

一些要包含在 RAM Disk 中的重要目录是:
- /bin——保存大多数 init、busybox、shell、文件管理实用程序等二进制文件。
- /dev——包含用在设备中的设备节点。
- /etc ——包含系统的配置文件。
- /lib ——包含所有必需的库,如 libc、libdl 等。

7.4.2 日志闪存文件系统的第 2 版(JFFS2)

1. 特点

瑞典的 Axis Communications 开发了最初的 JFFS,Red Hat 的 David Woodhouse 对它进行了改进。日志闪存文件系统的第 2 版(JFFS2)作为用于微型嵌入式设备的原始闪存芯片的实际文件系统而出现。JFFS2 文件系统是日志结构化的,这意味着它基本上是一长列节点。每个节点包含有关文件的部分信息,可能是文件的名称,也可能是一些数据。相对于 EXT2FS,JFFS2 因为有以下这些优点而在无盘嵌入式设备中越来越受欢迎。
- JFFS2 在扇区级别上执行闪存擦除/读/写操作要比 EXT2 文件系统好。
- JFFS2 提供了比 EXT2FS 更好的崩溃/掉电安全保护。当需要更改少量数据时,EXT2 文件系统将整个扇区复制到内存 DRAM 中,在内存中合并新数据,并写回整个扇区。如果 FLASH 上的一个扇区是 64KB,这意味着为了更改单个字节,必须对整个扇区 64KB 执行擦除/读/写例程,这样做的效率非常低。要是运气差,若在 DRAM 中合并数据时发生了电源故障或其他事故,那么将丢失整个数据集合,因为在将数据读入 DRAM 后就擦除了闪存扇区。而对 JFFS2 而言,则是附加文件而不是重写整个扇区,并且具有崩溃/掉电安全保护这一功能。
- JFFS2 是专门为闪存芯片这样的嵌入式设备创建的,所以它的整个设计提供了更好的闪存管理。这可能是最重要的一个因素。

2. 创建 JFFS2 文件系统

在 Linux 下，用 mkfs.jffs2 命令创建 JFFS2 文件系统（基本上是使用 JFFS2 的 RAM Disk）：

```
$ mkdir jffsfile
$ cd jffsfile

/* copy all the /bin, /etc, /usr/bin, /sbin/ binaries and /dev
   entries that are needed for the filesystem here */

/* Type the following command under jffsfile directory to
   create the JFFS2 Image */

$ mkfs.jffs2 -e 0x40000 -p -o ../jffs.image
```

上面显示了 mkfs.jffs2 的典型用法。-e 选项确定闪存的擦除扇区大小（通常是 64KB）。-p 选项用来在镜像的剩余空间用零填充。-o 选项用于输出文件，通常是 JFFS2 文件系统镜像，在本例中是 jffs.image。一旦创建了 JFFS2 文件系统，它就被装入闪存中适当的位置（引导装载程序告知内核查找文件系统的地址）以便内核能挂装它。

7.4.3 tmpfs

当 Linux 运行于嵌入式设备上时，该设备就成为功能齐全的单元，许多守护进程会在后台运行并生成许多日志消息。另外，所有内核日志记录机制，如 syslogd、dmesg 和 klogd，会在/var 和/tmp 目录下生成许多消息。由于这些进程产生了大量数据，所以允许将所有这些写操作都发生在闪存是不可取的。由于在重新引导时这些消息不需要持久存储，所以这个问题的解决方案是使用 tmpfs。

1. 特点

tmpfs 是基于内存的文件系统，它唯一的目的是用于减少对系统的闪存不必要的写操作。因为 tmpfs 驻留在 RAM 中，所以读/写/擦除的操作发生在 RAM 中而不是在闪存中。因此，日志消息写入 RAM 中而不是闪存中，在重新引导时不会保留它们。tmpfs 还使用磁盘交换空间来存储，并且当为存储文件而请求页面时，使用虚拟内存 VM 子系统。

tmpfs 的优点包括：
- 动态文件系统大小——文件系统大小可以根据被复制、创建或删除的文件或目录的数量来缩放，以能最理想地使用内存。
- 速度——因为 tmpfs 驻留在 RAM，所以读和写几乎都是瞬时的。即使以交换的形式存储文件，I/O 操作的速度仍很快。

tmpfs 的一个缺点是，当系统重新引导时会丢失所有数据。因此，重要的数据不能存储在 tmpfs 上。

2. 挂装 tmpfs

EXT2FS 和 JFFS2 等大多数其他文件系统都驻留在底层块设备之上，而 tmpfs 与它们不同，它直接位于 VM 上。因此，挂装 tmpfs 文件系统很简单：

```
# mount -t tmpfs tmpfs /var -o size=512k
```

```
# mkdir -p /var/tmp
# mkdir -p /var/log
# ln -s /var/tmp /tmp
```

上面的命令将在/var 上创建 tmpfs 并将 tmpfs 的最大容量限制为 512KB。同时，tmp/和 log/目录成为 tmpfs 的一部分，以便在 RAM 中存储日志消息。

如果想将 tmpfs 的一个项添加到/etc/fstab，那么它看起来应该如下：

```
tmpfs /var tmpfs size=32m 0 0
```

这将在/var 上挂装一个新的 tmpfs 文件系统。

7.5 图形用户界面（GUI）

嵌入式 GUI 为嵌入式系统提供了一种应用于特殊场合的人机交互接口。嵌入式 GUI 要求简单、直观、可靠、占用资源小且反应快速，以适应系统硬件资源有限的条件。另外，由于嵌入式系统硬件本身的特殊性，嵌入式 GUI 应具备高度可移植性与可裁减性，以适应不同的硬件条件和使用需求，在某些应用场合还要求实时性。

另一个要考虑的重要方面涉及许可证问题。一些 GUI 发行版具有允许免费使用的许可证，甚至在一些商业产品中也是如此。另一些许可证要求支付 GUI 版税。多数开发人员可能会选择 XFree86，因为 XFree86 为他们提供了一个能使用他们喜欢的工具的熟悉环境。但是市场上较新的 GUI，如 Century Software 的 Microwindows(Nano-X) 和 Trolltech 的 QT/Embedded，与 X 在嵌入式 Linux 的竞技舞台中展开了激烈竞争，这主要是因为它们占用很少的资源、执行的速度很快并且具有定制窗口构件的支持。

可移植的嵌入式 GUI 系统应用至少抽象出两类设备：基于图形显示设备（如 VGA 卡）的图形抽象层 GAL（Graphic Abstract Layer）和基于输入设备（如键盘、触摸屏等）的输入抽象层 IAL（Input Abstract Layer）。GAL 层完成系统对具体的显示硬件设备的操作，极大程度上隐蔽了各种不同硬件的技术实现细节，为程序开发人员提供统一的图形编程接口。IAL 层则需要实现对于各类不同输入设备的控制操作，提供统一的调用接口。GAL 层与 IAL 层的设计概念，可以大大提高嵌入式 GUI 的可移植性。

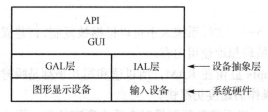

图 7.1 GUI 层次结构

目前应用于嵌入式 Linux 系统中比较成熟、功能也比较强大的 GUI 系统底层支持库有 SVGA lib、LibGGI、Xwindow、framebuffer 等。

7.5.1 XFree86 4.X（带帧缓冲区支持的 X11R6）

XFree86 Project, Inc.是一家生产 XFree86 的公司。XFree86 是一个可以免费重复分发、开放源码的 X Window 系统。X Window 系统（X11）为应用程序的图形化方式提供了资源，并且它是 UNIX 和类 UNIX 机器上最常用的窗口系统。它很小但很有效，运行在为数众多的硬件上，对网络透明并且有良好的文档说明。X11 为窗口管理、事件处理、同步和客户机间通信提供强大的功能，并且大多数开发人员已经熟悉了它的 API。它具有对内核帧缓冲区的内置支持，并占用非常少的资源，对内存相对较少的设备非常有利。X 服务器支持 VGA 和非 VGA 图形卡，它支持颜色深度 1、2、4、8、16、24 和 32。XFree86 最后的版本是 4.8.0，于 2008 年 12 月发布。该项目目前已停止开发，多数开发人员转向 X.Org（由 X.Org 基金会支持的另一个开源项目）。

7.5.2 Microwindows

Microwindows 是 Century Software 的开放源代码项目，设计用于带小型显示单元的微型设备。它有许多针对现代图形视窗环境的功能部件。像 X 一样，有多种平台支持 Microwindows。

Microwindows 体系结构是基于客户机/服务器的，并且具有分层设计。底层是屏幕和输入设备驱动程序（关于键盘或鼠标），用于与实际硬件交互。在中间层，可移植的图形引擎提供对线的绘制、区域的填充、多边形、裁剪以及颜色模型的支持。在顶层，Microwindows 支持两种 API：一种是 Win32/WinCE API 实现，称为 Microwindows；另一种 API 与 GDK 非常相似，称为 Nano-X。Nano-X 用在 Linux 上。它是像 X 的 API，用于占用资源少的应用程序。

Microwindows 支持 1、2、4 和 8 bpp（bits per pixel）的 palletized 显示，以及 8、16、24 和 32bpp 的真彩色显示。Microwindows 还支持使其速度更快的帧缓冲区。Nano-X 服务器占用的资源为 100～150KB。

原始 Nano-X 应用程序的平均大小为 30～60KB。由于 Nano-X 是为有内存限制的低端设备设计的，所以它不像 X 那样支持很多函数，因此它实际上不能作为微型 X（XFree86 4.1）的替代品。

可以在 Microwindows 上运行 FLNX，是针对 Nano-X 而不是 X 进行修改的 FLTK（Fast Light Toolkit）应用程序开发环境的一个版本。

与 Xlib 实现不同，Nano-X 仍在每个客户机上同步运行，这意味着一旦发送了客户机请求包，服务器在为另一个客户机提供服务之前一直等待，直到整个包都到达为止。这使服务器代码非常简单，而运行的速度仍非常快，占用很少的资源。

7.5.3 Microwindows 上的 FLTK API

FLTK 是一个简单灵活的 GUI 工具箱，它在 Linux 世界中赢得越来越多的关注，它特别适用于占用资源很少的环境。它提供了用户期望从 GUI 工具箱中获得的大多数窗口构件，如按钮、对话框、文本框以及出色的"赋值器"选择（用于输入数值的窗口构件），还包括滑动器、滚动条、刻度盘和其他一些构件。

针对 Microwindows GUI 引擎的 FLTK 的 Linux 版本被称为 FLNX。FLNX 由两个组件构成：Fl_Widget 和 FLUID。Fl_Widget 由所有基本窗口构件 API 组成。FLUID（Fast Light User Interface Designer）是用来产生 FLTK 源代码的图形编辑器。图 7.2 是 FLUID 构建图形化应用程序的界面。FLNX 是用来为嵌入式环境创建应用程序的一个出色的 UI 构建器。

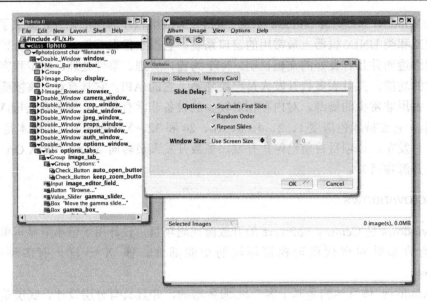

图 7.2 FLUID 构建图形化应用程序的界面

Fl_Widget 占用的资源为 40～48KB，而 FLUID（包括每个窗口构件）大约占用 380KB。如此小的资源占用率使 Fl_Widget 和 FLUID 在嵌入式开发世界中非常受欢迎。

FLTK 是一个 C++库（Perl 和 Python 绑定也可用）。面向对象模型的选择是一个好的选择，因为大多数现代 GUI 环境都是面向对象的，这也使将编写的应用程序移植到类似的 API 中变得更容易。

FLNX 的缺点是，不能与 X 和 Windows API 一同工作。它与 X 的不兼容性阻碍了它在许多项目中的使用。

7.5.4 Qt/Embedded

Qt/Embedded 是 Trolltech 新开发的用于嵌入式 Linux 的图形用户界面系统。Trolltech 最初创建 Qt 作为跨平台的开发工具用于 Linux 台式机。它支持各种有 UNIX 特点的系统以及 Microsoft Windows。KDE——最流行的 Linux 桌面环境之一，就是用 Qt 编写的。

Qt/Embedded 以原始 Qt 为基础，并做了许多出色的调整以适用于嵌入式环境。Qt/Embedded 通过 Qt API 与 Linux I/O 设备直接交互。那些熟悉并已适应了面向对象编程的人员将发现它是一个理想环境。而且，面向对象的体系结构使代码结构化、可重入并且运行快速。与其他 GUI 相比，Qt GUI 非常快，并且它没有分层，这使得 Qt/Embedded 成为用于运行基于 Qt 的程序的最紧凑环境。

Trolltech 还推出了 Qt 掌上机环境（Qt Palmtop Environment，俗称 Qpe）。Qpe 提供了一个基本桌面窗口，并且该环境为开发提供了一个易于使用的界面。Qpe 包含全套的个人信息管理（Personal Information Management，PIM）应用程序、Internet 客户机、实用程序等。

7.6 帧 缓 冲

帧缓冲（FrameBuffer）是 2.2.xx 内核以后的一种驱动程序接口。这种接口将显示设备抽象为帧缓冲区。帧缓冲区为图像硬件设备提供了一种抽象化处理,它代表了一些视频硬件设备,允许应用软件通过定义明确的界面来访问图像硬件设备。这样,软件无须了解任何涉及硬件底层驱动的东西(如硬件寄存器)。用户可以将它看成显示内存的一个镜像,通过专门的设备节点可对该设备进行访问,这些设备文件节点一般是/dev/fb0、/dev/fb1 等。如果系统有多个显卡,Linux 还支持多个帧缓冲设备,最多可达 32 个,即/dev/fb0,…,/dev/fb31。而/dev/fb则是指向当前的帧缓冲设备的符号链接,通常情况下,默认的帧缓冲设备为/dev/fb0。

将帧缓冲区映射到进程地址空间之后,就可以直接进行读写和 I/O 控制等操作,而写操作可以立即反映在屏幕上。帧缓冲区的大小由屏幕的分辨率和显示色彩数决定。例如,假设现在的显示模式是 1024×768×8 位色,则可以通过如下的命令清空屏幕:

```
$ dd if=/dev/zero of=/dev/fb0 bs=1024 count=768
```

帧缓冲设备也属于字符设备,采用"文件层–驱动层"的接口方式。在文件层定义了以下数据结构:

```
static struct file_operations fb_fops ={
    ower : THIS_MODULE ,
    read : fb_read ,         /* 读操作 */
    write : fb_write ,       /* 写操作 */
    ioctl : fb_ioctl ,       /* I/O 操作 */
    mmap : fb_mmap ,         /* 映射操作 */
    open : fb_open ,         /* 打开操作 */
    release : fb_release ,   /* 关闭操作 */
};
```

其成员函数定义在 linux/driver/video/fbmem.c 中。

在应用程序中,一般通过将帧缓冲设备映射到进程地址空间的方式使用,比如下面的程序可以打开/dev/fb0 设备,并通过 mmap 系统调用进行地址映射,随后用 memset 将屏幕清空(这里假设显示模式是 1024×768×8 位色模式,线性内存模式):

```
...
int fb ;
unsigned char* fb_mem ;

fb = open ("/ dev / fb0 " , O_RDWR);
fb_mem = mmap(NULL , 1024*768 , PROT_READ | PROT_WRITE , MAP_SHARED , fb , 0);

memset(fb_mem , 0, 1024*768);
```

帧缓冲设备还提供了若干 ioctl( )系统调用。通过这些系统调用,可以获得显示设备的一些固定信息(比如显示内存大小)、与显示模式相关的可变信息(比如分辨率、像素结构、每扫描线的字节宽度)以及伪彩色模式下的调色板信息等。

通过帧缓冲设备,还可以获得当前内核所支持的加速显示卡的类型(通过固定信息得到),这种类型通常与特定显示芯片相关。在获得了加速芯片类型之后,应用程序就可以将 PCI 设备的内存 I/O(memio)映射到进程的地址空间。这些 memio 一般是用来控制显示卡的寄存器,通过对这些寄存器的操作,应用程序就可以控制特定显卡的加速功能。

PCI 设备可以将自己的控制寄存器映射到物理内存空间,而后,对这些控制寄存器的访问变成了对物理内存的访问。因此，这些寄存器又被称为"memio"。一旦被映射到物理内存，Linux 的普通进程就可以通过 mmap( )将这些内存 I/O 映射到进程地址空间，这样就可以直接访问这些寄存器了。

当然，因为不同的显示芯片具有不同的加速能力，对 memio 的使用和定义也各自不同，这时，就需要针对加速芯片的不同类型来编写实现不同的加速功能。比如，大多数芯片都提供了对矩形填充的硬件加速支持，但不同的芯片实现方式不同，这时，就需要针对不同的芯片类型编写不同的用来完成填充矩形的函数。

说到这里，读者可能已经意识到帧缓冲只是一个提供显示内存和显示芯片寄存器从物理内存映射到进程地址空间中的设备。所以，对于应用程序而言，如果希望在帧缓冲之上进行图形编程，还需要完成其他许多工作。举个例子来讲，帧缓冲就像一张画布，使用什么样的画笔，如何画图，还需要用户自己动手完成。

第 8 章　GUI 程序设计初步

Linux 桌面系统有两套主要的图形库：Qt 和 GTK+。前者是构成 KDE 桌面环境（K Desktop Environment）的基础，采用 C++语言开发；后者是 GNOME 桌面环境（GNU Network Object Model Environment）的基础，采用 C 语言开发。在现有的各种 Linux 发行版中，后者更为主流一些。本章以 GTK+为基础介绍图形接口编程方法。

图形用户界面是一种人机通信的界面显示格式，允许用户使用鼠标等便捷的输入设备操纵图形化显示屏幕，选择命令、调用文件、启动程序或执行其他一些日常任务。与通过键盘输入文本或字符命令的字符界面相比，图形界面程序为用户提供方便美观的交互接口，更具应用价值。

图形界面程序由窗口、菜单、对话框、组件及其相应的控制机制构成。在应用程序中，各种操作都是标准化的。图形应用程序依赖下层的图形用户接口 GUI（Graphical User Interface）函数库。不同的 GUI 主要影响编程风格，而对软件的界面影响不大。影响软件界面的主要是窗口管理器。

8.1　基本组件介绍

GTK+（GIMP ToolKit）是一个用于构建图形用户接口的图形库，是用 C 语言写成的面向对象的组件工具，最初用于开发 GIMP（General Image Manipulation Program）。GIMP 目前仍然是 Linux 系统中重要的图形处理软件，而 GTK+也成为 Linux 系统中大量图形接口应用程序的基础图形库。

8.1.1　一个简单的图形接口程序

基于 GTK+的图形接口应用程序开发，需要在系统中安装 GTK+库。本章在 gtk+-2 的基础上进行介绍[1]。gtk+-3 的程序结构和函数调用接口与 gtk+-2 相差不大。

我们先从一个最简单的图形接口程序开始（见清单 8.1）。

清单 8.1　gtkhello

```
1   #include <gtk/gtk.h>          /* gtk+组件头文件 */
2
3   /* 回调函数。第二个参数指针 data 用于参数传递 */
4   static void hello(GtkWidget * widget ,
5                    gpointer    data   )
6   {
7       g_print (" Hello World \n");
8   }
```

---

[1] gtk+-2 早已停止开发，最后的版本是 2.24。GNOME 项目组在 2016 年 9 月宣布，GTK3 的最后版本是 3.22，之后项目组将开发重点转到 GTK4 系列。但是，目前仍有大量软件在使用 GTK2，包括一款著名的桌面环境 XFCE4。

```
 9
10   static gboolean delete_event(GtkWidget * widget ,
11                                GdkEvent   * event ,
12                                gpointer    data )
13   {
14       g_print (" delete event occurred \n");
15
16       /* "delete_event"信号句柄返回 FALSE 时发出 "destroy"信号,
17        * 返回 TRUE 时不销毁窗口 */
18
19       return FALSE ;
20   }
21
22   /* 另一个回调函数 */
23   static void destroy(GtkWidget * widget ,
24                      gpointer    data )
25   {
26       gtk_main_quit();
27   }
28
29   int main(int argc , char * argv [])
30   {
31       /* 所有组件指针结构都是 GtkWidget */
32       GtkWidget * window ;
33       GtkWidget * button ;
34
35       /* 解析命令行参数。所有 gtk 应用程序开始都要调用 gtk_init( ) */
36       gtk_init (& argc , & argv);
37
38       /* 创建顶层窗口 */
39       window = gtk_window_new(GTK_WINDOW_TOPLEVEL);
40
41       /* "window"收到 "delete-event"信号(该信号由窗口管理器发出,
42        * 通常是标题栏菜单的一个选项),将该信号与 delete_event( )函数
43        * 连接,参数指针 NULL 被回调函数忽略 */
44       g_signal_connect(window , " delete - event " ,
45                       G_CALLBACK(delete_event ), NULL);
46
47       /* 将事件 "destroy"连接到信号句柄。
48        * 当调用函数 gtk_widget_destroy( )时或者在 delete_event( )
49        *返回 FALSE 时触发"destroy"事件 */
50       g_signal_connect(window , " destroy " ,
51                       G_CALLBACK(destroy ), NULL);
52
53       /* 设置窗口边界宽度 (像素点单位) */
54       gtk_container_set_border_width(GTK_CONTAINER(window ), 10);
55
```

```
56      /* 创建按钮组件，标签"Hello World" */
57      button = gtk_button_new_with_label (" Hello World ");
58
59      /* 组件 "button"的 "clicked"信号与回调函数 hello( )连接，
60       * 参数指针 NULL */
61      g_signal_connect(button , " clicked " ,
62                       G_CALLBACK(hello ), NULL);
63
64      /* 组件"button"的另一个回调函数，调用 gtk_widget_destroy(window)
65       * 销毁组件 "window" */
66      g_signal_connect_swapped(button , " clicked " ,
67                               G_CALLBACK(gtk_widget_destroy ),
68                               window);
69
70      /* 将组件 "window"作为容器，在容器里添加组件 "button" */
71      gtk_container_add(GTK_CONTAINER(window ), button);
72
73      /* 显示组件 */
74      gtk_widget_show(button);
75      gtk_widget_show(window);
76
77      /* 另一个显示组件的函数是 gtk_widget_show_all(window),
78       * 将容器 "window"内的所有组件一次性显示出来 */
79
80      /*组件创建完毕，所有 gtk 应用程序都会在最后调用 gtk_main(),
81       *进入事件响应和消息循环 */
82      gtk_main();
83
84      return 0;
85  }
```

编译 GTK+程序的一个简单的 Makefile 如清单 8.2 所示。

清单 8.2 编译 GTK+程序的 Makefile

```
1  CC = gcc
2  TARGET = hello
3
4  $(TARGET):$(TARGET).c
5          $(CC ) -o $@ $< `pkg - config gtk + -2.0 -- cflags -- libs ` - rdynamic
6
7  clean :
8          rm -f $(TARGET)
```

编译过程中使用了 pkg-config，它是一个软件包的开发配置工具，可以自动查找软件包的头文件和库文件。注意"pkg-config"命令前后的引号是制表符按键上面的键。"-rdynamic"选项在使用图形界面设计工具时采用。

程序运行的效果如图 8.1 所示。不同窗口环境下，界面外观（边框、标题栏、菜单项）可能有所不同。

(a) fvwm2 环境下的界面　　　　　(b) xfce4 环境下的界面

图 8.1　一个简单的 GTK+程序界面

8.1.2　按钮类组件

使用 GTK+组件通常包含以下步骤。

（1）创建组件。创建组件的函数一般格式是 gtk_*_new( )，"*"是组件类型，如 button、check_button、dialog、layout 等。

（2）将组件加入容器：gtk_container_add(GtkContainer *, GtkWidget *)。作为容器的组件有窗口、对话框、盒子、标签板、布局板等。

（3）连接消息回调函数：

```
g_signal_connect(instance, detailed_signal, c_handler, data)
```

第一个参数是组件指针，第二个参数是具体的消息名，第三个参数是响应该消息的回调函数，第四个参数是传递给回调函数的参数指针。

GTK+库自身有一组 gtk_signal_connect( )函数，但不建议使用。GTK+帮助文档中推荐使用 glib 库中的一组消息响应函数。

（4）显示组件。函数 gtk_widget_show(GtkWidget *)用于显示单个组件，gtk_widget_show_all(GtkWidget *)用于显示一组组件。

（5）使用组件。通过回调函数响应组件消息是组件使用的直接形式。此外，可以通过 gtk_widget_set_property( )或者 gtk_widget_get_property( )改变或者设置组件的一些属性。

按钮类组件有 Button、ToggleButton、CheckButton、RadioButton 等。

1. Button

按钮组件是最简单的组件之一。直接使用 gtk_new_button( )创建的按钮是没有标签文字的，还需要再调用函数 gtk_button_set_label( )设置标签文字。因此，通常用下面的函数创建更加方便：

```
GtkWidget * gtk_button_new_with_label(const gchar * label);
GtkWidget * gtk_button_new_with_mnemonic(const gchar * label);
```

gtk_button_new_with_mnemonic( )可以设置快捷键。快捷键是在标签字符串中的某个字母前面加下画线，组件显示时会出现带下画线的字母，操作时可以采用键盘"Alt+字母"的操作，用以代替鼠标单击该按钮。例如，创建图例中的按钮的具体命令是：

```
button gtk_button_new_with_mnemonic ("_Button");
```

按钮可以接收的消息如下。

● "pressed"：鼠标按下。新写的代码建议使用"button-press-event"。

- "released"：鼠标释放。新写的代码建议使用 "button-release-event"。
- "activate"：鼠标一次按下和释放的操作。应用程序不要使用这个消息，而应该使用 "clicked"。
- "clicked"：鼠标一次按下和释放的操作。
- "enter"：鼠标进入 button 区域。新写的代码建议使用 "enter-notify-event"。
- "leave"：鼠标离开 button 区域。新写的代码建议使用 "leave-notify-event" [①]。

2. CheckButton

ToggleButton 和 CheckButton 均由 Button 派生而来，它用一个 "active" 属性记录 button 的连续两次按键状态。通过响应 "toggled" 消息回调函数或者 gtk_toggle_button_get_active (GtkToggleButton *)得到当前状态。其中，CheckButton 在标签文字边上有一个状态标记，视觉上更清晰，因此使用更普遍一些。清单 8.3 是使用 CheckButton 的一个例子。

清单 8.3 CheckButton 的使用 checkbutton.c

```
1   #include <gtk/gtk.h>
2
3   static void hello(GtkWidget * widget ,
4                     gpointer    data )
5   {
6       gboolean state ;
7       state = gtk_toggle_button_get_active (( GtkToggleButton *) widget);
8       if(state )
9           g_print (" check button is active \n");
10      else
11          g_print (" check button is in - active \n");
12  }
13
14  int main(int    argc , char * argv [])
15  {
16      GtkWidget * window ;
17      GtkWidget * button ;
18
19      gtk_init (& argc , & argv);
20
21      window = gtk_window_new(GTK_WINDOW_TOPLEVEL);
22      button = gtk_check_button_new_with_mnemonic (" _Press me ");
23      g_signal_connect(button , " toggled ", G_CALLBACK(hello ), NULL);
24      gtk_container_add(GTK_CONTAINER(window ), button);
25      gtk_widget_show_all(window);
26
27      gtk_main();
```

---

① 所有可见的组件都可以接收 "enter" 和 "leave" 消息，后文不再提及。

```
28      return 0;
29  }
```

3. RadioButton

RadioButton 由 CheckButton 派生而来，由一组互斥的 CheckButton 组成。一般使用 gtk_radio_button_new(GList*)函数，将传递的参数设为 NULL 创建第一个 RadioButton，然后向这个组件中添加其余的 RadioButton。由于每一个 RadioButton 都是一个独立的组件，因此布局时还需要用一个容器装载它们。清单 8.4 使用竖向盒子（VBox）装载了三个 RadioButton。

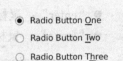

每一个独立的 RadioButton 在交互作用下都可以发出"toggled"消息。由于互斥性，其他改变状态的 RadioButton 会自动发出"toggled"消息。

清单 8.4 RadioButton 的使用 radiobutton.c

```
1   #include <gtk/gtk.h>
2
3   static void rbutton1(GtkWidget * widget , gpointer data )
4   {
5       gboolean state ;
6       state = gtk_toggle_button_get_active ((GtkToggleButton *) widget);
7       if(state )
8           g_print (" Radio Button 1 is active .\n");
9   }
10
11  static void rbutton2(GtkWidget * widget , gpointer data )
12  {
13      gboolean state ;
14      state = gtk_toggle_button_get_active ((GtkToggleButton *) widget);
15      if(state )
16          g_print (" Radio Button 2 is active .\n");
17  }
18
19  static void rbutton3(GtkWidget * widget , gpointer data )
20  {
21      gboolean state ;
22      state = gtk_toggle_button_get_active ((GtkToggleButton *) widget);
23      if(state )
24          g_print (" Radio Button 3 is active .\n");
25  }
26
27  int main(int argc , char * argv [])
28  {
29      GtkWidget * window ;
30      GtkWidget * radio1 , * radio2 , * radio3 ;
31      GtkWidget * box ;
32
```

第 8 章 GUI 程序设计初步

```
33      gtk_init (& argc , & argv);
34
35      window = gtk_window_new(GTK_WINDOW_TOPLEVEL);
36      box    = gtk_vbox_new(TRUE , 10);
37
38      radio1 = gtk_radio_button_new_with_mnemonic (
39              NULL , " Radio Button _One ");
40      radio2 = gtk_radio_button_new_with_mnemonic_from_widget (
41              GTK_RADIO_BUTTON(radio1 ), " Radio Button _Two ");
42      radio3 = gtk_radio_button_new_with_mnemonic_from_widget (
43              GTK_RADIO_BUTTON(radio1 ), " Radio Button T_hree ");
44
45      g_signal_connect(radio1 , " toggled ", G_CALLBACK(rbutton1 ), NULL);
46      g_signal_connect(radio2 , " toggled ", G_CALLBACK(rbutton2 ), NULL);
47      g_signal_connect(radio3 , " toggled ", G_CALLBACK(rbutton3 ), NULL);
48      gtk_box_pack_start(GTK_BOX(box ), radio1 , TRUE , TRUE , 5);
49      gtk_box_pack_start(GTK_BOX(box ), radio2 , TRUE , TRUE , 5);
50      gtk_box_pack_start(GTK_BOX(box ), radio3 , TRUE , TRUE , 5);
51      gtk_container_add(GTK_CONTAINER(window ), box);
52      gtk_widget_show_all(window);
53
54      gtk_main();
55
56      return 0;
57  }
```

8.1.3 数据类组件

1. 文本标签

文本标签 GtkLabel 在图形界面中起到文字提示的作用，一般不进行交互操作。创建一个新的文本标签 gtk_label_new(gchar *)同时初始化一串文字（这与其他新建组件的函数用法有点儿不一样，它是带有参数的）。

2. Entry

Entry 是一个可编辑的单行文本输入框。在文本框内的进行编辑操作时会发送一些特定的消息：按回车键时发送"activate"消息，按倒格键删除文字时发送"backspace"消息，左右移动光标时发送"move-cursor"消息，插入文字时发送"insert-at-cursor"消息。

Entry 中的文本默认是可编辑的，可以通过函数 gtk_entry_set_editable( )改变"editable"这个属性。

3. SpinButton

它是由一个编辑框和上下两个按钮组成的微调按钮，通常编辑框里是一个整数，两个按钮用来对这个整数进行加减操作。当编辑

框里的数字改变时（无论是用键盘编辑修改还是用按钮改变），会发送"value-changed"消息。当编辑框内的数值跨越设定的数值边界时发送"wrapped"消息。

4．组合框

组合框 GtkComboBox 由一个文本框和一个通过微调按钮形成的下拉列表组合而成。与微调按钮的不同之处是，它是在一组列表中选择一项文本，而不是调节一个数字。文本列表是一个从 0 开始编号的序列，表示该文本在列表中的位置。组合框常用的操作函数有：

```
/* 列表后面增加一项 */
void gtk_combo_box_append_text(GtkComboBox *, gchar *);
/* 在 position 前面插入一项 */
void gtk_combo_box_insert_text(GtkComboBox *, gint position, gchar *);
/* 列表前面插入一项 */
void gtk_combo_box_prepend_text(GtkComboBox *, gchar *);
/* 在列表中删除 position 位置的一项 */
void gtk_combo_box_remove_text(GtkComboBox *, gint position);
/* 选择列表中的 index 位置 */
void gtk_combo_box_set_active(GtkComboBox *, gint index);
/* 获得当前选中的列表项编号 */
gint gtk_combo_box_get_active(GtkComboBox * combobox);
```

5．标尺

标尺是一种通过拖拉方式输入数值的组件。它有两种具体的形式：水平标尺和垂直标尺。除了创建函数不同以外，两种标尺功能和使用方法完全一样，仅体现在视觉上的差异。

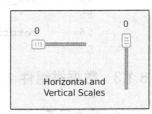

```
/* 创建水平/垂直标尺 */
GtkWidget * gtk_hscale_new(GtkAdjustment * adjustment);
GtkWidget * gtk_vscale_new(GtkAdjustment * adjustment);

/* 初始化标尺最大值、最小值和步长(步长仅影响快捷键) */
GtkWidget * gtk_hscale_new_with_range(gdouble min, gdouble max, gdouble step);
GtkWidget * gtk_vscale_new_with_range(gdouble min, gdouble max, gdouble step);
/* 设置/获得小数点位数 */
void gtk_scale_set_digits(GtkScale * scale, gint digits);
gint gtk_scale_get_digits(GtkScale * scale);
```

组件发送"format-value"消息，消息响应回调函数原型是：

```
gchar * user_function(GtkScale * scale, gdouble value,
                      gpointer user_data);
```

回调函数的第二个参数是标尺的值。

8.1.4 菜单栏与工具栏

一个完整的菜单形式至少由菜单栏（GtkMenuBar）、菜单项

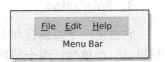

（GtkMenuItem）和子菜单组成（菜单下面还可以添加多级子菜单，添加方法和将菜单加入菜单项类似）。通常按下面的步骤创建一个菜单。

（1）用 gtk_menu_bar_new( ) 新建菜单栏。

（2）用 gtk_container_add( ) 将菜单栏放入容器（一般是在主窗口的竖排容器的最上部）。

（3）用 gtk_menu_item_new( ) 创建若干个菜单项，并通过 gtk_menu_shell_append( ) 加入菜单栏。

（4）用 gtk_menu_new( ) 创建菜单容器。

（5）用 gtk_menu_item_new( ) 创建若干子菜单，并通过 gtk_menu_shell_append( ) 加入菜单容器。

（6）用 gtk_menu_item_set_submenu( ) 将菜单容器作为子菜单加入菜单项。

（7）通过菜单响应信号"activate"实现菜单功能。

菜单栏的层次结构如图 8.2 所示。

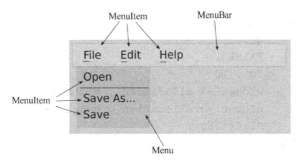

图 8.2　菜单栏的层次结构

下面的代码构造一个简单的菜单界面：

```
GtkWidget * menubar , * menuitem , * menu , * subitem ;

menubar =  gtk_menu_bar_new();
gtk_container_add (( GtkContainer *) vbox , menubar);
menuitem =  gtk_menu_item_new_with_label (" File ");
gtk_menu_shell_append (( GtkMenuShell *) menubar , menuitem);
menu =  gtk_menu_new();
subitem =  gtk_menu_item_new_with_label (" item 1 ");
gtk_menu_shell_append (( GtkMenuShell *) menu , subitem);
gtk_menu_item_set_submenu(GTK_MENU_ITEM(menuitem ), menu);

g_signal_connect(subitem , " activate " , G_CALLBACK(item1 ), NULL);
```

工具栏（ToolBar）兼有 Button 的操作方式和菜单的视图结构。通过 gtk_toolbar_new( ) 创建工具栏，使用 gtk_toolbar_insert( ) 向工具条内添加 GtkToolItem。工具栏里的按钮通过 GtkToolButton 实现。

8.2　画　图　区

除了定制的各种组件以外，GTK+也具有非常灵活的画图功能。为了使用 GTK+绘制任意图形，首先需要创建一个画图区，并设置它的尺寸：

```
draw = gtk_drawing_area_new();
gtk_widget_set_size_request(draw , 400 , 300);
```

画图区响应暴露事件，每当窗口被遮挡后再次显示时都需要重画。实现画图的功能在响应"expose-event"的回调函数中：

```
static gboolean expose_event(GtkWidget * widget ,
                             GdkEventExpose * event )
{
    GdkGC * gc ;                 /* GDK Graphical Context */

    gc = gdk_gc_new(widget -> window);
    gdk_rgb_gc_set_foreground (gc , 0 x0000ff);   /* set RGB color */

    gdk_draw_arc(widget -> window ,
            gc ,
            FALSE ,
            10 , 10 ,
            widget -> allocation . width - 20 ,
            widget -> allocation . height - 20 ,
            0, 64*360);
    return TRUE ;
}
```

以上获取当前可画图组件的 GC，设置前景色，调用 GDK 函数画一个比组件略小的蓝色椭圆。GDK 库中有大量的图形制作工具，具体调用方法请参考 GDK 的帮助手册。

窗口频繁遮挡的时候，画图的动作会反复执行，效率比较低。一个有效的做法是将图像绘制在一个缓冲区（GdkPixmap 对象）中，响应暴露事件时将需要重画的部分复制到屏幕上。

8.3 界面布局方法

与 Windows 系统中 Visual Studio 习惯使用的拖曳控件的界面设计方法不同，Linux 系统的图形界面设计使用一种"布局"的概念（无论是基于 GTK+库的图形界面程序还是基于 Qt 的图形界面程序，无论是使用集成开发环境设计界面还是直接编辑源文件，这一概念始终存在）。在这个概念下，每一个可视组件在界面中单独占用一个"位置"，位置由容器分配。容器不指定每个位置的绝对坐标，只产生相对位置关系。例如，在一个水平盒子 HBox 容器里，如果只放一个组件，则这个组件充满容器，容器的大小就是组件的大小；如果放两个组件，则按组件添加的先后顺序从左到右（或从右到左，取决于使用的函数）排放这两个组件，它们共同形成容器的大小，进而决定窗口的大小。

如果一定要按绝对坐标放置组件，通过 GtkFixed 容器仍然可行，只是较少采用。构造一个如图 8.3 所示的界面，步骤如下：

（1）将一个 VBox 加入顶层窗口容器中。
（2）在上面的 VBox 中依次加入菜单组件、横排盒子、Signal Events Frame、横排按钮盒子。

（3）在上面的横排盒子里依次加入 Calendar Frame、竖分割线、竖排盒子，在竖排盒子里加入 Flags Frame 和一个按钮，在 Frame 里再加入一个竖排盒子。

 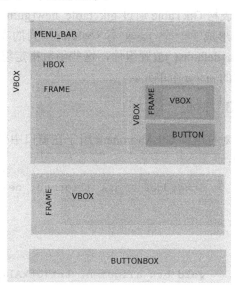

图 8.3　GTK+的组件布局

（4）在 Signal Events Frame 里加入竖排盒子，在该盒子里排三个 Label。

（5）在横排按钮盒子里加入 Close 按钮。

按这种方式设计的界面，不会因为窗口缩放或者更换显示设备导致内部组件位置失衡，界面整体始终可以保持比较均衡的状态。

8.3.1　盒子

盒子是按顺序摆放组件的容器，有横排（HBox）和竖排（VBox）两种。针对按钮组件则习惯使用 HButtonBox 和 VButtonBox，它们可以保证按钮风格的统一。

将组件加入盒子，会用到下面的函数：

```
GtkWidget * gtk_hbox_new(gboolean homogeneous , gint spacing);
GtkWidget * gtk_vbox_new(gboolean homogeneous , gint spacing);
GtkWidget * gtk_hbottonbox_new(void);
GtkWidget * gtk_vbottonbox_new(void);
void gtk_box_pack_start(GtkBox * box , GtkWidget * child ,
                        gboolean expand , gboolean fill , guint padding);
void gtk_box_pack_end(GtkBox * box , GtkWidget * child ,
                      gboolean expand , gboolean fill , guint padding);
```

"homogeneous"为 TRUE 时，盒子内的所有组件大小伸展到与最大的组件一致，"spacing"设置组件之间的间距（像素值）。gtk_box_pack_start( )将组件按从左向右（对于竖排盒子则是从上到下）的顺序排放，"padding"是组件与相邻组件之间在"spacing"基础上的额外间距，如果"expand"为 TRUE，则在保证间距的前提下，组件充满空间；如果"expand"为 TRUE 且"fill"为 TRUE，则组件在另一个方向（对于 HBox 来说就是垂直方向）填充空间。

8.3.2 表格

表格 GtkTable 通过 gtk_table_new(guint rows, guint columns, gboolean homogeneous)创建后，形成了一个 rows 行×columns 列的布局格子。通过 gtk_table_attach( )或 gtk_table_attach_defaults( )放置组件，这些函数指定组件在表格中的位置。每个组件在表格中可以占有相邻的 $m \times n$ 个单元。

8.3.3 对位

对位组件 GtkAlignment 用于在窗口中任意位置摆放可见组件。使用对位组件有两个常用函数：

```
GtkWidget * gtk_alignment_new(gfloat xalign ,
                              gfloat yalign ,
                              gfloat xscale ,
                              gfloat yscale);

void gtk_alignment_set(GtkAlignment * alignment ,
                       gfloat xalign ,
                       gfloat yalign ,
                       gfloat xscale ,
                       gfloat yscale);
```

（*xalign, yalign*）影响组件在窗口中的位置，（*xscale, yscale*）决定组件在窗口中的占位大小，它们的取值在 0.0～1.0 之间。

8.3.4 便签

创建便签的函数是 gtk_notebook_new( )。便签由若干子页面组合而成，通过选择标签切换子页面。每个子页面的界面设计与窗口、对话框相同。将每个子页面作为一个整体组件，通过 gtk_notebook_append_page( )或 gtk_notebook_prepend_page( )将其加入便签作为一个子页面。

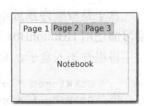

便签发送"change-current-page"、"select-page"等消息，从字面上很容易理解它们的含义。

8.3.5 对话框

对话框是独立于父窗口的窗口。对话框的界面设计同父窗口基本相同。依对话框和父窗口之间的关系，分为模态（modal）对话框和非模态（non-modal）对话框。

- 模态对话框阻止父窗口的交互工作，直到模态对话框消失，父窗口才可以重新获得焦点。
- 模态对话框通过 gtk_dialog_run( )运行，返回一整型值，用于反映对话框的执行情况。
- 非模态对话框可以和父窗口并行交互工作，使用 gtk_widget_show( )显示。
- 对话框结束后应使用 gtk_widget_destroy( )释放资源。

GTK+预制了一些常用的对话框，可以在需要的时候直接调用：

- GtkAboutDialog，通常用于简短的软件介绍。

- GtkColorSelectionDialog，用于颜色选择。
- GtkFileChooserDialog，用于选择文件读/写。
- GtkFontSelectionDialog，用于选择字体。
- GtkMessageDialog，用于显示简短信息。

8.4 GTK+界面设计工具

Glade 是一个图形化的界面设计工具。它与编程语言无关，将设计的界面生成 xml（eXtension Markup Language）格式文件。在 GTK+图形界面程序开发中，这种格式文件可以通过 GtkBuild 的 API 读取。xml 格式的文件也可以用在其他编程语言中。使用 Glade 工具可避免烦琐的界面设计工作。

图 8.4 展示使用 Glade 设计图形界面。

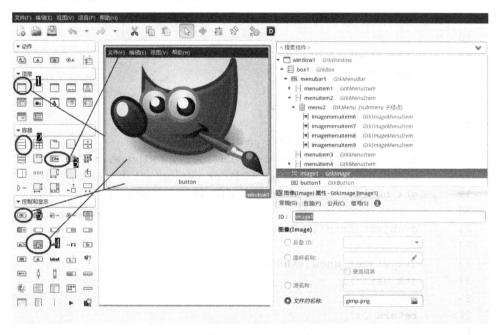

图 8.4 使用 Glade 设计图形界面

（1）启动 Glade。如果安装了这款软件，可以在桌面菜单中找到并启动它，或者在终端中执行"glade&"。

（2）创建一个顶层窗口（图 8.4 中的"1"）。记住这个窗口的 ID 是"window1"，下面在写 C 语言程序时将要用到。

（3）向顶层窗口中添加布局组件。本例中添加了一个三格纵向盒子（图 8.4 中的"2"）。

（4）向三个格子中分别拖入菜单、图像和按钮（图 8.4 中的"3"、"4"、"5"）。

（5）为组件添加消息回调函数：

① 展开组件树（图中右上部分），用鼠标单击 button1，下面给出了该组件从外观到消息响应回调函数的各种选项设置。单击"信号"，为"clicked"信号添加处理函数入口"button1_clicked_cb"。

② 用类似方法，为各个菜单项添加菜单信号"activate"响应函数入口。
(6) 为图像组件选择图像文件。

完成以上工作后，将设计的界面保存成一个文件"window.xml"。为实现上面的界面功能，我们编写一个简单的程序（见清单8.5）。

清单8.5 使用Glade的C源程序win.c

```
1   #include <gtk/gtk.h>
2
3   void button1_clicked_cb(GtkWidget * widget ,
4   gpointer    data )
5   {
6       g_print (" Button clicked .\ n");
7   }
8
9   int main(int argc , char * argv [])
10  {
11      GtkBuilder  * builder ;
12      GtkWidget   * window ;
13
14      gtk_init(&argc, &argv);
15
16      builder =  gtk_builder_new();
17      gtk_builder_add_from_file(builder , "window.xml" , NULL);
18      window= GTK_WIDGET(gtk_builder_get_object(builder ,"window1"));
19      gtk_builder_connect_signals(builder , NULL);
20
21      g_object_unref(G_OBJECT(builder ));
22
23      gtk_widget_show(window);
24      gtk_main();
25
26      return 0;
27  }
```

程序通过GtkBuild的API函数实现用Glade生成的图形组件功能，运行效果如图8.5所示。

图8.5 使用界面设计工具编写的图形界面程序

本例只实现了一个按钮的响应函数，其他组件的编程方法类似，此处不再展开。这里只介绍了一些常用组件的用法。在组件的背后，还有很多 GTK+类库为其提供完善的功能。GTK+源码包中有详细的文档和丰富的样例。GTK+本身也在不断的开发和完善中，随着新功能的加入和代码的更新，在不同版本中的 API 函数不尽相同。建议读者在编写 GTK+程序时仔细参考这些帮助文档。

本 章 练 习

结合前面章节的知识，设计一个具有图形界面的网络对话程序。

本章参考资源

1. GTK+网站文档：https://www.gtk.org/documentation.php。
2. GTK+基础教程：http://zetcode.com/gui/gtk2/firstprograms/。
3. GTK+源码中的帮助文档和样例。

第2部分 实 验 篇

第 9 章　实验系统介绍
第 10 章　嵌入式系统开发实验
第 11 章　引导加载器
第 12 章　内核配置和编译
第 13 章　根文件系统的构建
第 14 章　图形用户接口
第 15 章　音频接口程序设计
第 16 章　嵌入式系统中的 I/O 接口驱动
第 17 章　触摸屏移植
第 18 章　Qt/Embedded 移植
第 19 章　MPlayer 移植
第 20 章　GTK+移植
第 21 章　实时操作系统 RTEMS

第 9 章　实验系统介绍

9.1　实验系统性能概括

本实验基于 BeagleBone Black 板卡式计算机。

BeagleBone Black 的核心处理器是德州仪器公司的 Sitara AM335X，针对低成本、高扩展特性设计，采用 ARM Cortex-A8 架构，主频为 1GHz，具有 3D 图形引擎 SGX530。板载 512M DDR3L 内存和 4GiB eMMC 闪存。采用 6 层板工艺设计。主要性能和接口列表如下。

- 内核：AM3358（ARM Cortex-A8），主频为 1GHz。
- 内存：512MB DDR3L。
- Flash：4GB eMMC。
- 电源管理：TPS65217PMIC。
- USB Client（USB0, mini-USB），USB HOST（USB1）。
- UART0（3.3V TTL）。
- microSD 卡接口（3.3V）。
- HDMI 高清视频接口（1280×1024、1280×720、1920×1080@24Hz）。
- 音频输出：HDMI。
- 有线以太网：10/100M、RJ-45、LAN8720。
- 3D 高性能图形加速。
- 扩展接口：McASP、SPI、I2C、LCD、MMC、GPIO、ADC 等。

BeagleBone Black 外观如图 9.1 所示。

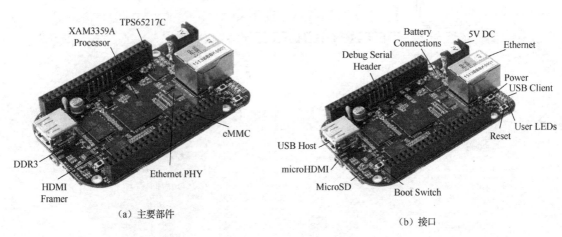

(a) 主要部件　　　　　　　　　　(b) 接口

图 9.1　BeagleBone Black 外观

9.2 软 件

在 BeagleBone Black 平台上，除了可以进行 Linux 系统的移植和开发以外，还可以移植 RTEMS、VxWorks 等多种实时操作系统以及进行无操作系统的裸机实验。本课程主要围绕 Linux 操作系统进行开发。

9.2.1 交叉编译工具链

由于嵌入式系统的局限性，不可能具有很大的存储能力和友好的人机交互开发界面，所以一般开发环境（工具链）都安装在 PC 上，通过这套工具链生成最终的目标文件，将其运行在相应的目标平台上。注意这样一个特点：工具链运行在开发平台上，不能运行在目标平台上；而它的编译的结果不能在开发平台上运行，只能在目标平台上运行。这就是"交叉"编译器（Cross Compiler）名词的来由。

由于 Cortex-A8 基于 ARM 指令集，所以在基于 Cortex-A8 开发过程中必须使用 ARM 的交叉编译。这个编译器环境将使用下面的 GNU 工具：

- GNU gcc compilers for C, C++，包括编译器、链接器等。
- GNU binutils，包括归档、目标程序复制和转换、代码分析调试等工具。
- GNU C Library，支持目标代码的 C 语言库。
- GNU C header，头文件。

在 PC 上默认安装的 GNU Tools 都是针对 X86 体系结构的，而上述的 GNU 交叉编译工具是针对 ARM 的，最终编译后产生的二进制文件只能在 ARM 架构的处理器上运行。

9.2.2 工具链安装

GNU 工具链全部以开源版权协议发布，可以获得完整的源代码。在 Linux 系统的 PC 上可以用 X86 平台的编译工具编译制作安装。本书 2.8 节介绍了交叉编译器的制作过程。也可以直接下载二进制代码包解压安装。许多 Linux 的发行版软件仓库中已包含了 ARM 的交叉编译工具，可以考虑直接使用。

本实验使用的交叉编译工具链路径是 /usr/local/armhf-linux-2016.11，可执行程序在 /usr/local/armhf-linux-2016.11/bin 目录下。实验中请将该目录添加到环境变量"PATH"中：

```
$ export PATH=/usr/local/armhf-linux-2016.11/bin:$PATH
```

否则在交叉编译时必须给出完整的路径和编译程序名。包含路径的编译器名称很长，不便操作。上面这一行可以加入到个人目录登录配置文件 .profile 中，每次登录后，该配置自动生效。后文假定路径已正确设置，编译器（包括链接器等）前缀是 arm-linux-。

9.2.3 嵌入式操作系统软件

嵌入式操作系统软件从下到上通常由 BootLoader、操作系统、文件系统和应用软件等若干层构成，各层之间没有必然的依赖关系。可以用 U-Boot-v2016.11-rc3 引导 Linux-4.9.19，也可以用 U-Boot-v2017-09-rc2 引导 Linux-3.0.8；在 Linux-3.0.8 版本上可以运行 glibc-2.10.1，也可以运行 glibc-2.23。依赖关系多体现在具体功能上，例如在 Linux-3.0.8 的内核中找不到某个设备的驱动,而在稍后的某个版本中,该驱动才加入内核主线。

BootLoader 的目的是加载操作系统内核,向内核传递参数,引导操作系统运行,有时也会负责根文件系统的加载。BootLoader 还负责核心软件的升级。一旦操作系统启动,BootLoader 的任务便暂告终结,直到系统重启。

本系统使用的 BootLoader 名为 u-boot(git://git.denx.de/u-boot.git)。针对本系统,可以直接使用 am33xx_evm 的默认配置进行编译。

在 https://github.com/beagleboard/linux.git 可以下载针对 BeagleBone Black 移植的 Linux 内核。用户可根据自己的需求在此基础上进一步裁剪和优化。完成内核正常启动后,与硬件相关的工作基本上都可以由内核解决,以后的软件开发可以由用户自由发挥,例如移植不同版本的根文件系统,不同的图形用户接口、桌面等。

9.3 实验系统搭建

实验系统按图 9.2 连接。microHDMI 输出到显示器和音箱(家用电视机的 HDMI 输入接口同时包含了音频功能,无须另外分接音箱);PC 通过串口控制设备连接到 BeagleBone Black 的 J1,用于监控;USB 集线器可用于多个 USB 设备;网络接口连接附近的交换机,实现与 PC 之间的网络通信。

以上连接方式仅供参考,并非所有实验都需要按此方法连接设备。例如,制作文件系统时就不需要连接显示设备;图形接口实验中也不需要连接音箱。BeagleBone Black 不作为独立系统使用时也可以不扩展 USB,而使用 PC 通过串口或者网络方式与它进行交互操作。

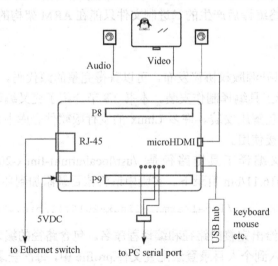

图 9.2 实验系统连接示意图

第 10 章 嵌入式系统开发实验

10.1 实 验 目 的

- 了解嵌入式系统的开发环境、内核的下载和启动过程。

10.2 嵌入式系统开发过程

嵌入式系统与普通计算机系统存在很大区别，主要表现在：
- 嵌入式系统往往不提供 BIOS，因此基本输入/输出系统需要由程序员完成。
- 嵌入式系统开发缺乏友好的人机界面，为程序调试带来困难。
- 嵌入式系统开发能力不如通用计算机系统。通常采用交叉编译的方式，在通用计算机上编译嵌入式系统的程序。
- 嵌入式系统的存储空间有限，对程序优化要求较高。

上述特点决定了在嵌入式系统开发中所使用的工具、方法的特殊性。

宿主机/目标机的开发模式如图 10.1 所示。

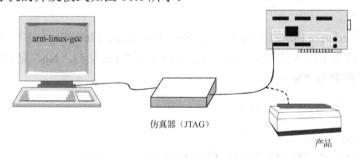

图 10.1 宿主机/目标机的开发模式

本系统主要基于串行口和网口进行开发。PC 串口引脚信号如图 10.2 所示。

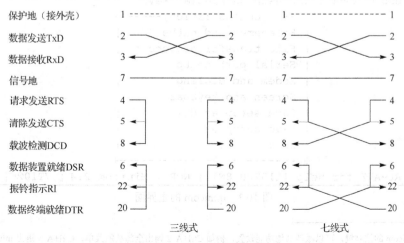

图 10.2 PC 串口引脚信号

10.2.1 串口设置（使用 minicom）

多数嵌入式系统都通过异步串行接口（UART）进行初级引导。这种通信方式是将字符一位一位地传送，一般是先低位、后高位。因此，采用串行方式，双方最少可以只用一对连线便可实现全双工通信。字符与字符之间的同步靠每个字框的起始位协调，而不需要双方的时钟频率严格一致，因此实现比较容易。

RS-232C 是通用异步串行接口中最常用的标准。它原是美国电子工业协会推荐的标准（EIA RS-232C，Electronics Industrial Association Recommended Standard），后被世界各国所接受并应用到计算机的 I/O 接口中。个人计算机系统中常使用 25 针或 9 针接插件（DB-25/DB-9）连接。例如，DB-25 按图 10.2 定义了接口信号。

Linux 系统用 minicom 软件实现串口通信。

运行 minicom，Ctrl+A o，进入 minicom 的主界面（如图 10.3 所示）[①]。在 Serial port setup 项上修改下述设置。

- A——"Serial Device"，串口通信口的选择。如果串口线接在 PC 的串口 1 上，则为 /dev/ttyS0；如果连接在串口 2 上，则为 /dev/ttyS1，依此类推。本实验通过 USB 转 RS-232 芯片连接串口，设备是 /dev/ttyUSB0。
- E——"Bps/Par/Bits"，串口参数的设置。设置通信波特率、数据位、奇偶校验位和停止位。本实验平台要求把波特率设置为 115200bps，数据位设为 8 位，无奇偶校验，一个停止位。
- F——"Hardware Flow Control"、G——"Software Flow Control"，数据流的控制选择。按 F 或 G 键完成硬件软件流控制切换（即"Yes"与"No"之间的切换）。本实验系统都设置为"No"。

```
Welcome to minicom 2.4

OPTIONS: I18n
Compiled on Jan 25 2010, 06:49:09.
Port /dev/ttyS0

Press CTRL-A Z for help on special keys
              +-----[configuration]------+
              | Filenames and paths      |
              | File transfer protocols  |
              | Serial port setup        |
              | Modem and dialing        |
              | Screen and keyboard      |
              | Save setup as dfl        |
              | Save setup as..          |
              | Exit                     |
              +--------------------------+
CTRL-A Z for help |115200 8N1 | NOR | Minicom 2.4 | VT102 |  Offline
```

图 10.3 minicom 的主界面

---

① Ctrl+A 是 minicom 的控制键，可以激活其他功能设置，例如 Ctrl+A z 调出全部功能菜单，Ctrl+A x 退出 minicom。也可以在 minicom 启动时加上选项 "-s" 直接进入设置界面。

配置完成后，选择"Save setup as dfl"保存配置，并返回 minicom 的主界面。以后每次使用时不需要再设置。

给开发板加电，这时可以在 minicom 的主界面上看到开发板的启动信息。在短时间（时间可通过 bootloader 命令设置）内通过键盘干预，将停止加载内核，进入人机交互方式，出现提示符"U-Boot #"。"help"命令可列出所有 u-boot 的命令；如需了解具体某个命令的使用，可采用"help+命令"的方式。下面列出本实验常用的命令。

- setenv：设置环境变量。主要的环境变量有：
  ① ipaddr, serverip, gatewayip，本机和服务器的 IP 地址，网关。
  ② bootargs，启动参数，一般包括监控端口、内核启动参数，加载文件系统等，如 setenv bootargs console=ttySAC2,115200 root=/dev/mtdblock2 rw rootfstype=yaffs2 init=/linuxrc，表示用串口设备 ttySAC2 作为终端，波特率为 115200bps，根文件系统在 eMMC 卡（或 FLASH）的第二分区，读写允许，yaffs2 文件系统，内核启动后执行根目录下的 linuxrc 命令。
  ③ bootcmd，启动命令，上电后或者执行 boot 命令后调用。如 setenv bootcmd 'movi read kernel 0xc0008000;bootm 0xc0008000'表示将 eMMC 卡的 kernel 分区读到内存以 0xc0008000 起始的地址中，然后从 0xc0008000 处开始运行。
- tftp：tftp 命令，如 tftp 0xc0008000 zImage，将 TFTP 服务器目录中的文件 zImage 通过 TFTP 读入内存 0xc0008000 起始处。
- saveenv：保存环境变量设置。未经保存的环境变量，重启后将恢复原状。

10.2.2 TFTP（简单文件传输协议）

TFTP（Trivial File Transfer Protocol）是基于 UDP 协议的简单文件传输协议。目标板作为客户机，BootLoader 默认采用 TFTP。主机安装 tftp-server，作为 TFTP 服务器。Linux 系统的 TFTP 服务由超级服务器 Xinetd 管理。安装 tftp-server 后，/etc/xinetd.d/tftp 中大致是如下内容：[①]

```
service tftp
{
    socket_type = dgram
    protocol    = udp
    wait = yes
    user = root
    server = /usr/sbin/in.tftpd
    server_args   = -c -s /srv/tftpboot
    disable = yes
    per_source = 11
    cps = 100 2
}
```

将"disable"的选项改为"no"，关闭防火墙，再用如下命令重启 TFTP 服务：

---

① 主机的不同发行版、不同的软件，使用方法和配置文件有所不同，关键要了解服务的目的、目录、权限及启动方式；下面的 NFS 服务亦然。

```
# /etc/rc.d/init.d/xinetd restart
```

TFTP 的配置文件里表明，TFTP 服务的主目录是/srv/tftpboot，因此只有在这个目录下面的文件才可以通过 TFTP 进行下载。我们需要 BootLoader 从服务器上下载内核及文件系统。为实现这个目的，需要配置客户端（目标机）的网络 IP 地址，使其和主机处于同一网段，并注意不要和其他系统（包括主机和目标机）的 IP 发生冲突。U-Boot 中，用 "setenv ipaddr" 和 "setenv serverip" 分别设置本机和 TFTP 服务器的 IP 地址。

10.2.3 NFS 服务器架设

NFS 是 Network File System（网络文件系统）的缩写。NFS 是由 Sun 公司开发并发展起来的一项用于在不同机器、不同操作系统之间通过网络共享文件的服务系统。NFS-Server 也可以看成一个文件服务器，它可以让 PC 通过网络将远端的 NFS 服务器共享出来的档案挂载到自己的系统中。在客户端看来，使用 NFS 的远端文件就像是在使用本地文件一样。

NFS 协议从 1984 年诞生到现在为止，历经多个版本，即 NFSv2（RFC 1094）、NFSv3（RFC 1813）、NFSv4（RFC 3010）等，功能不断完善。最新的版本是 NFSv4.2（RFC 7862），于 2016 年 12 月发布。

NFS 涉及 portmap 和 NFS 两个服务。需要在主机打开这两个服务：

```
# chkconfig nfs on
# chkconfig portmap on
# service nfs restart
# service portmap restart
```

服务器的共享目录和权限在/etc/exports 中设定。下面是这个文件的样例：

```
# this is a sample
# /etc/exports
/opt    192.168.1.*(rw,no_root_squash)
```

它表示允许 192.168.1.xxx IP 地址范围内的客户端共享本机/opt 目录下的文件。使用如下命令使修改生效：

```
# exportfs -a
```

目标板上的 Linux 启动后，BusyBox 可以提供操作系统人机交互的基本功能。如果需要配置网络，使用 ifconfig 命令，其用法和主机的用法完全相同：

```
# ifconfig eth0 192.168.1.xx
```

如果内核和 BusyBox 都支持 NFS，可以用 mount 命令将主机的/opt 目录挂在/mnt 目录下（设主机的 IP 为 192.168.1.100）：

```
# mount 192.168.1.100:/opt /mnt -o nolock -o proto=tcp
```

这样，当访问目标板的/mnt 目录时，访问的就是服务器上的/opt 目录的内容。

10.2.4 编译应用程序

（1）编写一个简单的独立程序。

（2）使用如下的 Makefile：

```
1   CC      =   arm-linux-gcc
2
3   CFLAGS  =
4
5   TARGET  =   hello
6   OBJS    =   $(TARGET).o
7
8   all : $(TARGET)
9
10  $(TARGET) : $(TARGET).o
11             $(CC)$(CFLAGS)$^ -o $@
12  $(TARGET).o : $(TARGET).c
13             $(CC)$(CFLAGS)-c$ < -o $@
14
15  clean :
16             rm -f $(OBJS)$(TARGET)*.elf*.gdb
```

（3）将编译生成的可执行程序 hello 复制到 NFS 共享目录下，在目标板上运行该程序。如果不能运行，可能是目标系统没有正确地安装 libc 库。此时，可在 gcc 编译选项中加上 -static，生成静态链接的可执行程序。静态链接的可执行程序文件较大。

10.3 实验报告要求

归纳总结嵌入式系统软件开发的一般流程。实验中请关注以下几个重要环节。
- 交叉编译工具软件安装在什么地方？如何正确使用？
- 嵌入式目标系统与主机之间有哪些连接线？各自通过什么软件实现联通功能？
- 实验中使用了两个网络服务（TFTP 和 NFS），服务器是如何配置的？实验过程中，哪些操作与此有关？

第 11 章 引导加载器

11.1 实验目的

- 了解操作系统的启动过程。
- 学习制作可引导的存储卡。

11.2 BootLoader

BootLoader 实际上包含两个部分：Boot 和 Loader。Boot 用于引导计算机启动，包括上电自检（Power-On Self-Tests）、获取计算机的配置、初始化一些硬件（特别是存储器），并找到一个可供启动的操作系统；Loader 部分将操作系统内核加载到内存，程序转入内核入口，完成系统的启动。

11.2.1 BootLoader 的作用

PC 中的引导加载程序由 BIOS 和位于硬盘的主引导记录 MBR（Master Boot Recorder）中的 OS Boot Loader 一起组成。BIOS 在完成硬件检测和资源分配后，将硬盘 MBR 中的 Boot Loader 读到系统的 RAM 中，然后将控制权交给 OS Boot Loader。Boot Loader 的主要运行任务就是将内核镜像从硬盘上读到 RAM 中，然后跳转到内核的入口点去运行，也即开始启动操作系统。

嵌入式系统中，通常并没有像 BIOS 那样的固件程序，因此整个系统的加载启动任务完全由 BootLoader 来完成。用于引导嵌入式操作系统的 BootLoader 有 U-Boot、vivi、RedBoot 等。BootLoader 的主要作用是：

（1）初始化硬件设备。
（2）建立内存空间的映射图。
（3）完成内核的加载，为内核设置启动参数。

BootLoader 还负责操作系统的升级。

11.2.2 BootLoader 程序结构框架

嵌入式系统中的 BootLoader 的实现完全依赖于 CPU 的体系结构，因此大多数 BootLoader 都分两个阶段。依赖于 CPU 体系结构的代码，比如设备初始化代码等，通常都放在阶段一中，且通常都用汇编语言来实现，以达到短小精悍的目的。阶段一通常包括以下步骤：

（1）硬件设备初始化。
（2）复制 BootLoader 程序到 RAM 空间中。
（3）设置好堆栈。
（4）跳转到阶段二的 C 语言入口点。

阶段二则通常用 C 语言来实现，这样可以实现一些复杂的功能，而且代码会具有更好的可读性和可移植性。阶段二主要包括以下步骤：

（1）初始化本阶段要使用到的硬件设备。
（2）系统内存映射（memory map）。
（3）将 kernel 镜像和根文件系统镜像从 Flash 读到 RAM 空间中。
（4）为内核设置启动参数。
（5）调用内核。

11.3　实　验　内　容

11.3.1　获取 U-Boot

BB-Black 通过 U-Boot 引导操作系统。U-Boot 源代码可以从其官方主页 https://www.denx.de 获得。官网还有关于 U-Boot 的帮助文档，可供参考。U-Boot 采用 git 版本控制系统，下载源代码可使用如下命令：

```
$ git clone git://git.denx.de/u-boot.git
```

11.3.2　配置 BootLoader 选项

在下载的 U-Boot 目录中，执行"make am335x_boneblack_defconfig"，即完成针对 BB-Black 的默认配置。也可以用"make menuconfig"进入菜单界面，对 BootLoader 的单个选项进行合理的取舍。图 11.1 展示的是 U-Boot 配置界面的主菜单选项。

完成配置后，用"make　ARCH=arm　CROSS_COMPILE=arm-linux-"进行编译。"arm-linux-"是 ARM 编译器的前缀。编译完成后，生成 MLO 和 u-boot.img。

```
 .config - U-Boot 2015.04 Configuration
------------------------------------------------------------------
+--------------- U-Boot 2015.04 Configuration ---------------------+
|  Arrow keys navigate the menu.<Enter> selects submenus ---> (or empty  |
|  submenus ----). Highlighted letters are hotkeys. Pressing <Y>         |
|  includes, <N> excludes, <M> modularizes features. Press <Esc><Esc> to |
|  exit, <?> for Help, </> for Search. Legend: [*] built-in[ ]           |
| +------------------------------------------------------------+ |
| |         Architecture select (ARM architecture) --->        | |
| |         ARM architecture       --->                        | |
| |         General setup       --->                           | |
| |         Boot images --->                                   | |
| |         Command line interface --->                        | |
| |         Device Tree Control --->                           | |
| |     [ ] Networking support ----                            | |
| |         Device Drivers --->                                | |
| |         File systems     ----                              | |
| |         Library routines      --->                         | |
| +------------------------------------------------------------+ |
+------------------------------------------------------------------+
```

图 11.1　U-Boot 配置界面的主菜单选项

11.3.3 制作 TF 卡

将前面生成的 MLO 和 u-boot.img 用下面的命令写入 TF 卡[①]。BeagleBone Black 上电时按住板上的按键 S2，系统首先选择 MMC0（microSD 卡插槽）启动。

```
$ dd if=MLO of=/dev/mmcblk0 count=1 seek=1 bs=128k
$ dd if=u-boot.img of=/dev/mmcblk0 count=2 seek=1 bs=384k
```

再在该卡上创建两个文件系统：一个用于存放启动内核相关的固件及内核镜像，用 VFAT 格式化；另一个用于准备作为根文件系统，用 inode 型文件系统格式化（EXT4FS、BTRFS、REISREFS 等均可，要求内核支持）。前者不宜过大，够用即可。

```
$ mkfs.vfat /dev/mmcblk0p1
$ mkfs.ext4 /dev/mmcblk0p2
```

Linux 系统常用的分区工具是 fdisk。注意在分区时不要覆盖之前写入 TF 卡的裸数据所在扇区。

如果要求系统能自动引导操作系统，还需要在引导分区上建立 U-Boot 的脚本文件。U-Boot 默认的脚本文件名是 uEnv.txt。它至少应包含下面的内容：
- 将指定的内核镜像文件加载到内存的指定位置。
- 设定向内核传递的启动参数，特别重要的是根文件系统的类型和位置。
- 跳转到内核解压的内存地址开始运行，向内核交权。

一个典型的 uEnv.txt 内容如下：

```
loadkernel=fatload mmc 0 0x82000000 zImage
loadfdt=fatload mmc 0 0x88000000 /dtbs/am335x-boneblack.dtb
rootfs=root=/dev/mmcblk0p2 rw rootfstype=ext4
loadfiles=run loadkernel; run loadfdt
mmcargs=setenv bootargs console=ttyO0,115200n8 ${rootfs}

uenvcmd=run loadfiles; run mmcargs; bootz 0x82000000 - 0x88000000
```

U-Boot 启动操作系统的命令有 bootz 和 bootm，它们带有三个地址参数，依次是内核镜像地址、ramdisk 根文件系统地址和 FDT（Flat Device Tree）地址。根文件系统通过 root 参数指定时，在 bootz/bootm 中可空缺。空缺项用 "-" 替代。bootz 用于引导 zImage 镜像，bootm 用于引导 uImage 格式的镜像。

11.4 实验报告要求

- 归纳 u-boot.img 的生成过程。
- 尝试制作一个可引导 Linux 系统的 TF 卡，总结制作过程。

[①] 设备名 mmcblkX 因时而变，注意认清操作对象。

第 12 章 内核配置和编译

12.1 实 验 目 的

- 了解 Linux 内核源代码的目录结构及各目录的相关内容。
- 了解 Linux 内核各配置选项内容和作用。
- 掌握 Linux 内核的编译过程。

12.2 相 关 知 识

12.2.1 内核源代码目录结构

Linux 内核源代码可以从网上下载（http://www.kernel.org/pub/linux）。针对 BeagleBone 系列的内核分支在 https://github.com/beagleboard/linux。从这里开始移植更为方便。将 Linux 移植到嵌入式平台，需要特别关注 arch 目录下面与目标平台体系结构相关的内容。

内核源代码的文件按树形结构进行组织。6.3 节介绍了内核目录结构和简要内容。

12.2.2 内核配置的基本结构

Linux 内核的配置系统由以下几部分组成。

（1）Makefile：分布在 Linux 内核源码中的 Makefile 定义了 Linux 内核的编译规则。顶层 Makefile 是整个内核配置、编译的总体控制文件。

（2）配置文件 Kconfig：给用户提供配置选择的功能。".config"是内核配置文件，包括由用户选择的配置选项，用来存放内核配置后的结果。

（3）配置工具：包括对配置脚本中使用的配置命令进行解释的配置命令解释器和配置用户界面（基于字符交互界面的 make config，基于 ncurses 界面的 make menuconfig 等）。

（4）Kbuild：规则文件，被所有的 Makefile 使用。

12.2.3 编译规则 Makefile

利用 make menuconfig（或 make config、make xconfig）对 Linux 内核进行配置后，系统将产生配置文件".config"。之前的配置文件备份到".config.old"，以便用 make oldconfig 恢复上一次的配置。

编译时，顶层 Makefile 完成产生核心文件 vmlinux 和内核模块（modules）两个任务，为了达到此目的，顶层 Makefile 将读取.config 中的配置选项，递归进入内核的各个子目录中，分别调用位于这些子目录中的 Makefile 进行编译。配置文件.config 中有许多配置变量设置，用来说明用户配置的结果。例如"CONFIG_MODULES=y"表明用户选择了 Linux 内核的模块功能。

配置文件.config 被顶层 Makefile 包含后，就形成许多的配置变量，每个配置变量具有以下 4 种不同的取值。

- y:表示本编译选项对应的内核代码被静态编译进 Linux 内核。
- m:表示本编译选项对应的内核代码被编译成模块。
- n:表示不选择此编译选项。
- 如果根本就没有选择,那么配置变量的值为空。

配置文件.config 可以通过下面的方法产生:
- make config:以终端交互问答方式逐一确定内核功能选项。配置内核有数千个选项,因此这种配置方式极其烦琐,几乎没有实用价值。
- make menuconfig:基于 ncurses 库,在字符终端中构造多级菜单形式的配置界面。
- make xconfig/gconfig:基于图形界面的配置环境,需要 Qt 或 GTK+图形库支持。

内核配置选项繁多,将所有选项过一遍就是一项耗时耗力的工作。好在内核开发人员已经为多种系统预先做好了配置基础,它们分布在 arch 子目录下与体系结构相关的目录的 configs 目录中,以 xxx_defconfig 命名。例如,arch/arm/configs/bb.org_defconfig 是针对 BeagleBone 的默认配置。如果你的移植目标系统是 BeagleBone Black,则可以以它为起点,将其复制到源码顶层目录的.config 文件上。标准的做法则是:

```
$ make ARCH=arm bb.org_defconfig
```

以上配置方法最终都会将配置结果保存在.config 文件(也可以选择保存为其他文件名,但不会直接被 Makefile 包含)中。原来的.config 文件被更名为.config.old,以便之后发现当前配置不合适时可以用"make oldconfig"回退。

在嵌入式系统移植时,编译内核的 Makefile 有两个重要的变量:ARCH 和 CROSS_COMPILE。ARCH 是目标平台的体系架构,必须在执行"make"命令的时候指定,例如:

```
$ make ARCH=arm menuconfig
```

或将其设置为环境变量:

```
$ export ARCH=arm
```

通过"export"命令设置的环境变量仅在当前终端或由当前终端启动的终端(当前进程的子进程)有效。

CROSS_COMPILE 是编译器前缀,可以在配置内核时设置该选项,也可以仿照处理 ARCH 变量的方法处理。

除了 Makefile 的编写外,另外一个重要的工作就是把新增功能加入到 Linux 的配置选项中来提供功能的说明,让用户有机会选择新增功能项。Linux 所有选项配置都需要在 Kconfig 文件中用配置语言来编写配置脚本,然后顶层 Makefile 调用 scripts/config,按照 arch/arm/Kconfig 来进行配置(假设目标平台是 arm)。命令执行完后生成保存有配置信息的配置文件.config。

12.3 编译内核

12.3.1 Makefile 的选项参数

编译 Linux 内核常用的 make 命令选项包括 config、dep、clean、mrproper、zImage、uImage、modules、modules_install 等。

（1）config/xconfig/menuconfig：内核配置。调用./scripts/config 按照 arch/arm/Kconfig 来进行配置。命令执行后产生文件".config"，其中保存着配置信息。下次在做 make config 时将产生新的".config"文件，原文件".config"更名为".config.old"。

（2）dep：建立依赖关系，产生两个文件".depend"和".hdepend"，其中".hdepend"表示每个.h 文件都包含其他哪些嵌入文件，而".depend"文件有多个，在每个会产生目标文件.o 文件的目录下均存在，它表示每个目标文件都依赖于哪些嵌入文件.h。2.6 以上版本的内核编译不需要这个步骤。

（3）clean：清除以前构核所产生的所有的目标文件、模块文件、核心以及一些临时文件等，不产生任何新文件。

（4）mrproper：删除以前在构核过程产生的所有文件，即除了做 make clean 外，还要删除".config"文件，把核心源码恢复到最原始的状态。下次构核时必须进行重新配置。

（5）make、make zImage、make uImage：编译内核，通过各目录的 Makefile 文件进行，会在各个目录下产生一大堆目标文件。如核心代码没有错误，将产生文件 vmlinux，这就是所构的核心。同时，产生镜像文件 System.map。zImage 和 uImage 选项是在 make 的基础上产生压缩的核心镜像文件。其中，uImage 是 U-Boot 格式的镜像文件，在 zImage 基础上加入了 U-Boot 格式头。正常编译完成后，生成的 ARM 内核 zImage、uImage 文件在目录 arch/arm/boot 中。需将其移至 tftp 服务器目录供下载。

（6）make modules、make modules_install：模块编译和安装。当内核配置中有些功能被设定编译成模块时，这些代码不被编入内核文件 vmlinuz，而是通过"make modules"编译成独立的模块文件.ko（2.4 版本之前的模块扩展名是.o）。"make modules_install"将这些文件复制到内核模块文件目录（PC 上通常是/lib/modules/$VERSION/...）。

使用"make mrproper"或"make clean"时需要小心，它会清除之前编译过的中间文件，再次编译时要花时间重新编译。

2.6 版本以后的内核编译过程大大简化，"make XXconfig"后只需要执行"make"即可生成目标内核镜像 zImage，同时被选为模块配置的也编译完成，生成相应的.ko 文件。make modules_install 命令即可将它们复制到指定目录，嵌入式系统移植时通过变量 INSTALL_MOD_PATH 指定模块安装目录。

12.3.2 内核配置项介绍

内核配置主目录有下面这些分支。

（1）General setup：内核配置选项和编译方式等。

（2）Enable loadable module support：利用模块化功能可将不常用的设备驱动或功能作为模块放在内核外部，必要时动态地加载。操作结束后还可以从内存中删除。这样可以有效地使用内存，同时也减小了内核的大小。

模块可以自行编译并具有独立的功能。即使需要改变模块的功能，也不用对整个内核进行修改。文件系统、设备驱动、二进制格式等很多功能都支持模块。开发过程中通常都需要选中这项。

（3）System Type：处理器选型及相关选项，根据开发的对象选择。

（4）Networking options：网络配置。

（5）Device Drivers：设备驱动。包括针对硬盘、CDROM 等以块为单位进行操作的存储装置和以数据流方式进行操作的字符设备、还包括网络设备、USB 设备、多媒体接口、图形接口、声卡等。与系统板级硬件相关的配置主要在这里。

（6）File systems：文件系统。对 Linux 可访问的各个文件系统的设置。所有的操作系统都具有固有的文件系统格式。一般为了对不同操作系统的文件系统进行读写操作需安装特殊的应用程序。通常要求根文件系统格式应编入内核，其他文件系统支持可以通过模块加载方式实现。

12.4 实验内容

配置一个完整的内核，尽可能理解配置选项在操作系统中的作用；将编译的内核文件复制到 TFTP 服务器目录，在目标机中下载并运行：

```
u-boot # tftp 0x82000000 zImage
u-boot # bootz 0x82000000
```

12.5 实验报告要求

- 总结内核镜像文件的生成方法及对操作系统的作用。
- 内核配置中，哪些选项对操作系统的正常启动是必需的？

第 13 章 根文件系统的构建

13.1 实验目的

- 了解嵌入式操作系统中文件系统的类型和作用。
- 掌握利用 BusyBox 软件制作嵌入式文件系统的方法。
- 掌握嵌入式 Linux 文件系统的挂载过程。

13.2 Linux 文件系统的类型

13.2.1 EXT 文件系统

Linux 早期开发是在 Minix 系统上进行的，Minixfs 自然地成为 Linux 的第一个文件系统。由于 Minix 本身是为教学目的设计的，Minix 文件系统虽然性能十分稳定，但有很大的局限，它能够支持的最大空间只有 64MB，文件名最长长度为 14 个字符。1992 年 4 月，第一个专为 Linux 设计的文件系统 EXTFS（Extended File System，扩展文件系统）进入 0.96c 版的 Linux 内核。它支持的最大文件容量为 2GB，文件名最长为 255 个字符。

EXTFS 比 Minix 文件系统的性能有明显改善，但最大问题是不支持文件修改、inode 修改的单独的时间戳。为了解决这个问题，两种新的文件系统即 Xiafs 和 EXT2FS（第 2 版扩展文件系统）被开发出来，进入于 1993 年 1 月发布的 Linux-0.99 版内核，后者是 Linux 2.4 版本的标准文件系统，许多发行版将其作为默认的文件系统类型。EXT2FS 取代 EXTFS 具有以下优点。

- EXT2FS 支持的最大单个文件容量为 2TB（Linux 2.6.17 版本之前）。
- EXT2FS 文件名最长长度可达 1012 个字符。
- 在创建文件系统时，管理员可以根据需要选择存储逻辑块的大小（通常可选择 1024、2048 或 4096B）。
- EXT2FS 可以实现快速符号链接（类似于 Windows 系统中的快捷方式），不需为符号链接分配数据块，并且可将目标名称直接存储在索引节点（inode）表中。这使文件系统的性能有所提高，特别是在访问速度上。

由于 EXT2FS 文件系统的稳定性、可靠性和健壮性，几乎在所有基于 Linux 的系统（包括台式机、服务器和工作站，甚至一些嵌入式设备）上都使用 EXT2FS 文件系统。EXT2FS 文件系统的最大缺点是没有日志。在其后发展的 EXT3FS 和 EXT4FS 均属于日志型文件系统。没有日志，也可能是它的优点，因为减少了额外的擦写，在 U 盘和固态硬盘中比日志型文件系统更有利于延长使用寿命。

13.2.2 NFS 文件系统

NFS（Network File System）是一个 RPC（Remote Procedure Call）服务。它由 SUN 公司开发，于 1984 年推出。NFS 文件系统能够使文件实现共享。它的设计是为了在不同的系统之间使用，所以 NFS 文件系统的通信协议设计与操作系统无关。当使用者想使用远端文件时，只要用"mount"命令就可以把远端文件系统挂载在自己的文件系统上，使远端的文件在使用上和本地机器的文件没有区别。NFS 的具体配置可参考第 10 章的网络文件系统 NFS 的配置。

Linux 内核可以支持 NFS 的根文件系统。为实现这项功能，在内核配置中需要选中"File Systems → Network File Systems → NFS client support → Root file system on NFS"，而该选项依赖于"Networking support"中的"IP: kernel level autoconfiguration"。此外，需要在 BootLoader 中向内核传递 NFS 作为根文件系统的信息：

```
u-boot # setenv rootfs root=/dev/nfs rw nfsroot=<nfs_server_ip>:
    <nfs_Root_Dir>
u-boot # setenv nfsaddrs nfsaddrs=<client_ip>:<nfs_server_ip>:
    <gateway>:<mask>
u-boot # setenv bootargs console=ttyS0,115200 $rootfs $nfsaddrs
```

系统启动后，"nfs_Root_Dir"就成为系统的根目录"/"，它和下面制作的 ramdisk 中的根目录结构是相同的。

13.2.3 JFFS2 文件系统

作为可电擦写的只读存储设备，Flash 可分为 Nor Flash 和 Nand Flash 两种主要类型。一片没有使用过的 Flash 存储器，每一位的值都是逻辑 1。对 Flash 的写操作就是将特定位的逻辑 1 改变为逻辑 0。而擦除就是将逻辑 0 改变为逻辑 1。Flash 的数据存储是以块（Block）为单位进行组织的，所以 Flash 在进行擦除操作时只能进行整块擦除。

Flash 的使用寿命是以擦除次数进行计算的。一般在 10 万次～100 万次。为了保证 Flash 存储芯片的某些块不早于其他块到达其寿命，有必要在所有块中尽可能地平均分配擦除次数，这就是所谓的"损耗平衡"。JFFS2 文件系统是一种"追加式"的文件系统——新的数据总是被追加到上次写入数据的后面。这种"追加式"的结构就自然实现了"损耗平衡"。

JFFS（Journal Flash File System）文件系统是由瑞典 Axis 通信公司开发的一种基于 Nor-flash 的日志文件系统。Flash 存储器在写入数据之前必须先擦除。Flash 设备的读写表现出明显的非对称性：

- 擦除速度慢。擦除一个数据块，典型的擦除周期是 1～100ms，比读数据慢 1000～10 万倍。
- 只能大块擦除（常常是 64KB 或者更大），读写常常是小块（512B）。
- 擦除次数有限（典型值为百万次量级）。

JFFS 在设计时充分考虑了 Flash 的读写特性和电池供电的嵌入式系统的特点。在这类系统中，必须确保在读取文件时如果系统突然掉电，其文件的可靠性不受到影响，且在擦写时必须考虑"损耗平衡"，延长 Flash 的使用寿命。

Red Hat 的 David Woodhouse 对 JFFS 进行改进后，形成了 JFFS2，自 Linux-2.4.10 开始并入内核主线。JFFS2 克服了 JFFS 的一些缺点，使用了基于哈希表的日志节点结构，大大加快了对节点的操作速度；改善了存取策略以提高 Flash 的抗疲劳性，同时也优化了碎片整理性能，增加了对 Nand Flash 的支持和数据压缩功能。需要注意的是，当文件系统已满或接近满时，JFFS2 会大大放慢运行速度。这是因为垃圾收集的问题。相对于 EXT2FS 而言，JFFS2 在嵌入式设备中更受欢迎。

嵌入式系统中采用 JFFS2 文件系统有以下优点：
- 支持数据压缩。
- 提供"损耗平衡"支持。
- 支持多种节点类型。
- 提高了对闪存的利用率，降低了内存的消耗。

我们只需要在自己的嵌入式 Linux 中加入 JFFS2 文件系统并做少量的改动，就可以使用 JFFS2 文件系统。通过 JFFS2 文件系统，可以用 Flash 存储器来保存数据，将 Flash 存储器作为系统的硬盘来使用。可以像操作硬盘上的文件一样操作 Flash 芯片上的文件和数据。同时，系统运行的参数可以实时保存到 Flash 存储器芯片中，在系统断电后，数据不会丢失。

13.2.4 YAFFS2

YAFFS（Yet Another Flash File System）文件系统是专门针对 Nand 闪存设计的嵌入式文件系统。与 JFFS2 文件系统不同，YAFFS2 主要针对使用 Nand Flash 的场合而设计。Nand Flash 与 Nor Flash 在结构上有较大的差别。尽管 JFFS2 文件系统也能应用于 Nand Flash，但由于它在内存占用和启动时间方面针对 Nor Flash 的特性做了一些取舍，所以对 Nand 来说通常并不是最优的方案。在嵌入式系统使用的大容量 Nand Flash 中，更多地采用 YAFFS2 文件系统。

13.2.5 RAM Disk

使用内存的一部分空间来模拟一个硬盘分区，这样构成的文件系统被称为 RAM Disk。它不是某种新的文件系统，而是某个具体文件系统的实现形态，可以模拟 EXT2FS 格式的硬盘，也可以模拟 YAFFS2 格式的硬盘。将 RAM Disk 作为根文件系统在嵌入式 Linux 中是一种常用的方法。因为在 RAM 上运行，读写速度快；用 gzip 算法进行压缩，可节省存储空间。但它也有缺点：由于将内存的一部分作为 RAM Disk，这部分内存不能再用于其他用途；此外，系统运行时，新的内容无法保存；系统关机后，内容将丢失。

作为根文件系统使用的 RAM Disk 又称为 initrd（initial ramdisk），它是一个很小的根文件系统，只具有一些必要的命令和驱动，例如文件系统驱动（编译内核时，文件系统驱动常常作为模块，不直接编入内核，因为我们不确定硬盘使用何种分区格式。如果将各种文件系统都编入内核，内核可能就过于臃肿了）。一个小的 initrd 甚至可以直接合并在内核镜像中。在完成了必要的初始化任务后（例如加载显示驱动、硬盘驱动）挂载真正的根文件系统，并通过 pivot_root 或 chroot 命令将根文件系统切换过去。

13.3 文件系统的制作

13.3.1 BusyBox 介绍

BusyBox 由著名的程序员 Bruce Perens 首先开发，最早使用在 Debian 发行版的安装程序中。后来，又有许多 Debian 开发者对 BusyBox 贡献力量，其中包括著名的 Linus Torvalds。BusyBox 最终编译成一个称为 BusyBox 的独立执行程序，并且可以根据配置执行 ash shell 的功能，包含几十个小应用程序：mini-vi 编辑器、系统不可或缺的/sbin/init 程序，以及其他文件操作、目录操作、系统配置、网络功能等。这些都是一个正常系统必不可少的。在多数桌面发行版中，这些程序常常分属于若干个不同的软件包。独立编译这些软件包，一方面比较烦琐，另一方面，软件规模也难以控制，在嵌入式应用场合有时是难以接受的。BusyBox 不仅功能全面，能有效控制代码规模，对一些不常用的功能选项做了优化，同时还提供了便捷的裁剪选择方式，允许用户根据自己的需要进一步控制代码规模。

BusyBox 支持多种体系结构，它可以静态或动态链接 glibc 或者 uclibc 库，以满足不同的需要。BusyBox 本身不带 glibc/uclibc。开发人员必须自行为系统配置这些库并安装在/lib 目录下。没有库支持的基本文件系统，只能运行静态链接的外部程序。

13.3.2 BusyBox 的编译

将下载的 BusyBox 软件包解压缩。进入解压目录，执行"make menuconfig"，仿照内核配置编译过程：

- 在 Build Option 菜单下，选择静态库编译方式（如文件系统带有共享库，也可以采用动态链接方式，详见下一节"配置文件系统"的内容），并设定交叉编译器。
- Installation Options 配置中，自定义安装路径。编译后的文件系统以这个路径为起点。
- 用户可以根据需要对文件系统的功能选项进行配置，这样可以减少文件系统的大小，以节省存储空间。

配置完成后便可对 BusyBox 进行编译（make）和安装（make install）。安装完毕，在安装目录下可以看到 bin、sbin 和 usr（usr 目录是否存在，取决于配置的安装选项）这些目录。在这些目录里可以看到许多应用程序的符号链接，这些符号链接都指向 BusyBox。

13.3.3 配置文件系统

- 创建 etc 目录，在 etc 下建立 inittab、rc、motd 三个文件。

    /etc/inittab

```
# /etc/inittab
::sysinit:/etc/init.d/rcS
::askfirst:-/bin/sh
::once:/usr/sbin/telnetd -l /bin/login
::ctrlaltdel:/sbin/reboot
::shutdown:/bin/umount -a -r
```

此文件由系统启动程序 init 读取并解释执行。以#开头的行是注释行。

/etc/rc
```
#!/bin/sh
hostname BeagleBone
mount -t proc proc /proc
mount -t sysfs sys /sys
/bin/cat /etc/motd
```

此文件要求可执行属性,用命令"chmod +x rc"修改其属性。rc 文件和其他脚本文件(.sh)第一行的#不是注释。

/etc/motd
```
Welcome to
===============================
      ARM-LINUX WORLD
      BB -- BLACK
===============================
```

此文件内容不影响系统正常工作,由/etc/rc 调用打印在终端上,意为 Message Of ToDay。

在 etc 目录下再创建 init.d 目录,并将/etc/rc 向/etc/init.d/rcS 做符号链接。此文件为 inittab 指定的启动脚本:

```
$ mkdir init.d
$ cd init.d
$ ln -s ../rc rcS
```

- 创建 dev 目录,并在该目录下建立必要的设备[①]:
```
$ mknod console c 5 1
$ mknod null c 1 3
$ mknod zero c 1 5
```

- 建立 lib 目录,将交叉编译器提供的共享库 libc 复制到 lib 目录,并做好相关的符号链接。几个重要的库文件是 ld-2.23.so、libc-2.23.so、libm-2.23.so(版本号由交叉编译器使用的 glibc 版本决定)。

```
$ ln -s ld-2.23.so ld-linux-armhf.so.3
$ ln -s libc-2.23.so libc.so.6
$ ln -s libm-2.23.so libm.so.6
```

如果交叉编译器没有浮点支持,ld 的库名应改成 ld-linux.so.3。

如果 BusyBox 以静态链接方式编译,没有这些库,不影响系统正常启动,但会影响其他动态链接的程序运行。因此,建议将 BusyBox 编译成动态链接方式,并按上面的步骤复制 libc,以充分发挥共享库的共享特性。

- 建立 proc 和 sys 空目录,供 proc 伪文件系统和 sysfs 使用。

---

① 如果内核支持了 devtmpfs 自动挂载功能,创建设备文件的工作会由系统自动完成。此外,手工创建设备文件的工作"mknod"应在目标文件系统中进行,因为设备文件不能用"cp"命令复制。

- 建立 mnt 目录，供后期挂载其他文件系统。

至此，文件系统目录构造完毕。从根目录看下去，文件和目录结构应该像是下面的样子。它们是下面制作文件系统的基础。

```
    +-- bin
    |    |-- [ -> busybox
    |    |-- [[ -> busybox
    |    |-- base64   -> busybox
    |    |-- basename  -> busybox
    |    |-- bunzip2  -> busybox
    |    |-- busybox
    |    |-- bzcat -> busybox
    |    +-- ...
    |
    |-- sbin
    |    |-- acpid -> ../bin/busybox
    |    |-- ...
    |    +-- ...
    |
    |-- dev
    |    |-- console  (在文件系统中创建)
    |    |-- null     (在文件系统中创建)
    |    +-- zero     (在文件系统中创建)
    |
    |-- etc
    |    |-- init.d
    |    |   +-- rcS -> ../rc
    |    |-- inittab
    |    |-- motd
    |    +-- rc
    |
    |-- lib
    |    |-- ld-2.23.so
    |    |-- ld-linux-armhf.so.3 -> ld-2.23.so
    |    |-- libc-2.23.so
    |    |-- libc.so.6 -> libc-2.23.so
    |    |-- libm-2.23.so
    |    +-- libm.so.6 -> libm-2.23.so
    |
    |-- mnt
    |-- proc
    +-- sys
```

13.3.4 制作 ramdisk 文件镜像

配置内核时，ramdisk 要求在"Block devices→"中选中"RAM block device support"，并设置适当的 ramdisk 大小。在"General setup"设置分支里选中"Initial RAM filesystem and RAM disk（initramfs/initrd）support"。

为了生成并修改 ramdisk，需要在主机上创建一个空文件并将它格式化成 EXT2FS 文件系统镜像。格式化后的文件就可以像普通文件系统一样在主机上进行挂载和卸载。挂载后，可以进行正常的文件和目录操作；卸载后，如果原镜像文件仍然存在，则更新到卸载之前的操作内容[①]。

```
$ dd if=/dev/zero of=ramdisk_img bs=1k count=8192
$ mke2fs ramdisk_img
$ mount ramdisk_img
$ (复制文件系统目录和文件，及其他一些必要的设置)
$ umount /mnt/ramdisk
```

注意，此时虽然 ramdisk_img 从形式上看和普通文件没什么区别，但它却是一个完整独立的文件系统镜像。逻辑上，它和 U 盘、SD 卡甚至硬盘是等同的。

内核支持压缩方式的 ramdisk，以节省 Flash 占用空间。通常，采用下面的方式压缩和解压（mount 之前必须解压）：

```
$ gzip ramdisk_img
$ gunzip ramdisk_img.gz
```

BootLoader 通过 bootargs 向内核传递信息，指示它挂载 ramdisk 作为根文件系统。同时，ramdisk 的镜像文件也应装入内存的对应位置：

```
u-boot # setenv ramdisk root=/dev/ram rw initrd=0x88008000,8M
u-boot # setenv bootargs console=ttyS0,115200 $ramdisk
u-boot # tftp 0x88008000 ramdisk_img.gz
```

13.3.5 制作 init_ramfs

也可以将之前制作的根文件系统做进内核镜像中，使内核成为一个完整的独立系统。

首先，将根文件系统用 cpio 打包并压缩：

```
$ find /mnt/ramdisk -print |cpio -H newc -o |gzip -9 > ~/ramdisk.cpio.gz
```

注意：将生成的文件 ramdisk.cpio.gz 放到另外的目录（这里放到用户主目录）下，以免被递归。这种做法不要求制作独立的文件系统。之所以这里使用"/mnt/ramdisk"，是因为之前恰好做过一个完整的根文件系统并挂载到这个目录下。

如果需要修改已有的 cpio 文件，应先将 ramdisk.cpio.gz 用下面的命令解包：

```
$ gunzip -cd ~/ramdisk.cpio.gz | cpio -i
```

将生成的文件 ramdisk.cpio.gz 复制到内核源码目录，并在内核配置选项中的，"Initial RAM filesystem and RAM disk"下面的"Initramfs source file（s）"中写上这个文件名。重新编译内核，将该文件编入内核文件 zImage，并复制到 tftp 目录下。在目标板中加载该内核，启动。

[①] 挂载 EXT2FS 文件系统需要 root 权限。建议在/etc/fstab 中增加如下一行：
ramdisk_img /mnt/ramdisk auto noauto,users,loop 0 0
允许普通用户权限将文件 ramdisk_img 挂载到/mnt/ramdisk 目录。

13.4 实验内容

- 编译 BusyBox，以 BusyBox 为基础，构建一个适合的文件系统。
- 制作 ramdisk 文件系统镜像，用你的文件系统启动到正常工作状态。
- 研究 NFS 作为根文件系统的启动过程（选做）。

13.5 实验报告要求

- 讨论你的嵌入式系统所具备的功能。
- 比较 ROMFS、EXT2FS/EXT3FS、JFFS2 等文件系统的优缺点。
- 考虑制作一个 YAFFS2 文件系统作为系统的根文件系统（选做）。

第14章 图形用户接口

14.1 实 验 目 的

- 了解嵌入式系统图形界面的基本编程方法。
- 学习图形库的制作。

14.2 原 理 概 述

14.2.1 帧缓冲设备

显示屏的整个显示区域，在系统内会有一段存储空间与之对应。通过改变该存储空间的内容达到改变显示信息的目的。该存储空间被称为帧缓冲区（Frame Buffer），或称显存。显示屏上的每一点都与帧缓冲区里的某一位置对应。所以，解决显示屏的显示问题，首先需要解决的是帧缓冲区的大小以及屏上的每一像素与帧缓冲的映射关系。

按照显示屏的性能或显示模式区分，显示屏可以以单色或彩色显示。单色用 1 位来表示（单色并不等于黑与白两种颜色，而是说只能以两种颜色来表示。通常取允许范围内颜色对比度最大的两种颜色）。彩色有 2、4、8、16、24、32 等位色。这些色调代表整个屏幕所有像素的颜色取值范围。例如：采用 8 位色/像素的显示模式，显示屏上能够出现的颜色种类最多只能有 2^8 种。究竟应该采取什么显示模式，首先必须根据显示屏的性能，然后再由显示的需要来决定。这些因素会影响帧缓冲空间的大小，因为帧缓冲空间的计算大小是由屏幕的大小和显示模式来决定的。

另一个影响帧缓冲空间大小的因素是显示屏的单/双屏幕模式。

单屏模式表示屏幕的显示范围是整个屏幕。这种显示模式只需一个帧缓冲区来存储整个屏幕的显示内容，并且只需一个通道来将帧缓冲区的内容传输到显示屏（帧缓冲区的内容可能需要被处理后再传输到显示屏）上。双屏模式则将整个屏幕划分成两部分。它有别于将两个独立的显示屏组织成一个显示屏。单看其中一部分，它们的显示方式与单屏方式是一致的，并且两部分同时扫描，工作方式是独立的。这两部分都各自有缓冲区，且它们的地址不需连续（这里指的是下半部的帧缓冲的首地址不需紧跟在上半部的地址末端），并且同时具有独立的两个通道将帧缓冲区的数据传输到显示屏。

帧缓冲通常是从内存空间分配所得，并且它是由连续的字节空间组成的。由于屏幕的显示操作通常是从左到右逐点像素扫描、从上到下逐行扫描，直到扫描到右下角，然后再折返到左上角，而帧缓冲区里的数据则是按地址递增的顺序被提取，当帧缓冲区里的最后一个字节被提取后，再返回到帧缓冲区的首地址，所以屏幕同一行上相邻的两像素被映射到帧缓冲区里是连续的，某一行的最末像素与它下一行的首像素反映在帧缓冲区里也是连续的，并且屏幕上最左上角的像素对应帧缓冲区的第一单元空间，最右下角的像素对应帧缓冲区的最后一个单元空间。

14.2.2 帧缓冲与色彩

计算机反映自然界的颜色是通过 RGB（Red-Green-Blue，对应红、绿、蓝三色的分量）值来表示的。如果要在屏幕某一点显示某种颜色，则必须给出相应的 RGB 值。帧缓冲要获得屏幕显示的内容，就必须能够从帧缓冲区里得到每一个像素的 RGB 值。像素的 RGB 值可以直接从帧缓冲区里得到，或从调色板间接得到（此时，帧缓冲区存放的并不是 RGB 值，而是调色板的索引值。通过索引值可以获得调色板的 RGB 值）。

帧缓冲区由所有像素的 RGB 值或 RGB 值的部分位组成。RGB 由红、绿、蓝各 8 位组成，共 24 位，称为真彩色。由于某些显示屏的数据线有限，只有 16 条数据线或更少，这时只能取 R、G、B 部分位与数据线对应。例如，16 位/像素模式下，帧缓冲区里的每个单元为 16 位，每个单元代表一个像素的 RGB 值（RGB565）：

D15	D14	D13	D12	D11	D10	D9	D8	D7	D6	D5	D4	D3	D2	D1	D0
R	R	R	R	R	G	G	G	G	G	G	B	B	B	B	B

16 位色也可能采用 RGBA5551 的方案，A 指 Alpha 通道，可用于表示透明度。

有了以上的分析，就可以用下面的计算公式计算以字节为单位的帧缓冲区大小：

$$\text{FrameBufferSize} = \frac{\text{Width} \times \text{Height} \times \text{Bit\_per\_Pixel}}{8}$$

14.2.3 LCD 控制器

在帧缓冲区与显示屏之间还需要一个中间件，该中间件负责从帧缓冲区里提取数据，进行处理，并传输到显示屏上。

处理器内部集成 LCD 控制器，将帧缓冲区里的数据传输到 LCDC 的内部，然后经过处理，输出数据到 LCD 的输入引脚上。

BeagleBone Black 通过 HDMI 显示输出，分辨率由显示器性能决定。使用 BusyBox 提供的命令 fbset，可能会看到下面的输出结果：

```
mode "1280x720-0"
    # D: 0.000 MHz, H: 0.000 kHz, V: 0.000 Hz
    geometry 1280 720 1280 720 16
    timings 0 0 0 0 0 0 0 accel true
    rgba 5/11,6/5,5/0,0/0
endmode
```

它表示可视分辨率和虚拟分辨率都是 1280×720，16 位色，RGB565（R 在高位），无 Alpha 通道。

14.2.4 帧缓冲设备操作

帧缓冲设备是/dev/fb（它通常是字符设备/dev/fb0 的符号链接。一个系统中可以有多个帧缓冲设备，它们的主设备号是 29。fb0 的次设备号是 0）。系统调用 ioctl( ) 可以获得帧缓冲设备的特性，常用的命令有两个：FBIOGET_FSCREENINFO、FBIOGET_VSCREENINFO。前者用于获取设备的固定参数，包括缓冲区大小、设备尺寸等；后者用于获取设备可变信息，包括可视分辨率、虚拟分辨率、色彩位、扫描时钟等。它们各自通过结构体 fb_fix_screeninfo 和 fb_var_screeninfo 反映，结构体和命令列表被包含在头文件<linux/fb.h>中。下面的程序片段可以打印显示设备的分辨率特性：

```c
#include <stdio.h>
#include <sys/types.h>
#include <sys/stat.h>
#include <fcntl.h>
#include <linux/fb.h>
#include <sys/ioctl.h>
    ...
    struct fb_var_screeninfo vinfo ;
    ...
    fd = open ("/dev/fb" , O_RDWR);
    ...
    ioctl (fd , FBIOGET_VSCREENINFO , & vinfo);
    printf ("vinfo.xres          =% d\n",vinfo.xres);
    printf ("vinfo.yres          =% d\n",vinfo.yres);
    printf ("vinfo.bits_per_pixel =% d\n",vinfo.bits_per_pixel);
    printf ("vinfo.red.length    =% d\n",vinfo.red.length);
    printf ("vinfo.red.offset    =% d\n",vinfo.red.offset);
    printf ("vinfo.green.length  =% d\n",vinfo.green.length);
    printf ("vinfo.green.offset  =% d\n",vinfo.green.offset);
    printf ("vinfo.blue.length   =% d\n",vinfo.blue.length);
    printf ("vinfo.blue.offset   =% d\n",vinfo.blue.offset);
    printf ("vinfo.blue.msb_right =% d\n",vinfo.blue.msb_right);
    ...
```

打印结果应与 fbset 命令获得的参数一致。

获取帧缓冲区首地址的系统调用方法是：

```c
    unsigned char * fbp = 0;
    ...
    fbp = (unsigned char *) mmap (0 , screensize ,
          PROT_READ | PROT_WRITE , MAP_SHARED , fd , 0);
```

screensize 是根据显示器信息计算出的缓冲区大小，通过 mmap( )函数获得的缓冲区首地址。从该首地址开始、以 screensize 为大小的范围是显示缓冲区的内存映射地址。如果采用 RGB-24 位色，在坐标（x, y）处画一个红点，可以用下面的方法：

```c
    int draw_point(int x , int y)
    {
        ...
        offset = (y * vinfo.xres + x) * vinfo.bits_per_pixel / 8;
        *( unsigned char *)( fbp + offset + 0) = 255;
        *( unsigned char *)( fbp + offset + 1) = 0;
        *( unsigned char *)( fbp + offset + 2) = 0;
        ...
    }
```

如果是 16 位色（RGB565），须根据格式要求将 RGB 压缩到 16 位，再填充对应字节：

```
int draw_point(int x , int y)
{
    ...
    offset = (y * vinfo.xres + x) * vinfo.bits_per_pixel / 8;
    color = (Red << 11) | (( Green << 5) & 0x07E0 ) |(Blue & 0x1F);
    *( unsigned char *)( fbp + offset + 0) = color & 0xFF ;
    *( unsigned char *)( fbp + offset + 1) = (color >> 8) & 0xFF ;
    ...
}
```

色彩分量的移位和拼接方式，除了需要考虑处理器位端（endian）以外，移位及高低字节顺序有所不同。准确描述这些信息应访问 struct fb_var_screeninfo 结构中的 bitfield red、green、blue 成员。

将显示缓冲区清零，memset（fbp, 0, screensize），即可以实现清屏（黑屏）操作。使用完毕应通过 munmap( )释放显示缓冲区。

14.3　实　验　内　容

14.3.1　实现基本画图功能

（1）以帧缓冲为基础，编写画点、画线的 API 函数，供应用程序调用，实现任意曲线的画图功能。

（2）在利用上面的基础，在屏幕上绘制两个移动的圆。尽可能优化算法，让其移动显得平滑。

（3）分析一个 BMP 图形文件格式，将图形展现在屏幕上。

14.3.2　合理的软件结构

将调用设备驱动的基本 API 函数独立地构成一个函数库，为用户程序屏蔽底层硬件信息，直接提供一些简单的画图调用。函数库可以是独立编译后的".o"文件或由归档管理器 ar 生成的库文件，或是将".o"文件链接而成的共享库".so"（例如，静态库文件名为 libfoo.a，或共享库文件名 libfoo.so，编译链接时可用"-l foo"选项）。

14.4　实验报告要求

- 总结帧缓冲设备的操作方法。
- 探讨软件结构的层次关系。
- 思考：如果一帧显示数据的计算量很大，连续图像的刷新、显示将消耗比较多的时间，此时如何较好地实现连续画面的动态显示？

第 15 章 音频接口程序设计

15.1 实 验 目 的

- 了解音频编、解码的作用和工作原理。
- 学习 Linux 系统的音频接口编程方法。

15.2 接 口 介 绍

音频信号是多媒体信息的重要组成部分。在计算机系统中，声卡负责将音频模拟信号转换成数字信号，或将数字信号还原成音频模拟信号。在 Linux 系统内核中，ALSA（Advanced Linux Sound Architecture）实现各种类型的声卡驱动。历史上曾有另一套声音驱动方案 OSS（Open Sound System）在 Linux 内核中扮演着重要的角色，现正从内核中淡出。这两种方案提供不同的接口，编程差别较大。表 15.1 是二者使用的设备文件，内核为 OSS 分配的主设备号是 14，ALSA 分配的主设备号是 116，ALSA 可以兼容 OSS。

表 15.1 Linux 声卡驱动使用的设备文件

功能	ALSA	OSS
采样/输出	/dev/snd/pcmC0D0	/dev/dsp
混音	/dev/snd/mixerC0D0	/dev/mixer
音序器		/dev/midi
状态		/dev/sndstat
控制	/dev/snd/controlC0	

BeagleBone Black 没有单独的音频输入输出接口。处理器 AM335X 的 McASP0（Multichannel Audio serial Port，多通道音频串口）将数字音频信号送往 HDMI 接口 TDA19988，由 TDA19988 负责音频信号输出。配置内核时，需要选中相关功能。TDA19988 的功能在内核配置的 Graphics support 子菜单下，McASP 在 Sound card support 的 ALSA for SoC audio support 子菜单下。当选择 ALSA 兼容 OSS 时，可以使用/dev/dsp 设备文件进行音频接口编程。

15.3 应用软件设计

15.3.1 OSS

面向 OSS 的设备文件主要有两个：/dev/dsp 和/dev/mixer。/dev/dsp 用于数据输入（A/D 转换）和输出（D/A 转换），以及 A/D、D/A 转换工作方式的设置（采样/输出频率、通道数、数据格式等）。数据输入/输出通过读写系统调用实现，工作方式通过 ioctl( )控制。常用的设置命令如下。

- SNDCTL_DSP_RESET：设备复位。
- SNDCTL_DSP_SPEED：采样/输出率，如 8000Hz、44100Hz、48000Hz 等。$\Delta-\Sigma$ 转换器通过晶振的有限个分频得到采样率，因此不能直接实现任意频率的采样/输出。
- SNDCTL_DSP_SAMPLESIZE：采样值的数据位大小。
- SNDCTL_DSP_CHANNELS：通道数，单通道为 1，立体声为 2。
- SOUND_PCM_WRITE_CHANNELS：输出通道数，通常和输入通道数一致。
- SNDCTL_DSP_SETFRAGMENT：缓冲数据块大小。
- SNDCTL_DSP_SETFMT、SNDCT_DSP_GETFMTS：设置/获取数据格式。这些格式包括 μ-律（AFMT_MU_LAW）、A-律（AFMT_A_LAW）、无符号 8 位（AFMT_U8）、带符号 8 位（AFMT_S8）、16 位大端或小端模式 AFMT_S16_LE、AFMT_U16_BE）等。

例如，下面的系统功能调用将系统的采样率设置为 8000Hz：

```
int fd = open ("/dev/dsp" , O_RDWR);
int fs = 8000;
ret = ioctl (fd , SNDCTL_DSP_SPEED , &fs);
if(ret ) {                          /* ioctl( )调用出错 */
    ...
}
```

由于硬件的局限性，BeagleBone Black 自身无法实现 A/D 转换功能，必须另接声卡才能采集模拟信号。

混音器设备文件 /dev/mixer 用于设置音源（例如模拟信号选择话筒输入或线输入），控制音源和输出的音量（输出高低音成分、左右通道强度）等。混音器的常用命令如下。

- SOUND_MIXER_NRDEVICES：获取设备数量。
- SOUND_MIXER_VOLUME：总音量设置。音量取值范围是 0~100。
- SOUND_MIXER_BASS、SOUND_MIXER_TREBLE：低音、高音设置。
- SOUND_MIXER_PCM、SOUND_MIXER_LINE、SOUND_MIXER_MIC 等：对各音源音量的独立设置。
- SOUND_MIXER_IGAIN：输入增益。
- SOUND_MIXER_OGAIN：输出增益。

15.3.2 ALSA

新的 Linux 内核更多地采用了 ALSA 音频驱动。与 OSS 不同的是，ALSA 应用程序通过 alsa-lib 提供的 API 实现音频输入/输出功能。alsa-lib 对底层系统调用 open( )、ioctl( )、read( )、write( ) 进行了封装，因此 ALSA 应用程序中看不到设备文件，有的只是对 ALSA 函数的调用。编译 ALSA 程序需要链接 aound 库。

下面是一些 API 的例子：

```
/* Allocate the snd_pcm_hw_params_t structure on the stack. */
snd_pcm_hw_params_t * hwparams ;
snd_pcm_hw_params_alloca (& hwparams);

/* 打开 PCM 设备 */
```

```
char * pcm_name = " plughw :0 ,0 ";
snd_pcm_open (& pcm_handle , pcm_name , SND_PCM_STREAM_PLAYBACK , 0);

/* 初始化 PCM参数 */
snd_pcm_hw_params_any(pcm_handle , hwparams);

/* PCM命令集的形式是
    snd_pcm_hw_params_can_  <capability >
     snd_pcm_hw_params_is_  <property >
    snd_pcm_hw_params_get_  <parameter >
一些重要的参数设置，包括缓冲区大小、通道数、采样格式、速率等，可以通过
    snd_pcm_hw_params_set_  <parameter >调用实现 */

/* 设置数据格式： 16bit-signed-little-endian */
snd_pcm_hw_params_set_format(pcm_handle, hwparams,
    SND_PCM_FORMAT_S16_LE);

/* stereo */
snd_pcm_hw_params_set_channels(pcm_handle , hwparams , 2);

/* 设置采样率 44.1kHz */
snd_pcm_hw_params_set_rate(pcm_handle , hwparams , 44100 , 0);

/* 将数据写入设备 (Digital to Analogue) ,函数返回实际写入的帧数 */
snd_pcm_write(pcm_handle , buffer , num_of_frames);

/* 对混音器操作，通过 snd_mixer_ <parameter/property >一组指令完成 */
```

15.4 实 验 内 容

- 配置内核，使其支持声卡功能。
- 移植 alsa-lib。alsa-lib 可在其主页http://www.alsa-project.org找到下载源。
- 根据内核配置，选择适当的音频驱动，实现数字音频的采集与回放。（在 BeagleBone Black 系统上，音频采集功能需要有额外的声卡支持。）请参考$（KERNEL_PATH） /include/linux/soundcard.h 中的说明完成音频接口设置。编写应用程序，实现简单的录音和放音。记录模拟/数字音频转换结果。

15.5 实验报告要求

- 将实验采集的数据与信号源产生的实际信号对比，将输出的预期信号与示波器测量到的信号对比，分析产生差异的原因。
- 思考：如果在信号采集过程中还包含了数据处理工作，如何保证信号的连续性？

第 16 章 嵌入式系统中的 I/O 接口驱动

16.1 实验目的

- 学习嵌入式 Linux 操作系统设备驱动的方法。

16.2 接口电路介绍

Linux 以模块的形式加载设备类型，通常一个模块对应一个设备驱动，因此是可以分类的。将模块分成不同的类型并不是一成不变的，开发人员可以根据实际工作需要在一个模块中实现不同的驱动程序。一般情况下，一个设备驱动对应一类设备的模块方式，这样便于多个设备的协调工作，也利于应用程序的开发和扩展。

设备驱动程序负责将应用程序（如读、写等操作）正确无误地传递给相关的硬件，并使硬件能够做出正确反应。因此在编写设备驱动程序时，必须了解相应的硬件设备的寄存器、IO 口及内存的配置参数。

设备驱动在准备好以后可以编译到内核中，在系统启动时和内核一起启动，这种方法在嵌入式 Linux 系统中经常被采用。在开发阶段，设备驱动的动态加载更为普遍。开发人员不必在调试过程中频繁启动机器就能完成设备驱动的调试工作。

嵌入式处理器片内集成了大量的可编程设备接口，为构成处理器系统带来了极大的便利。am335x 实现 4 组 GPIO 模块、每组 32 只引脚的输入/输出控制功能，它们可用于信号的输入/输出、键盘控制以及其他信号捕获中断功能。有些 GPIO 的引脚可能与其他功能复用。

本章实验通过学习 GPIO 对一些设备的控制，掌握 Linux 设备驱动的基本方法。

16.3 I/O 端口地址映射

RISC 处理器（如 ARM、PowerPC 等）通常只实现一个物理地址空间，外设 I/O 端口成为内存的一部分。此时，CPU 可以像访问一个内存单元那样访问外设 I/O 端口，而不需要设立专门的外设 I/O 指令。这两者在硬件实现上的差异对于软件来说是完全透明的，驱动程序开发人员可以将存储器映射方式的 I/O 端口和外设内存统一看成"I/O 内存"资源。这一点和 PC 处理器使用的 X86 架构大不相同。X86 将地址空间分成 I/O 空间和存储器空间，两者使用完全不同的指令，并且 I/O 空间也不经地址映射。

I/O 设备的物理地址是已知的，由硬件设计决定。但是，CPU 通常并没有为这些已知的外设 I/O 内存资源的物理地址预定义虚拟地址范围，驱动程序不能直接通过物理地址访问 I/O 设备，而必须通过页表将它们映射到内核虚地址空间，然后才能根据映射所得到的内核虚地址范围，通过访内指令访问这些 I/O 设备。Linux 的内核函数 ioremap( )用来将 I/O 设备的物理地址映射到内核虚地址空间。其原型如下：

```
void * ioremap(unsigned long phys_addr ,
               unsigned long size ,
               unsigned long flags);
```

端口释放时，应通过函数 iounmap( )取消 ioremap( )所做的映射：

```
void iounmap(void * addr);
```

当 I/O 设备的物理地址被映射到内核虚拟地址后，就可以像读写 RAM 那样直接读写 I/O 设备资源了。

16.4　LED 控制

在 BeagleBone 板上的 mini-USB 接口附近，有四个可供用户控制的 LED，它们来自 GPIO1 模块的 21～24 引脚。我们可以通过下面的方式控制 usr0 LED(GPIO1_21)：

```
#define GPIO1_BASE  0x4804C000
#define GPIO_OE  ( GPIO1_BASE +0x134 )
#define GPIO_IN  ( GPIO1_BASE +0x138 )
#define GPIO_OUT    ( GPIO1_BASE +0x13C )
  ...
  volatile int * pConf , * pDataIn , * pDataOut ;
  pConf    = ioremap(GPIO_OE , 4);       /* 映射方向寄存器地址 */
  pDataIn  = ioremap(GPIO_IN , 4);       /* 映射输入寄存器地址 */
  pDataOut = ioremap(GPIO_OUT , 4);      /* 映射输出寄存器地址 */

  * pConf    &=  ~(1 <<21);              /* 将 pin21 设为输出 */

  * pDataOut |=  (1 <<21);               /* pin21 置高电平，灯灭 */
  * pDataOut &=  ~(1 <<21);              /* pin21 置低电平，灯亮 */
  ...
```

以上寄存器地址及寄存器功能通过查阅 AM335X 数据手册获得。

为了保证驱动程序的跨平台的可移植性，建议使用 Linux 中特定的函数来访问 I/O 内存资源，如 readb( )、readw( )、writeb( )、writew( )等。在 RISC 处理器里，它们实际上就是对存储器读写的重定义：

```
#define readb(addr) (*( volatile unsigned char  *) __io_virt(addr ))
#define readw(addr) (*( volatile unsigned short *) __io_virt(addr ))
#define readl(addr) (*( volatile unsigned int   *) __io_virt(addr ))

#define writeb(b, addr) (*( volatile unsigned char  *) __io_virt(addr ) = (b ))
#define writew(b, addr) (*( volatile unsigned short *) __io_virt(addr ) = (b ))
#define writel(b, addr) (*( volatile unsigned int   *) __io_virt(addr ) = (b ))
```

16.5　实 验 内 容

BB-Black 的扩展连接器 P8、P9 引出了大量的 GPIO 以及其他可编程功能模块。根据硬件接口资料，完成任意一个设备的基本控制功能（包括驱动程序和用户程序），实现人机交互以及相关模块的扩展功能。

16.6 实验报告要求

- 分析驱动程序的结构。
- 讨论读写方法（read()/write()）和 IO 控制方法（ioctl()）在设备驱动中的作用。

第 17 章 触摸屏移植

17.1 实 验 目 的

- 了解嵌入式系统中触摸屏的原理。
- 学习开源软件的移植方法。

17.2 Linux 系统的触摸屏支持

触摸屏是目前最简单、方便、自然的一种人机交互方式,在嵌入式系统中得到了普遍的应用。触摸屏库除了用于支持图形接口环境以外,它本身也可以作为触摸屏应用软件编程的学习范例。

17.2.1 触摸屏的基本原理

触摸屏是由触摸板和显示屏两部分有机结合在一起构成的设备。根据不同的感应方式,触摸板又有电阻式、电容式、声表面波式等不同构成。早期电阻式触摸板由两层透明的金属氧化物导电层构成。当触摸屏被按压时,平常相互绝缘的两层导电层就在触摸点位置形成接触。由于触摸板在 X 和 Y 方向分布了均匀电场,按压点相当于在 X 和 Y 方向形成了电阻分压。A/D 转换器对该电压采样便可得到按压点的位置坐标。

电容触摸屏利用人体电流感应进行工作。当被触碰时,人体电容和触摸板形成耦合,触摸屏四个角上的电感应设备可以检测到电流的变化。控制器通过对这四个电流比例的计算得到触摸点的位置。

以上提到的几种触摸板,无论采用何种传感原理,最终都要通过 A/D 转换器变成数字量进行分析计算。Linux 系统内核中完成 A/D 转换部分,而触摸屏库则给应用程序提供方便的接口。

17.2.2 内核配置

BeagleBone Black 通过一个 LCD cape 外接触摸屏,如图 17.1 所示。Linux 操作系统内核支持多种触摸屏设备。本实验使用了 7 英寸 LCD 屏,触摸板驱动芯片是 FT5206GE1。Linux 内核配置时,在 Touchscreens 子菜单下面,找到 FocalTech FT5x06 Touchscreen support,将其编入内核。内核中,触摸屏可以是独立驱动,也可以加入 Event interface。后者通过 /dev/input/eventX 设备存取输入设备的事件。建议在内核配置中也选中 Event interface。

图 17.1 本实验使用的触摸屏装置

17.2.3 触摸屏库 tslib

下载触摸屏库 tslib-1.0.tar.bz2,并将其解压到工作目录。进入解压目录,依次执行下面的操作:

```
$ ./autogen.sh
$ ./configure --host=arm-linux --prefix=/path/to/install
$ make && make install
```

以上过程注意事项:
- 必须事先设置好环境变量 PATH，加入交叉编译器路径，否则在"make"中交叉编译命令 arm-linux-gcc 不能正确执行。
- --prefix 选项用于"make install"的安装目录，请使用一个拥有写权限的目录，编译完成后会将结果集中存放于此。如果不指定安装目录，默认的安装目录一般是 /usr/local，该目录对普通用户没有写权限，此时不宜直接用"make install"命令安装。
- 编译过程中可能会有错误提示"undefined reference to 'rpl_malloc'"，可在 configure 之前设置环境变量"export ac_cv_func_malloc_0_nonnull=yes"。

正确编译后，会在安装目录下新生成 etc、bin、lib、include 四个子目录。etc 里的 ts.conf 是库的配置文件，bin 下面的可执行程序包括触摸屏校准和测试工具，lib 里是触摸屏的动态链接库和模块插件，include 下面的 tslib.h 可用于基于触摸屏库的应用程序二次开发。

17.2.4 触摸屏库的安装和测试

将前面产生的文件按目录对应关系分别复制到目标系统的/usr 目录中，目标系统中保留下面重要的文件:

```
/usr
|-- bin
|   |-- ts_calibrate
|   |-- ts_harvest
|   |-- ts_print
|   |-- ts_print_raw
|   +-- ts_test
|
|-- etc
|   +-- ts.conf
|
|-- include
|   +-- tslib.h
|
+-- lib
    |-- libts-1.0.so.0.0.0
    |-- libts-1.0.so.0 -> libts-1.0.so.0.0.0
    |-- libts.so -> libts-1.0.so.0.0.0
    |-- libts.la
    |-- pkgconfig
    |   |-- tslib-1.0.pc
    |   +-- tslib.pc
    |
    +-- ts
        |-- dejitter.so
        |-- input.so
```

```
            |-- linear_h2200.so
            |-- linear.so
            |-- pthres.so
            +-- variance.so
```

编辑 ts.conf 文件，去掉"# module_raw input"前面的注释符"#"。按下面的方式设置环境变量：

- export TSLIB_TSDEVICE=/dev/input/event2

触摸屏设备文件或 Event interface 设备文件。如果是 event interface 设备，eventX 的主设备号是 13，次设备号从 64 开始，可通过/proc/bus/input/devices 文件获知触摸屏的次设备号。如果这个设备文件不存在，可能需要手工创建一个。

检验该设备是否有效，可通过运行命令"cat /dev/input/event2"看看在触摸屏上操作时有无反应（这里假设设备名是 event2）。

- export TSLIB_CONFFILE=/usr/etc/ts.conf

触摸屏库的配置文件。一般需要保留以下几个模块。

① variance：用于过滤 A/D 转换器的随机噪声。它假定触点不可能移动太快。其阈值（距离的平方）由参数 delta 指定。

② dejitter：去除抖动，保持触点坐标平滑变化。

③ linear：线性坐标变换。

- export TSLIB_PLUGINDIR=/usr/lib/ts

插件模块文件（.so）。

- export TSLIB_CONSOLEDEVICE=none

终端设备，默认的是/dev/tty，此处不需要。

- export TSLIB_FBDEVICE=/dev/fb0

帧缓冲设备文件。

- export TSLIB_CALIBFILE=/etc/pointercal

校准文件。早期触摸屏由于工艺原因，每台机器的坐标读取数值差异较大，使用前必须通过校准工具将触摸屏和液晶屏坐标进行校准，产生一个校准文件。校准的方法是，程序在已知几个点的坐标位置画个标记，人工在标记处点触摸屏，程序读取触点信息，按一定的模型计算出一组参数存放在/etc/pointercal 文件中。以后使用触摸屏时就根据这组参数计算出触摸点的坐标。

以上准备工作就绪后，尝试执行/usr/bin/ts_test。

17.3 实验内容

- 完成触摸屏移植。
- 分析 ts_test.c，利用触摸屏库编写一个能进行触摸屏操作的应用程序，功能自定。

17.4 实验报告要求

- 总结开源软件的移植过程。

第 18 章　Qt/Embedded 移植

18.1　实验目的

- 了解嵌入式 GUI-Qt/Embedded 软件开发平台的构架。
- 学习 Qt/Embedded 移植的基本步骤与方法。

18.2　Qt/Embedded 介绍

Qt/Embedded 是跨平台的 C++图形用户界面（GUI）工具包，它是由著名的 Qt 开发商 TrollTech 发布的面向嵌入式系统的 Qt 版本。Qt 是目前 KDE 等项目使用的 GUI 支持库，许多基于 Qt 的图形界面程序可以非常方便地移植到嵌入式 Qt/Embedded 版本上。自 Qt/Embedded 发布以来，有许多嵌入式 Linux 开发商利用 Qt/Embedded 进行了嵌入式 GUI 的应用开发。

Qt/Embedded 注重于能给用户提供精美的图形界面所需的所有元素，而且其开发过程是基于面向对象的编程思想，并且 Qt/Embedded 支持真正的组件编程。

TrollTech 公司所发布的面向嵌入式系统的 Qt/Embedded 版本提供源代码。用户应针对自己的嵌入式硬件平台进行裁剪、编译和移植。尽管 Qt/Embedded 可以裁剪到 630KB，但它对硬件平台具有较高的要求。目前，Qt/Embedded 库主要针对手持式信息终端。

本实验主要完成 Qt/Embedded 在嵌入式实验平台上的移植。这里介绍两个版本的移植方法。早期的低版本（Qt2）编译过程比较烦琐，但占用资源少，对那些资源紧张的嵌入式平台是一个比较理想的选择。新版（Qt4 以后的版本）所有功能被打包在一个软件包里，如果不出错的话，编译步骤简单，但比较耗时，且对运行环境要求较高。

18.2.1　Qt/Embedded 软件包结构

Qt/Embedded 系统源码一般包括以下几个软件包：

- 触摸屏支持库 tslib.tar.bz2。
- Makefile 生成工具 tmake-1.11.tar.gz，它主要由一些脚本程序组成。
- 开发平台编译环境库及工具程序 qt-x11-2.3.2.tar.gz。
- 目标平台 Qt/Embedded 核心库。用户可到 TrollTech 主页 ftp://ftp.trolltech.com/qt/source 或者 https://www.qt.io 下载 Qt/Embedded 的某个版本的源代码。本实验推荐版本是 qt-embedded-2.3.7.tar.gz。
- Qt 桌面环境 qtopia-free-1.7.0.tar.gz。

18.2.2　编译环境设置

为了以下编译过程顺利进行，先将上面的压缩文件全部解压。假设各自被解压到下面的目录（一般 Qt/Embedded 的移植过程也是按这个顺序进行操作的）：

（1）~/work/tslib。
（2）~/work/tmake-1.11。
（3）~/work/qt-2.3.2。
（4）~/work/qt-embedded-2.3.7。
（5）~/work/qtopia-1.7.0。

在编译 Qt/Embedded 时，用户在 PC 上应对编译时所需的环境变量进行设置，这些设置的主要参数包括：

- QTDIR——Qt 解压后的所在的目录。
- LD_LIBRARY_PATH——Qt 共享库存放的目录。
- QPEDIR——qtopia 解压后的所在的目录。
- TMAKEPATH——tmake 编译工具的路径。
- TMAKEDIR——tmake 编译工具的目录。
- PATH——交叉编译工具 arm-linux-gcc 的路径。

根据上面的解压目录，对环境变量应做如下设置：

```
$ export QTDIR=~/work/qt-embedded-2.3.7
$ export QPEDIR=~/work/qtopia-1.7.0
$ export LD_LIBRARY_PATH=$QTDIR/lib:$LD_LIBRARY_PATH
$ export TMAKEDIR=~/work/tmake-1.11
$ export TMAKEPATH=~/work/tmake-1.11/lib/qws/linux-arm-g++
$ export PATH=~/work/tmake-1.11/bin:/usr/local/arm-linux/bin:$PATH
```

18.2.3 编译过程

1. 编译触摸屏库

Qt/Embedded 支持鼠标和键盘的操作，但现在许多嵌入式系统都使用触摸屏作为输入设备，所以用户必须将触摸屏的相关操作编译成共享库或静态库。

触摸屏库的编译过程可参考第 17 章的内容。

将编译完成后的库复制到 qt-embedded-2.3.7 目录：

```
$ cp -a src/.libs/* ../qt-embedded-2.3.7/lib
$ cp -a plugins/.libs/*.so ../qt-embedded-2.3.7/lib
```

2. 编译 qt-x11 工具

在~/work/qt-2.3.2 下执行：

```
$ export QTDIR=~/work/qt-2.3.2
$ export QTEDIR=~/work/qt-embedded-2.3.7
$ export QPEDIR=~/work/qtopia-free-1.7.0
$ export PATH=$QTDIR/bin:$PATH
$ export LD_LIBRARY_PATH=$QTDIR/lib:$LD_LIBRARY_PATH
$ ./configure -no-opengl -no-xft
$ make
```

```
$ make -C tools/qvfb
$ mv tools/qvfb/qvfb bin
$ cp bin/uic $QTEDIR/bin
```

生成的 uic 和 moc 作为 Qt 应用程序的转换工具，qvfb 是 Qt 开发平台的仿真工具。

3. 编译 Qt/Embedded

在~/work/qt-embedded-2.3.7 目录下执行下面的配置和编译命令：

```
$ export QTDIR=~/work/qt-embedded-2.3.7
$ cp ~/work/qtopia-free-1.7.0/src/qt/qconfig-qpe.h src/tools
$ ./configure -xplatform linux-arm-g++ -qconfig qpe -depths 16 -no-qvfb
$ make sub-src
```

这一步正确完成后，应可以生成目标平台的 Qt 核心库 libqte.so*等。

4. 编译 Qtopia

在~/work/qtopia-free-1.7.0/src 目录下执行下面的操作：

```
$ ./configure -platform linux-arm-g++
$ make
```

编译完成后会产生 apps、bin、doc、etc、help、include、plugins 等目录及目录下的文件。至此，编译过程基本结束。

18.2.4 Qt/Embedded 的安装

准备将待安装的文件放在一个独立的目录下。新建一个目录~/work/qpe，将 qtopia-free-1.7.0/src 下面的 apps、bin、etc、plugins、i18n、lib、pics 这些目录连同下面的子目录和文件复制到该目录下，同时将 qt-embedded-2.3.7/lib 下面的库连同字体目录也复制到 qpe/lib 下（注意保持原来的目录结构）。由于字体文件比较大，可适当删除一些不常用的字体库，保留*.qpf 文件和 fontdir 文件。另外，还要将触摸屏配置文件~/work/tslib/etc/ts.conf 复制到 etc 目录。

将整个 qpe 目录复制到目标系统文件系统的/usr 目录下，再为 qpe 建立一个启动脚本（/usr/bin/qpe.sh）：

```
#/bin/sh
export QTDIR=/usr/qpe
export QPEDIR=/usr/qpe
export LANG=zh_CN
export LD_LIBRARY_PATH=/usr/qpe/lib:$LD_LIBRARY_PATH
export QT_TSLIBDIR=/usr/qpe/lib
export TSLIB_CONFFILE=/usr/qpe/etc/ts.conf
export TSLIB_PLUGINDIR=/usr/qpe/lib/ts export KDEDIR=/usr/qpe
/usr/qpe/bin/qpe &> /dev/null
```

将 Qt/Embedded 系统与 BusyBox 结合，按第 13 章的方法重新制作文件系统镜像；根据需要，修改启动脚本 inittab（或 rc）的启动执行步骤，加入上面的脚本命令。系统重新启动后应可以看到如图 18.1 所示的初始启动界面。

图 18.1　Qtopia 1.7.0 初始启动界面

2.3 版本的 Qt/Embedded 功能比较简单，但已基本具备完整的图形界面，占用资源不高，在一些低配置的系统中仍是一个不错的选择。

18.2.5　Qt-4.8 版本编译

目前的 Qt 最新版本是 5.9[①]。新版本支持更多的特性、更好的人机交互体验，例如支持触摸屏的滑动和多点触控等，但编译相当耗时。

Qt 以商业版权和 LGPL 版权两种版权协议发布。这里以 Qt-4.8.4 的 opensource 版本为例介绍 Qt 的编译移植过程。

与低版本编译顺序类似，应先编译触摸屏库，将其安装在指定目录，并在 Qt 解压目录下面的 mkspecs/qws/linux-arm-g++/qmake.conf 文件中添加如下几行：

```
QMAKE_INCDIR    = ~/work/build/include
QMAKE_LIBDIR    = ~/work/build/lib
QMAKE_LIBS      = -lts -ldl
```

~/work/build 目录为的交叉编译安装目录。动态链接的触摸屏库 libts 还依赖 libdl（libdl 来自交叉编译工具链中的 glibc），所以要一并加在 QMAKE_LIBS 参数里。

Qt 还依赖 libz、libtiff、libpng、libjpeg、freetype 这些第三方库。这些库如果事先已编译好，建议也统一安装在~/work/build 目录，并在下面的配置中增加-system-zlib、-system-libtiff、-system-libpng、-system-libjpeg、-system-freetype 等选项。这种做法可以充分利用共享资源，有利于缩减软件体积。这些库的源代码已经打包在 Qt 的压缩文件里（src/3rdparty 目录下），在不指定-system-lib 选项的情况下会根据需要统一编译。

如果使用了上述的共享库，也应仿照触摸屏库的形式在 QMAKE_LIBS 里列出，以免编译过程中额外花时间。如下命令配置 Qt 编译环境：

```
./configure \
    -prefix ~/work/build \
    -opensource \
    -confirm-license \
    -release -shared \
    -embedded arm \
```

[①] 于 2017 年 7 月发布。

```
-xplatform qws/linux-arm-g++ \
-depths 16,24,32 \
-fast \
-optimized-qmake \
-no-pch \
-no-largefile \
-qt-sql-sqlite \
-little-endian \
-host-little-endian \
-no-qt3support \
-no-mmx -no-sse -no-sse2 \
-no-3dnow \
-no-openssl \
-no-opengl \
-webkit \
-no-phonon \
-no-nis \
-no-cups \
-no-glib \
-no-xcursor -no-xfixes -no-xrandr -no-xrender \
-no-separate-debug-info \
-make libs -make examples -make tools -make docs \
-qt-mouse-tslib -qt-mouse-pc -qt-mouse-linuxtp
```

编译完成后,将~/work/build 目录平移到目标文件系统,仿照低版本的安装方式设置环境变量。由于 Qt4 系统较大,8MB 的 ramdisk 无法承载,必须将文件系统做在 TF 卡上。

18.3 实 验 要 求

完成一个 Qt/Embedded 系统的编译和安装。

[附] 编译过程中的一些错误及修正。

由于编译器版本及源代码规范性等方面的原因,对源码软件编译过程中经常会碰到一些编译错误。对这些编译错误,最好能根据编译器给出的错误提示,找到出错的地方,有针对性地加以修正。下面是在编译 Qt/Embedded 过程中可能出现的一些错误及解决办法。

(1) **qt-2.3.2**: include/qvaluestack.h:57: 错误......

修改 include/qvaluestack.h 第 57 行,将

remove(this->fromLast( ));改为

this->remove(this->fromLast( ));

(2) **qt-embedded-2.3.7**: include/qwindowsystem_qws.h:229: error:

'QWSInputMethod' has not been declared

在 include/qwindowsystem_qws.h 里加上类声明:

class QWSInputMethod;

class QWSGestureMethod;

（3）**qt-embedded-2.3.7**: *** [allmoc.o]错误 1

向前追溯出错位置，在 include/qsortedlist.h 中将第 51 行改为：

~QSortedList( ) { this->clear(); }

同样性质的"错误"还有很多，取决于编译器版本。这里不再一一列举。

（4）**qtopia-free-1.7.0**: Makefile:10: ***遗漏分隔符。停止。

修改 src/3rdparty/libraries/libavcodec/Makefile，删除 10、14、18 行的--e。

（5）**qtopia-free-1.7.0**: libraries/qtopia/backend/event.cpp:404: error:ISO C++ says that these are ambiguous,......

C++对操作符"<="理解有歧义。可将局部变量 i 声明为 int。

（6）**qtopia-free-1.7.0**: libraries/qtopia/qdawg.cpp:243: error: extra qualification 'QDawgPrivate::.......

去掉类定义中的本类声明。

（7）**qtopia-free-1.7.0**: libavformat/img.c:723: error:static declaration of 'pgm_iformat' follows non-static declaration

函数或变量属性声明冲突。

（8）**qtopia-free-1.7.0**:对'__cxa_guard_release'未定义的引用出现在链接阶段。到编译器路径下找到该函数或变量所属的库（libstdc++.so），在编译 qt-embedded-2.3.7 时加上库的链接。

18.4　实验报告要求

- 记录在移植 Qt/Embedded 过程中碰到的问题，介绍你的解决方法。

第 19 章 MPlayer 移植

19.1 实验目的

- 掌握 Linux 系统中应用软件移植的过程和方法。
- 理解软件层次依赖关系。

19.2 软件介绍

MPlayer 是一款开源的多媒体播放器，支持几乎所有现有的音频和视频格式。它以 GPL 版权协议发布，可在各主流操作系统中使用，是 Linux 系统中最重要的播放器之一。MPlayer 中还包含音视频编码工具 mencoder。MPlayer 本身是基于命令行界面的程序，不同操作系统、不同发行版可以为它配置不同的图形界面，使其外观多姿多彩，例如有基于 GTK+ 的 gmplayer，基于 Qt 的 SMPlayer。MPlayer 本身也可以编译成 GUI 方式。

MPlayer 除了可以播放一般的磁盘媒体文件外，还支持 CD、VCD、DVD 等多种物理介质和多种网络媒体（rtp://、rtsp://、http://、mms://等）。视频播放时，它还支持多种不同格式的外挂字幕。大部分音视频格式都能通过 ffmpeg 的 libavcodec 函数库原生支持。ffmpeg 是另一个独立的开源项目，提供独立、完整的音视频编解码库支持。MPlayer 源码包中已经包含了 ffmpeg（部分 MPlayer 的开发人员同时也是 ffmpeg 项目组成员）。对于那些没有开源解码器的格式，MPlayer 使用二进制的函数库。它能直接调用 Windows 的动态链接库 DLL 文件。

19.3 编译准备

下载源代码 MPlayer-1.1.tar.xz 和 libmad-0.15.1b.tar.gz，并分别将其解压。libmad 是高品质全定点算法的 MPEG 音频解码库。由于 am335x 处理器本身已具备浮点处理能力，定点解码库并非必需，我们一方面通过它了解软件依赖关系，另一方面，定点算法在大多数情况下可以减轻处理器的负担，降低功耗。

准备一个有操作权限的工作目录，例如~/workspace，作为下面编译结果的暂存目录。以后的编译过程中，将编译选项--prefix 设置为该目录。所有编译完成后再将其内容移至开发板适当位置。如果不设置--prefix，则会按默认方式安装到/usr/local。该路径的写操作需要 root 权限，并且，它是主机系统的一个重要目录，如果被目标机架构的代码覆盖，会影响主机的正常工作。将交叉编译器路径添加到环境变量"PATH"中。

19.4 编 译

（1）进入 libmad-0.15.1b 目录，配置编译环境：

```
./configure    --enable-fpm=arm    --host=arm-linux    --disable-debugging
--prefix=/home/student/workspace
```

选项"--host"是编译器前缀。

（2）编译及安装：make install。

在编译时可能会提示错误：cc1: error: unrecognized command line option "-fforce-mem"。这是因为 gcc3.4 或更高版本已经将 fforce-mem 选项去除了。只需要在 Makefile 中找到该字符串，将其删除即可。

编译完成后会将静态库 libmad.a 和动态库 libmad.so.0.2.1 及其链接文件安装到/home/student/workspace/lib 目录下。如果是动态链接，需要将动态链接库复制到目标系统的/usr/lib 目录下。如果不想用动态链接，可以在上面的编译选项中添加一条"--disable-shared"选项。

（3）进入 MPlayer 解压目录，进行如下配置：

```
./configure \
--cc=arm-linux-gcc \
--target=arm-linux \
--prefix=/home/student/workspace \
--disable-mp3lib \
--disable-dvdread \
--disable-mencoder \
--disable-live \
--enable-mad \
--disable-armv5te \
--disable-armv6 \
--enable-ossaudio \
--extra-cflags='-I/home/student/workspace/include' \
--extra-ldflags='-L/home/student/workspace/lib'
```

上面最后两个选项用到了之前准备的 libmad 头文件及生成的库文件路径。配置正确后，可以用 make 命令编译。如果一切正常，便可在当前目录下生成可执行文件 mplayer。注意最后链接时用到的库。如果是动态链接，这些库需要复制到目标系统的/usr/lib 目录。

最后，尝试在目标机上播放一些音视频文件。

19.5 扩展功能

（1）尝试编译具有图形用户界面的 MPlayer 播放器（需要 GTK+库支持）。
（2）用--enable-mencoder 选项编译 mencoder，并利用它进行音视频编码、转码。

19.6 实验报告要求

- 尝试播放一些高码率的视频文件，分析影响视频流畅度的因素。

第 20 章 GTK+移植

20.1 实验目的

- 学习 GNU 开源软件的一般移植方法。

20.2 GTK+的背景

GTK+是一款跨平台的图形用户接口组件工具包，原是 GIMP Toolkit 的缩写（GIMP 是 GNU Image Manipulation Program 的缩写，Linux 中重要的图像处理软件，类似 Windows 中的 Photoshop），以 GPL 版权协议发布，是 Linux 系统中使用最为广泛的图形工具之一。许多桌面系统都建立在 GTK+基础上，如著名的 GNOME、XFCE4（另一款与之齐名的 GUI 是 Qt）。

基于 GTK+的软件层次结构如图 20.1 所示。

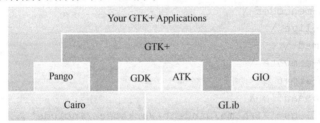

图 20.1 基于 GTK+的软件层次结构[①]

GTK+不直接和显示硬件设备打交道。Linux 桌面系统通常基于 X-Window，而在嵌入式应用中，作为全功能 X 窗口系统的替代方案，可以选择 DirectFB 作为后端，优点是开销小，库依赖关系简单，缺点是许多依赖 X-Window 的应用软件不能直接移植。

20.3 GTK+库的依赖关系

从图 20.1 中可以看到，GTK+除了为上层应用提供接口函数库以外，自身也依赖一系列的更低层的库。图 20.2 是 GTK+的软件依赖关系。我们需要根据这样的依赖关系逐层构造系统的 API。

本实验中，我们的最终目标是编译出 GTK+（建议版本 2.22.1）的库以及演示程序 gtk-demo。以下根据依赖关系，对各个库加以简单的说明。版本号是本实验建议版本。

- zlib-1.2.11——zlib 是 Linux 系统最基本的压缩/解压库，许多软件都会直接或间接地用到它。zlib 仅依赖 glibc。针对 Linux 系统的交叉编译工具链中已经包含了 glibc 的动态和静态库，编译 zlib 时会自动链接。（Linux 系统中，几乎所有软件都会链接 glibc，下面不再特别说明。）

---

① 该图引自 en.wikipedia.org/wiki。

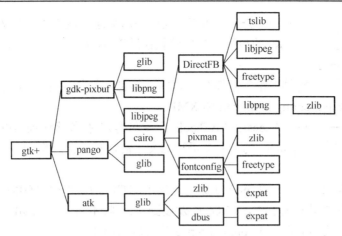

图 20.2 GTK+ 的软件依赖关系

- tslib-1.0.0——触摸屏支持库，提供人机交互接口的输入支持。有关触摸屏库的说明和编译请参考触摸屏移植部分。
- libpng-1.2.24——PNG（Portable Network Graphics）是广泛应用于互联网的一种图像格式。libpng 依赖 zlib 库的压缩/解压功能。
- libjpeg-turbo-1.2.1——JPEG（Joint Photographic Experts Group），是非常著名的图像压缩标准格式。libjpeg 不依赖其他库。
- tiff-3.9.7——用于处理 TIFF（Tagged Image File Format）图像格式文件，为 gdk-pixbuf 提供部分支持。可依赖于 libjpeg。
- pixman-0.16.0——底层像素处理工具（Pixel Manipulation），可依赖于 gtk+。本实验在编译时禁止该依赖关系。
- libxml2-2.6.30/expat-2.0.1——XML（Extensible Markup Language，扩展标记语言）是在互联网中广泛使用的一种标记语言，既可以让人读懂，也能让机器读懂。Linux 系统中的很多软件基于 XML 语言，GTK 图形界面设计工具 glade 生成的文件就是这种格式语言。目前在 Linux 系统中，提供 XML 解释功能的主要有两套库：expat 和 libxml2。目前多数软件依赖于 libxml2，但仍有少数仅依赖 expat。expat 不依赖其他软件，libxml2 可以依赖 zlib。
- dbus-1.8.16——D-Bus（Desktop BUS）提供桌面环境下的进程间通信机制，属于 freedesktop.org 项目的一部分。dbus 依赖 xml 库，可选择 libxml 或者 expat。但由于 libxml 早已停止开发，所以在编译 dbus 时指定链接 expat 库。
- glib-2.28.8——glib 原始于 GTK+ 项目，在 gtk+-2 版本之前，不属于图形用户接口部分的功能被从 GTK+ 中分离出来单独开发，这部分就是 glib。glib 依赖 dbus 和 zlib。注意不要将 glib 和 glibc 混淆。
- freetype-2.3.7——freetype 库实现矢量字体 TrueType、Type1 显示效果支持（字体渲染）。在链接 libpng 时还可以支持 png 压缩的点阵字体。freetype 自身已包含 zlib 解压功能，可以不依赖 zlib，也可在编译时指定使用系统的 zlib。从减小代码规模的角度看来，使用系统的 zlib 更为有利。
- fontconfig-2.6.0——字体配置工具，它告诉系统如何找到字体库。fontconfig 依赖 freetype、zlib 和 XML，XML 可选择 expat 或者 libxml2。

- DirectFB-1.4.1——Direct Frame Buffer 提供图形加速、输入抽象层处理以及窗口系统的基本功能，是 GTK+的后端。它依赖触摸屏库 tslib、字体库 freetype 以及图形库 libpng、libjpeg。
- cairo-1.8.0[①]——提供二维矢量图形处理的工具包。在本实验中，除后端选择 DirectFB 外，还依赖 fontconfig、pixman 和 XML。
- atk-1.29.4——ATK（Accessibility Toolkit）提供客户/服务器访问 API 实现，依赖 glib。
- pango-1.26.2[②]——pango 用于将多语种的文字高质量地渲染输出，后端依赖 cairo 和 glib。
- gdk-pixbuf-2.21.3——gdk-pixbuf 原也是属于 GTK+的一部分（GIMP Drawing Kit），用于处理图像缓冲区工作，在 GTK 发展到 2.21 版本之后，该功能从 GTK 主线中剥离出来。它依赖 glib 和 libpng、libjpeg 等底层图形库。

原则上，软件版本之间不存在严格的依赖对应关系（软件本身另有要求的除外）。但毕竟软件是在不断地发展和完善中，时间跨度过大，有可能出现兼容性问题。以上版本的选取原则是尽可能选择发布时间接近的版本。

20.4 编译过程

20.4.1 编译准备

主机准备好必要的编译工具，包括针对目标系统的交叉编译工具链和主机的开发工具（gcc、GNU Make、autoconf、libtool 等）。在编译 gtk-demo 时需要用到 gdk-pixbuf-csource，用于将 GTK+源码中的 png 图像转换成 C 语言格式的数据文件。它本身是 gdk-pixbuf 的一部分，可先编译出主机版本的 gdk-pixbuf，也可以直接从软件源安装主机平台的 gdk-pixbuf-dev。编译 dbus 时会用到主机的 dbus-binding-tool 工具，也可以采用相同的策略。

准备三个有权限的目录：第一个用于存放源码包，第二个用于编译，第三个用于存放编译后生成的文件，也就是目标系统运行所需的程序以及库。下面的编译过程中，基于如下的目录结构：

    /home/student/src/
    /home/student/build/
    /home/student/target/

源码包通常具有.tar.gz、.tar.bz2、.tar.xz 等后缀形式。无论以上哪种压缩形式，统一可以用"tar xf foo.tar.*"解压。

20.4.2 一般方法

1. 解压

进入/home/student/build，执行 tar xf ../src/foo.tar.bz2 将压缩包 foo.tar.bz2 解压到当前目录。

2. 获得 configure

进入解压目录。大多数源码包解压后，主目录上都会有一个 configure 文件，该文件具备

[①] 该项目原名 Xr/Xc，用于 X-Window 系统。软件名称来自"Xr"对应的两个希腊字母 chi、rho 的发音。
[②] 软件名称来自希腊语 παν（意为"all"，音为"pan"）和日语"語"（意为"language"，音为"go"）。

可执行属性。如果这个文件不存在，则应有一个 autogen.sh 文件，或者有 configure.ac 文件。对于前者，可以在该目录下执行"sh autogen.sh"；对于后者，可以执行"autoreconf -ivf"，均可生成 configure 文件。

3．获得 Makefile

确定有 configure 文件后，在该目录下执行"./configure"，经过一系列的系统检查和配置工作，便可生成 Makefile。Makefile 可能在各级子目录中都会存在，我们只需要在主目录上看到有 Makefile 即表示配置成功。

为了获得不同的编译结果，configure 命令包含了很多选项，需要在执行命令的同时给出。例如，多数软件包通常会这样执行配置命令：

```
./configure \
  --prefix=/home/student/target \
  --host=arm-linux \
  --enable-shared \
  --disable-static
```

该配置命令设置了软件安装目录，指定交叉编译器前缀为"arm-linux-"，编译共享库，不编译静态库。

4．编译和安装

多数软件简单执行"make"便可完成编译工作，部分软件需要在"make"命令后加上编译的目标项目。

通常用"make install"完成软件安装。在我们的实验中，软件安装在--prefix 指定的目录。如不指定--prefix，默认方式会安装到/usr/local 目录，该目录是主机系统的目录，不用于目标系统开发。

另一种做法是指定--prefix=/usr，安装时用 DESTDIR 指定安装目录。有的软件包不识别 DESTDIR 变量，需要手工复制安装文件。

20.4.3　环境变量

由于库的依赖问题，编译过程中需要知道已经存在的库在什么地方。通过设置环境变量"PKG_CONFIG_PATH"，在 configure 时就可以很方便地找到它们：

```
$ export PKG_CONFIG_PATH=/home/student/target/usr/lib/pkgconfig
```

gcc 编译时需要知道已经安装的库的头文件在哪里，可以通过"-I"指定目录，将该路径交给环境变量"CFLAGS"：

```
$ export CFLAGS="-I/home/student/target/usr/include"
```

该变量中可以包含多个路径。如果是用 g++编译，该功能对应的变量名称是 CPPFLAGS 或 CXXFLAGS。

gcc 链接时要为它指明库文件所在路径：

```
$ export LDFLAGS="-L/home/student/target/usr/lib"
```

如果需要特别指明链接库，通过 LIBS 变量指定：

```
$ export LIBS="-lfoo -lbar"
```

20.4.4 一些特殊的设置

多数软件包都可以按照上面给出的"configure"形式配置和编译。下面几个软件包在配置或者编译时略有不同。

（1）zlib，按下面的步骤编译：

```
CC=arm-linux-gcc
./configure --shared --prefix=/usr
```

（2）pixman，configure 增加一个选项--disable-gtk。

（3）libxml2，configure 增加一个选项--without-python。

（4）dbus，configure 另外再加上两个选项：

```
--without-dbus-glib --disable-tests
```

（5）glib，configure 增加以下四个选项：

```
glib_cv_uscore=no
glib_cv_stack_grows=no
ac_cv_func_posix_getpwuid_r=yes
ac_cv_func_posix_getgrgid_r=yes
```

说明：软件编译时需要检查目标运行环境的功能是否完备。通常，检查的方法是编写一段小程序，测试看看能否通过编译，或者测试编译后能否运行。前者比较容易测试，但后者常常失败，因为交叉编译的结果在主机上是不能运行的（交叉编译所碰到的麻烦大多与此有关）。以上工作都已写在 configure 文件中。如果在执行 configure 时提供预期的运行结果，就可以让它跳过编译测试过程，直接接受设置的参数。

（6）fontconfig，configure 时增加以下选项：

```
--with-arch=arm
--with-freetype-config=/home/student/target/usr/bin/freetype-config
--with-cache-dir=/var/cache/fontconfig
--with-default-fonts=/usr/share/fonts
```

（7）DirectFB，configure 时增加以下选项：

```
--disable-x11
--disable-osx
--enable-zlib
--enable-jpeg
--with-gfxdrivers=none
--with-inputdrivers=keyboard,linuxinput,tslib
TSLIB_CFLAGS="-I/home/student/target/usr/include"
TSLIB_LIBS="-lts"
FREETYPE_CFLAGS="-I/home/student/target/usr/include/freetype2"
FREETYPE_LIBS="-lfreetype"
```

（8）cairo，configure 时增加以下选项：

```
--disable-win32
--disable-xlib
--enable-directfb
--enable-freetype
```

(9) pango，configure 时增加一个变量声明 CXX=arm-linux-g++。

(10) gdk-pixbuf，configure 时增加两个选项：

```
--without-libtiff gio_can_sniff=yes
```

如果之前编译了 tiff 库，则--without-libtiff 可以去掉。

(11) gtk+，configure 时会找不到之前已经编译过的 pango 动态库，需要让 gcc 传递给链接器该库的路径，具体做法是在 LDFLAGS 中添加一项 "-Wl,-rpath"：

```
$ export LDFLAGS="-L/home/student/target/usr/lib \
    -Wl,-rpath,/home/student/target/usr/lib"
```

另有一种不规范的做法是直接修改 configure 文件，将检查 pango 过程的代码删除，具体到 2.22.1 版本，就是删除 23155～23161 行。

此外，还需要将 demos/gtk-demo/geninclude.pl.in 中所有 "defined" 单词删除，避免高版本 perl 在处理该文件时产生语法错误。完成上面两项工作后，再行配置。配置时加上选项 --with-gdktarget=directfb。

fontconfig、cairo 依赖的 XML 都可以通过 expat 解决，且本实验编译的软件没有强制依赖 libxml2 的。为简化起见，不编译 libxml2。

20.4.5 编译技巧

软件移植的工作相当烦琐，很多操作需要重复多次。为避免重复劳动，减少错误，我们可以把一些程序化的工作写成脚本程序。例如，下面的脚本可以胜任多数软件编译：

```bash
#!/bin/bash

export SOURCEPATH=/home/student/src
export BUILDPATH=/home/student/build
export INSTALLPATH=/home/student/target
export PREFIX="--host=arm-linux \
    --prefix=${INSTALLPATH}/usr \
    --enable-shared \
    --disable-static"

export CFLAGS="-I${INSTALLPATH}/usr/include"
export CPPFLAGS="-I${INSTALLPATH}/usr/include"
export LDFLAGS="-L${INSTALLPATH}/usr/lib"
export PKG_CONFIG_PATH=${INSTALLPATH}/usr/lib/pkgconfig
cd ${BUILDPATH}
tar xf ${SOURCEPATH}/$1.tar.*

cd $1
```

```
./configure ${PREFIX} $2
make
make install DESTDIR=${INSTALLPATH}
```

将其命名为 build.sh，每次只要执行"sh build.sh pixman-0.16.0 --disable-gtk"就可以完成 pixman 的编译。对那些编译格式特殊的软件，或借助中间文件，或利用脚本传递参数，或专门单独写一个脚本，都可以在一定程度上提高开发效率。

20.5 测　　试

GTK+编译完成后，将 target/usr 目录平移到目标系统，保持子目录结构不变（即 /home/student/target/usr），再将该目录符号链接到/usr 目录。此时，gtk-demo 应该在/usr/bin 目录下。

复制主机上的一些字体库到/usr/share/fonts，用 fc-cache 命令更新字体信息。之后便可以尝试运行 gtk-demo 程序了。由于字体和图形环境没有正确设置，初次运行会有一些不成功的提示信息，请根据这些提示完善系统设置。

20.6 实　验　要　求

完成 GTK+的移植，能正确运行 gtk-demo 演示程序。

尝试根据示例编写一个简单的 GTK+图形界面程序，编译并运行。编译时会用到移植 GTK+过程中的头文件和库，可以使用下面的 Makefile：

```
CC       = /opt/arm-2016.08/bin/arm-none-linux-gnueabi-gcc

CFLAGS   = -I/home/student/target/usr/include
LDFLAGS  = -L/home/student/target/usr/lib -lgtk-directfb
TARGET   = hello

all: $(TARGET)

$(TARGET) : $(TARGET).c
            $(CC) $(CFLAGS) $^ -o $@ $(CFLAGS) $(LDFLAGS)
```

20.7 实验报告要求

- 简要介绍 GTK+的移植过程，重点讨论软件层次结构和库的相互依赖关系。

第 21 章　实时操作系统 RTEMS

21.1　实　验　目　的

- 了解实时操作系统的特性。

21.2　实时操作系统 RTEMS 简介

许多嵌入式应用对任务的响应时间和处理时间都有非常严格的要求。实时操作系统（Real-Time Operating Systems）就是基于这样的背景发展起来的，它属于嵌入式操作系统的一类，其核心特征是实时性。而实时性的本质是任务响应和处理所花费时间的确定性，即任务需要在规定的时限内完成。

原生的 Linux 不是实时操作系统。基于 Linux 开发的实时操作系统有 RTLinux 和 Real-Time Linux 两个版本。前者由新墨西哥州立大学数据挖掘和技术学院开发；后者由 Linux 基金会维护，属于 Linux 的一个分支。由于它们本身是基于 Linux 的，软件规模通常都比较大。

遵循 GNU 公共版权协议的开源操作系统 RTEMS（Real-Time Executive for Multiprocessor Systems）属于硬实时嵌入式操作系统。该项目起于 20 世纪 80 年代，最初被美国国防系统用于军事目的，其中的字母"M"从导弹（Missile）到军事（Military）演化到现在的"多处理器"的概念。它支持包括 POSIX 在内的多种开放 API 标准，移植了包括 NFS 和 FATFS 的多种文件系统和 FreeBSD TCP/IP 协议栈，提供一个单进程、多线程的任务环境。最近的版本 4.11.2[①]支持包括 X86、ARM、MIPS、SPARC、POWERPC、TI-C3X 等在内的数十种处理器架构。

表 21.1 是几种实时操作系统的性能对比[②]。测试环境是主频 300MHz 的 PowerPC。RTEMSp 是使用 Pthreads 的版本。

表 21.1　几种实时操作系统的性能对比（时间单位：μs）

	Idle System				Loaded System			
	中断延迟时间		任务切换时间		中断延迟时间		任务切换时间	
	最大值	平均值	最大值	平均值	最大值	平均值	最大值	平均值
RTLinux	13.5	1.7±0.2	33.1	8.7±0.5	196.8	2.1±3.3	193.9	11.2±4.5
RTEMSp	14.9	1.3±1.1	16.9	2.3±0.1	19.2	2.4±1.7	213.0	10.4±12.7
RTEMS	15.1	1.3±1.1	16.4	2.2±0.1	20.5	2.0±1.8	51.3	3.7±2.0
VxWorks	13.1	2.0±0.2	19.0	3.1±0.3	25.2	2.9±1.5	38.8	9.5±3.2

---

① 于 2017 年 7 月发布。
② T. Straumann, OPEN SOURCE REAL TIME OPERATING SYSTEMS OVERVIEW, 8th International Conference on Accelerator & Large Experimental Physics Control Systems pp.235-237, 2001, San Jose, California。

21.3 编译 RTEMS

(1) 制作工具链。RTEMS 项目中已包含了编译工具链的过程。RTEMS 的支持库是 newlib。编译针对开发 RTEMS 系统的编译工具时需要加入 newlib，而不是针对 Linux 的 glibc。RTEMS 网站已提供了完整的 RSB（Rtems Source Builder）工具链制作方法，同时也维护着编译工具。编译过程只需要下面几个步骤：

```
$ git clone git://git.rtems.org/rtems-source-builder
$ cd rtems-source-builder/rtems
$ ../source-builder/sb-set-builder \
   --prefix=$HOME/work/rtems/4.12/rtems-arm \
   4.12/rtems-arm
```

其中，rtems-arm 指定编译针对 arm 指令集的交叉编译器。编译过程可能长达一两个小时，取决于主机的性能。编译完成后，将编译器路径$HOME/work/rtems/4.12/bin 加入环境变量 PATH。

(2) 下载 RTEMS 源码并解压（https://www.rtems.org），或者通过 git.rtems.org/rtems.git 获得最新版本。

(3) 编译内核。

① 进入 rtems 主目录，执行 ./bootstrap。
② 进入 c/src/lib/libbsp/arm/beagle，根据需要，修改与 BeagleBone Black 相关的代码。
③ 在 rtems 主目录下建立 build 目录，在 build 目录配置并编译内核：

```
$ ../cofigure --target=arm-rtems4.12 \
   --enable-posix \
   --enable-networking \
   --enable-cxx \
   --enable-maintainer-mode \
   --enable-rtemsbsp="beagleboneblack" \
   --enable-tests=samples \
   --prefix=build_install
$ make RTEMS_BSP=beagleboneblack
```

正确完成以上编译后，会在 build_install 目录下生成 RTEMS 内核针对目标系统的板级支持包（Board Supported Package，BSP）静态库，在 tests 目录下生成可独立运行的二进制文件，如 hello.exe、ticker.exe 等。它们是来自源码 testsuites/samples 目录下的一些程序，configure 时被指定编译。

仿照 Linux 内核镜像的生成过程，制作可执行程序的镜像文件：

```
$ arm-rtems4.12-objcopy -O binary --strip-all hello.exe hello.bin
$ gzip -9 hello.bin
$ mkimage -A arm -O rtems -T standalone -a 0x80000000 -e 0x80000000 \
   -n RTEMS -d hello.bin.gz hello.img
```

上面的 hello.bin 已经是可执行程序，压缩的目的是为了节省空间，使用 mkimage 转换格式是 U-Boot 的要求。其他引导加载器应根据要求转换格式。

将 hello.img 复制到 TF 卡的 Boot 分区,并在 U-Boot 的配置文件中指定加载的文件。

21.4 启用 RTEMS 终端

上面编译出的.exe 文件是孤立的任务,如没有人机接口,不能直观地看到运行结果。开发人员 Alan Cudmore 编写了一个 RKI(rtems kernel image)可以在 RTEMS 操作系统上创建一个 shell,从而实现交互任务。

(1)下载 rki(https://github.com/alanc98/rki.git)。

(2)编译。

make ARCH=arm-rtems4.12 BSP=beagleboneblack RTEMS_BSP_BASE=rtems/build_install

其中,rtems/build_install 是 RTEMS 内核编译后的安装目录("--prefix"指向的目录)。

正确完成编译后会生成 rki.bin。使用 mkimage 工具制作内核镜像 kernel.img,将其复制到 TF 卡的 Boot 分区并用 U-Boot 加载。上电、启动,用串口终端进入 shell。

21.5 实验报告要求

- 总结 RTEMS 移植方法。
- 尝试在 RTEMS 系统中编写一个多任务程序。

RTEMS 终端如图 21.1 所示。

```
reading kernel.img
367540 bytes read in 37 ms (9.5 MiB/s)
## Booting kernel from Legacy Image at 80800000 ...
   Image Name:      RTEMS
   Image Type:      ARM RTEMS Kernel Image (gzip compressed)
   Data Size:       367476 Bytes = 358.9 KiB
   Load Address:    80000000
   Entry Point:     80000000
   Verifying Checksum ... OK
   Uncompressing Kernel Image ... OK
## Transferring control to RTEMS (at address 80000000) ...

RTEMS Beagleboard: am335x-based

RTEMS Kernel Image Booting

*** RTEMS Info ***
COPYRIGHT (c) 1989-2008.
On-Line Applications Research Corporation (OAR).
rtems-4.11.99.0(ARM/ARMv4/beagleboneblack)

BSP Ticks Per Second = 100
```

图 21.1 RTEMS 终端

```
*** End RTEMS info ***
Populating Root file system from TAR file.
Setting up filesystems.
Initializing Local Commands.
Running /shell-init.
1: mkdir ram
2: mkrfs /dev/ramdisk
3: mount -t rfs /dev/ramdisk /ram
mounted /dev/ramdisk -> /ram
4: hello
Hello RTEMS!
Create your own command here!
Starting shell....

RTEMS Shell on /dev/console. Use 'help' to list commands.
[/] #
```

图 21.1 RTEMS 终端（续）

反侵权盗版声明

电子工业出版社依法对本作品享有专有出版权。任何未经权利人书面许可,复制、销售或通过信息网络传播本作品的行为;歪曲、篡改、剽窃本作品的行为,均违反《中华人民共和国著作权法》,其行为人应承担相应的民事责任和行政责任,构成犯罪的,将被依法追究刑事责任。

为了维护市场秩序,保护权利人的合法权益,我社将依法查处和打击侵权盗版的单位和个人。欢迎社会各界人士积极举报侵权盗版行为,本社将奖励举报有功人员,并保证举报人的信息不被泄露。

举报电话:(010)88254396;(010)88258888
传　　真:(010)88254397
E-mail:　dbqq@phei.com.cn
通信地址:北京市海淀区万寿路 173 信箱
　　　　　电子工业出版社总编办公室
邮　　编:100036